国家电网
STATE GRID

国网湖北省电力公司
STATE GRID HUBEI ELECTRIC POWER COMPANY

国网湖北省电力公司　组编

电网企业生产岗位技能操作规范

电力电缆工

U0230034

中国电力出版社
CHINA ELECTRIC POWER PRESS

内 容 提 要

为提高电网企业生产岗位人员的技能水平和职业素质,国网湖北省电力公司根据国家职业技能标准及电力行业职业技能鉴定指导书、国家电网公司技能培训规范等,组织编写了《电网企业生产岗位技能操作规范》。

本书为《电力电缆工》,主要规定了电力电缆工实施技能鉴定操作培训的基本项目,包括了电力电缆工技能鉴定五、四、三、二、一级的技能项目共计 44 项,规范了各级别电力电缆工的实训,统一了电力电缆工的技能鉴定标准。

本书可作为从事电力电缆作业人员职业技能鉴定的指导用书,也可作为电力电缆作业人员的技能操作培训教材。

图书在版编目（CIP）数据

电网企业生产岗位技能操作规范. 电力电缆工/国网湖北省电力公司组编. —北京：中国电力出版社，2014.8
ISBN 978-7-5123-6316-8

Ⅰ.①电… Ⅱ.①国… Ⅲ.①电网-工业生产-技术操作规程-湖北省②电力电缆-技术操作规程-湖北省 Ⅳ.①TM-65

中国版本图书馆 CIP 数据核字（2014）第 169267 号

中国电力出版社出版、发行
（北京市东城区北京站西街 19 号 100005 http://www.cepp.sgcc.com.cn）
汇鑫印务有限公司印刷
各地新华书店经售

*

2014 年 8 月第一版 2014 年 8 月北京第一次印刷
710 毫米×980 毫米 16 开本 18 印张 345 千字
印数 0001—3000 册 定价 **49.00 元**

序

现代企业的竞争，归根到底是人的竞争。人才兴，则事业兴；队伍强，则企业强。电网企业作为技术密集型和人才密集型企业，队伍素质直接决定了企业素质，影响着企业的改革发展。没有高素质的人才队伍作支撑，企业的发展就如无源之水，难以为继。

加强队伍建设，提升人员素质，是企业发展不可忽视的"人本投资"，是提高企业发展能力的根本途径。当前，世情国情不断发生变化，行业改革逐步深入，国家电网公司改革发展任务十分繁重。特别是随着"两个转变"的全面深入推进，"三集五大"体系逐步建成，坚强智能电网发展日新月异，对加强队伍建设提出了新的更高要求，我们迫切需要培养造就一支能适应改革需要、满足发展要求的优秀人才队伍。

世不患无才，患无用之之道。一直以来，"总量超员，结构性缺员"问题，始终是国家电网公司队伍建设存在的突出问题，也是制约国家电网公司改革发展的关键问题。如何破解这个难题，不仅需要我们在体制机制上做文章，加快构建内部人才市场，促进人员有序流动，优化人力资源配置；也需要我们在员工素质方面加大教育培训力度，促进队伍素质提升，增强岗位胜任能力。这些年，国家电网公司坚持把员工教育培训工作作为"打基础、管长远"的战略任务，大力实施"人才强企"战略和"素质提升"工程，组织开展了"三集五大"轮训、全员"安规"普考、优秀班组长选训、农电用工普考等系列培训与考核活动，实现了员工与企业的共同发展。

这次由国网湖北省电力公司统一组织编写、中国电力出版社出版发行的《电网企业生产岗位技能操作规范》丛书，针对高压线路带电检修、送电线路、配电线路、电力电缆等 17 个职业（工种）编写，就是为了规范生产经营业务操作，提高一线员工基础理论水平和基本技能水平。

本丛书内容丰富充实、说明详细具体，并配有大量的操作图例，具有较强的针对性和指导性。希望广大一线员工认真学习，常读、常看、常领会，把该书作为生产作业的工具书、示范书，切实增强安全意识，不断规范作业行为，努力把事情做规范、做正确，确保安全高效地完成各项工作任务，为推动国网湖北省电力公司和国家电网科学发展做出新的更大贡献。

寄望：春种一粒粟，秋收万颗子。

是为序。

国网湖北省电力公司总经理　尹正民

2014 年 3 月

编 制 说 明

　　为适应电力电缆工职业技能操作培训和实施技能操作部分鉴定工作的需要，国网湖北省电力公司根据国家职业技能标准及电力行业职业技能鉴定指导书、国家电网公司技能培训规范等，编写了《电网企业生产岗位技能操作规范　电力电缆工》。该规范用于电力电缆工职业技能鉴定技能操作部分的培训与鉴定。对于电力电缆工技能操作项目汇总表中所列的操作项目，各技能鉴定站应具备操作培训与鉴定的能力。对有条件的技能鉴定站，可针对本地区的需要，补充增加相应操作培训项目，切实达到提高电力电缆工基本素质和业务水平，实现电网安全可靠运行的目的。

一、技能操作项目汇总表

电力电缆工技能操作项目汇总表

级别	项　目
五	DL501　截断电缆并判断其型号 DL502　牵引网套及钢丝绳绑扎的方法敷设电缆 DL503　1kV 电力电缆中间接头制作 DL504　10kV 电缆与配电设备的连接 DL505　380V 并联电源的核相 DL506　10kV 电缆接地卡安装 DL507（DL401）　运行中的电缆停电摇测绝缘电阻 DL508（DL402）　10kV 电力电缆直流耐压及泄漏电流试验 DL509（DL403）　10kV 电力电缆相序识别 DL510（DL404）　参照电缆实物阐述各部分结构及作用 DL511（DL405）　使用 MP 型手提泡沫灭火器扑灭火灾 DL512（DL406）　填写 10kV‐XLPE 电缆头自检记录 DL513（DL407）　10kV‐XLPE 电力电缆热缩户内终端头制作 DL514（DL408）　10kV‐XLPE 电力电缆冷缩户内终端头制作 DL515（DL409）　10kV 交联电缆硅橡胶预制式户外终端头制作并吊装 DL516（DL410）　电缆内衬层绝缘电阻的测试 DL517（DL411）　铜屏蔽电阻与导体电阻比试验
四	DL401（DL507）　运行中的电缆停电摇测绝缘电阻 DL402（DL508）　10kV 电力电缆直流耐压及泄漏电流试验 DL403（DL509）　10kV 电力电缆相序识别 DL404（DL510）　参照电缆实物阐述各部分结构及作用 DL405（DL511）　使用 MP 型手提泡沫灭火器扑灭火灾 DL406（DL512）　填写 10kV‐XLPE 电缆头自检记录

级别	项　目
四	DL407 （DL513）　10kV - XLPE 电力电缆热缩户内终端头制作 DL408 （DL514）　10kV - XLPE 电力电缆冷缩户内终端头制作 DL409 （DL515）　10kV 交联电缆硅橡胶预制式户外终端头制作并吊装 DL410 （DL516）　电缆内衬层绝缘电阻的测试 DL411 （DL517）　铜屏蔽电阻与导体电阻比试验 DL412　使用绝缘带修补 10kV 外护套绝缘破损点 DL413　电缆交叉互联接地箱的制作 DL414　10kV 交联电缆硅橡胶预制式户内终端头制作 DL415 （DL301）　电桥法测量电力电缆单相低阻接地故障 DL416 （DL302）　10kV - XLPE 电力电缆热缩户外终端头制作并吊装 DL417 （DL303）　10kV - XLPE 电力电缆冷缩户外终端头制作并吊装 DL418 （DL304）　外护套故障修复处理 DL419 （DL305）　电缆路径及埋设深度探测，绘出直线图和单相埋设深度断面图 DL420 （DL306）　硅橡胶插入式 T 型电缆头制作 DL421 （DL307）　交叉互联系统试验检查 DL422 （DL308）　停电电缆的判别和裁截
三	DL301 （DL415）　电桥法测量电力电缆单相低阻接地故障 DL302 （DL416）　10kV - XLPE 电力电缆热缩户内终端头制作与安装 DL303 （DL417）　外护套故障修复处理 DL304 （DL418）　电缆导体压接连接工艺操作 DL305 （DL419）　电缆路径及埋设深度探测，绘出直线图和单相埋设深度断面图 DL306 （DL420）　硅橡胶插入式 T 型电缆头安装 DL307 （DL421）　交叉互联系统试验检查 DL308 （DL422）　停电电缆的判别和裁截 DL309　指挥用机械方式在排管内敷设长线电缆的工作 DL310　10kV 电力电缆 0.1Hz 交流耐压试验 DL311　电缆导体压接连接工艺操作 DL312 （DL201）　电缆外护套故障查找 DL313 （DL202）　电缆故障波形分析判断 DL314 （DL203）　110kV 电力电缆剥切 DL315 （DL204）　10kV - XLPE 电力电缆热缩中间接头安装及实验 DL316 （DL205）　10kV - XLPE 电缆硅橡胶反面预制式中间接头安装及实验 DL317 （DL206）　10kV - XLPE 电力电缆冷缩中间接头安装及实验 DL318 （DL207）　脉冲信号法进行电缆鉴别
二	DL201 （DL311）　电缆外护套故障查找 DL202 （DL312）　电缆故障波形分析判断 DL203 （DL313）　110kV 电力电缆剥切 DL204 （DL314）　10kV - XLPE 电力电缆热缩中间接头安装及实验 DL205 （DL315）　10kV - XLPE 电缆硅橡胶反面预制式中间接头安装及实验 DL206 （DL316）　10kV - XLPE 电力电缆冷缩中间接头安装及实验 DL207 （DL317）　脉冲信号法进行电缆鉴别 DL208　10kV 电缆交流串联谐振试验 DL209 （DL101）　35kV 电力电缆冷缩中间接头制作 DL210 （DL102）　搪铅操作 DL211 （DL103）　用冲闪或直闪法测试 10kV 电缆高阻接地故障并精确定点 DL212 （DL104）　35kV 冷缩式电力电缆终端头制作 DL213　电缆敷设牵引头安装

级别	项 目
一	DL101（DL209） 35kV 电力电缆冷缩中间接头制作 DL102（DL210） 搪铅操作 DL103（DL211） 用冲闪或直闪法测试 10kV 电缆高阻接地故障并精确定点 DL104（DL212） 35kV 冷缩式电力电缆终端头制作

二、汇总表符号含义

电力电缆工技能操作项目汇总表所列操作项目其项目编号由 5 位组成，具体表示含义如下：

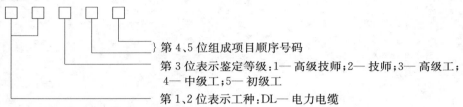

} 第 4、5 位组成项目顺序号码

第 3 位表示鉴定等级：1— 高级技师；2— 技师；3— 高级工；4— 中级工；5— 初级工

第 1、2 位表示工种：DL— 电力电缆

三、技能操作项目鉴定实施方法

1. 申请五级、四级、三级鉴定

学员已参加表中所列的本工种等级项目培训。

鉴定项目为加权分 100 分，表示为本人报考工种等级中，由考评员随机在本工种等级项目中随机抽取项目进行考核，项目选取数量满足鉴定加权总分不低于 100 分。选项过程须在鉴定前完成，一经确定，不得更改。

考核成绩为 70 分及格。实操考核不及格的考生，可在次年内申请一次补考，由鉴定中心按照上述方法选择项目再次参加考核，原实操考核通过项目成绩不予保留。

2. 申请二级（技师）、一级（高级技师）鉴定

申请学员应在获得资格三年后申报高一等级，其操作鉴定项目由考评员随机二级、一级项目中抽取，项目考核数量满足鉴定加权总分不低于 100 分。选项过程在鉴定前完成，一经确定不得更改。

考核成绩各项为 70 分及格。实操考核不及格的项目，二级（技师）可在次年内申请一次补考，由鉴定中心按照上述方法选择项目再次参加考核，原实操考核通过项目成绩不予保留。

申请一级（技师）、二级（高级技师）鉴定学员的答辩和业绩考核遵照有关文件规定执行。

四、编者的话

在本书的编写过程中，参考和辑录了部分书刊中的有关资料，谨向这些书籍、刊物的作者致谢。由于编写时间仓促，限于编者水平和资料有限，虽经反复修改，本书难免存有疏漏、不足之处，敬请各使用单位和有关人员及时提出宝贵意见。

目　　录

一、施工

(一) 工器具、材料

(1) 工器具：锯弓、锯条、工作凳、300mm 钢尺一把、劳动防护手套。

(2) 材料：长 10m、截面积 150mm^2 以上交联电缆一段。

(二) 施工的安全要求

(1) 工作服、工作鞋、安全帽等穿戴正确。衣服和袖口应扣好，工作中应戴劳动防护手套。

(2) 手锯锯割时用力要适度，防止锯断锯条和在锯断时用力过猛而碰伤手臂。

(三) 施工要求与步骤

1. 施工要求

(1) 锯面平整。

(2) 尺寸长度误差不超过 2mm。

(3) 电缆两端有锯面，即裁截操作不能在长电缆的端部进行，而应取其中一截。

2. 操作步骤

(1) 准备工作。

1) 按要求选择工器具。

2) 装锯条。

3) 将工作凳置于电缆下方。

(2) 工作过程。

1) 测量尺寸。

2) 按给定的尺寸截断电缆。

3) 截面判断。

4) 绝缘判断。

5）电压等级判断。

6）说出该电缆型号。

（3）工作终结。

1）外观检查、整理。

2）清理现场，退场。

二、考核

（一）考核所需用的工器具、材料、设备与场地

（1）工器具：锯弓、锯条、工作凳、300mm 钢尺一把、劳动防护手套。

（2）材料：长 10m、截面积 150mm² 以上交联电缆一段。

（3）场地。

1）场地面积能同时满足 4 个工位的需求，并有备用。保证工位间的距离合适，不应影响制作或试验时各方的人身安全。

2）室内场地应有照明、通风或降温设施。

3）工器具按同时开设 4 个工位确定。

4）设置 2 套评判桌椅和计时秒表。

（二）考核要点

（1）要求一人操作，考生就位，经许可后开始工作，规范穿戴工作服、绝缘鞋、安全帽、戴手套等。

（2）工器具选择正确。

（3）锯齿方向正确。

（4）锯条不断。

（5）电缆型号、规格判断正确。

（6）操作过程中无工器具损伤，文明操作，要求操作过程熟练连贯、有序，工作结束后清理现场。

（7）发生安全事故，本项考核不及格。

（三）考核时间

（1）考核时间为 30min。

（2）选用工器具、设备、材料时间 5min，时间到停止选用，选用工器具和材料用时不纳入考核时间。

（3）许可开工后记录考核开始时间。

（4）现场清理完毕后，汇报工作终结，记录考核结束时间。

三、评分参考标准

行业：电力工程　　　　　　　　工种：电力电缆工　　　　　　　　等级：五

编号	DL501	行为领域	d	鉴定范围	
考核时间	30 min	题型	A	含权题分	25
试题名称	裁截电缆并判断其型号				
考核要点及要求	(1) 工作环境：现场操作场地及材料已完备。 (2) 规格型号判断正确。 (3) 钳工工艺操作熟练。 (4) 电缆两端有锯面，即裁截操作不能在长电缆的端部进行，而应取其中一截				
现场工器具、材料	锯弓、锯条，工作凳，300mm 钢尺一把，长 10m、截面积 150mm² 以上电缆一段				
备注					

评分标准

序号	作业名称	质量要求	分值	扣分标准	扣分原因	得分
1	着装、穿戴	工作服、工作鞋、安全帽等穿戴正确	5	(1) 没穿戴工作服（鞋）、安全帽扣 5 分。 (2) 帽带松弛及衣、袖没扣，鞋带不系扣 3 分		
2	工器具选用	工器具选用满足施工需要，对工器具进行外观检查	5	(1) 未进行检查扣 5 分。 (2) 工器具、材料漏选或有缺陷扣 3 分		
3	装锯条	锯齿方向正确	10	锯齿方向错误扣 10 分		
4	锯条不断	在锯电缆的过程中锯条不能断	10	锯电缆的过程中锯条断一根扣 2 分		
5	锯电缆	锯面平整	10	一端不平扣 5 分		
6	长度正确	在被截取的电缆取均衡 4 个面进行测量长度	20	一处长度误差超过 2mm 扣 5 分		
7	截面积判断	截面积大小判断正确	10	判断不正确扣 10 分		
8	绝缘判断	绝缘类型判断正确	10	判断不正确扣 10 分		
9	电压等级判断	电压等级判断正确	10	判断不正确扣 10 分		
10	安全文明生产	文明操作，禁止违章操作，不损坏工器具，清理现场，不发生安全生产事故	10	(1) 有不安全行为扣 3 分。 (2) 没清理现场扣 4 分。 (3) 损坏元件、工器具扣 3 分		
考试开始时间			考试结束时间		合计	
考生栏	编号：　姓名：		所在岗位：	单位：	日期：	
考评员栏	成绩：　考评员：			考评组长：		

3

一、施工

（一）工器具、材料

（1）工器具：钢丝钳、钢卷尺、操作平台、牵引用钢丝网套。

（2）材料：交联电缆 25m，截面积 4mm²、长 3m 的铜丝 3 卷，直径 13mm 钢丝绳 20m，直径 5mm 尼龙绳。

（二）施工的安全要求

（1）规范穿戴劳动防护用品。

（2）防止钢丝线头、扎丝头伤人。

（三）施工要求与步骤

1. 施工要求

（1）单人独立操作，平台演示。

（2）将电缆事先摆成稍带弧形的形状。

2. 操作步骤

（1）准备工作。

1）着装。

2）选择工器具，进行外观检查。

3）选择材料，进行外观检查。

（2）工作过程。

1）将电缆套入牵引网套。

2）使网套的每根钢丝绳平贴于电缆护套上。

3）扎铜丝，在牵引网套的首部、中部、端部扎 3 处铜丝；如图 DL502（a）所示。

4）将钢丝绳平行展放于电缆。

5）绑绳扣，如图 DL502（b）所示。

（3）工作终结。清理现场，退场。

（4）工艺要求。

1）电缆 10m 为一个绑扎段，一个绑扎段做 4 扣，每扣间的距离为 1.5m，双股绑扎，如图 DL502（b）所示。

2）绑扎时钢丝绳应平贴于电缆上。

3）钢丝绳应绑在电缆弯曲的内侧。

4）绑扎应在钢丝绳上绑扎 2 扎，然后在钢丝绳和电缆上共同绑 2 扎。

5）绑扎牢固。

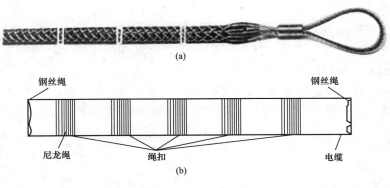

图 DL502　一个绑扎段示意图

二、考核

（一）考核所需用的工器具、材料、设备与场地

（1）工器具：钢丝钳、钢卷尺、操作平台、牵引用钢丝网套。

（2）材料：交联电缆 25m，截面积 4mm² 、长 3m 的铜丝 3 卷，直径 13mm 钢丝绳 20m，直径 5mm 尼龙绳。

（3）场地。

1）场地面积能同时满足 4 个工位的需求，并有备用。保证工位间的距离合适，不应影响制作时各方的人身安全。

2）室内场地应有照明、通风或降温设施。

3）设置 2 套评判桌椅和计时秒表。

（二）考核要点

（1）一人操作。考生就位，经许可后开始工作，规范穿戴工作服、工作鞋、安全帽、手套等。

（2）电缆 10m 为一绑扎段，一个绑扎段做 4 扣，每扣间的距离为 1.5m。

（3）绑扎时钢丝绳应平贴于电缆上。

（4）钢丝绳应绑在电缆弯曲的内侧。

（5）绑扎应在钢丝绳上绑扎2扎，然后在钢丝绳和电缆上共同绑2扎。

（6）绑扎牢固。

（7）安全文明生产，规定时间完成，时间到后停止操作，按所完成的内容计分，未完成部分均不得分。防止扎丝头反弹伤人，要求操作过程熟练连贯，施工有序，工器具、材料存放整齐，现场清理干净。

（8）发生安全事故，本项考核不及格。

（三）考核时间

（1）考核时间为30min。

（2）选用工器具、设备、材料时间5min，时间到停止选用，选用工器具和材料用时不纳入考核时间。

（3）许可开工后记录考核开始时间。

（4）现场清理完毕后，汇报工作终结，记录考核结束时间。

三、评分参考标准

行业：电力工程　　　　　　工种：电力电缆工　　　　　　等级：五

编号	DL502	行为领域	e	鉴定范围	
考核时间	30min	题型	A	含权题分	25
试题名称	牵引网套及钢丝绳绑扎的方法敷设电缆				
考核要点及要求	（1）要求一人操作。考生就位，经许可后开始工作，规范穿戴工作服、工作鞋、安全帽、手套等。 （2）电缆10m为一绑扎段，一个绑扎段做4扣，每扣间的距离为1.5m。 （3）绑扎时钢丝绳应平贴于电缆上。 （4）钢丝绳应绑在电缆弯曲的内侧。 （5）绑扎应在钢丝绳上绑扎2扎，然后在钢丝绳和电缆上共同绑2扎。 （6）绑扎牢固。 （7）安全文明生产，规定时间完成，时间到后停止操作，节约时间不加分，超时停止操作，按所完成的内容计分，未完成部分均不得分。防止扎丝头反弹伤人，要求操作过程熟练连贯，施工有序，工器具、材料存放整齐，现场清理干净				
现场工器具、材料	（1）工器具：钢丝钳、钢卷尺、操作平台、牵引用钢丝网套。 （2）材料：交联电缆25m，截面积4mm²、长3m的铜丝3卷，直径13mm钢丝绳20m，直径5mm尼龙绳				
备注					
评分标准					

序号	作业名称	质量要求	分值	扣分标准	扣分原因	得分
1	着装、穿戴	工作服、工作鞋、安全帽等穿戴正确	5	（1）没穿戴工作服（鞋）、安全帽扣5分。 （2）帽带松弛及衣、袖没扣，鞋带不系扣3分		

评分标准						
序号	作业名称	质量要求	分值	扣分标准	扣分原因	得分
2	工器具和材料选用	工器具选用满足施工需要,对工器具进行外观检查	5	(1)未进行检查扣5分。 (2)工器具、材料漏选或有缺陷扣3分		
3	套网套	使网套的每根钢丝绳平贴于电缆护套上	10	未理顺钢丝绳扣10分		
4	扎铜丝	在网套的首部、中部、端部扎3处铜丝	20	扎线不牢扣15分,不会操作扣20分		
5	绑绳扣	绑扎方法正确	20	不会操作扣20分;方法不对扣10分		
		绑扎时钢丝绳应平贴于电缆上	15	钢丝绳与电缆离3cm以上扣10分		
		钢丝绳应绑在电缆弯曲的内侧	15	绑在电缆弯外侧扣15分		
6	安全文明生产	操作完毕后工器具、材料应清理归类,工作现场杂物清理干净。报告工作全部完成	10	(1)发生不安全现象扣5分。 (2)施工过程中不按指定存放工器具、材料扣4分。 (3)现场未清理干净扣1分		
考试开始时间			考试结束时间		合计	
考生栏	编号: 姓名:		所在岗位:	单位:	日期:	
考评员栏	成绩: 考评员:			考评组长:		

1kV电力电缆中间接头制作

一、施工

（一）工器具、设备、材料

（1）工器具：标示牌、安全围栏、电缆支架、钢锯、锯条、铁皮剪子、裁纸刀、电缆刀、钢丝钳、尖嘴钳、钢尺、锉刀、平口起子、燃气喷枪、灭火器。

（2）设备：液压钳及模具。

（3）材料：砂纸 120 号/240 号、VLV-1kV/70 低压电缆 5m 两段、电缆清洁纸、电缆附件（备 3 套中间头，不同规格各一套）、自黏胶带、导体连接管（与电缆截面积相符）、燃气罐。

（二）施工的安全要求

（1）防止使用燃气喷枪时烫伤。使用时喷嘴不准对着人体及设备。

（2）喷灯使用完毕，放置在安全地点，冷却后装运。

（3）防刀具伤人。用刀时刀口向外，不准对着人体。

（4）工作过程中，注意轻接轻放。

（三）施工步骤与要求

1. 操作步骤

（1）准备工作。

1）着装。

2）选择工器具。

3）选择材料。

（2）工作过程。1kV 电力电缆中间接头剖面操作示意如图 DL503 所示。

1）校直电缆。将电缆校直，两端重叠 200～300mm 确定接头中心后，在中心处锯断。注意清洁电缆两端外护套各 2m。

2）剥切外护套。按电缆附件所示尺寸剥除外护套，自外护套切口处保留 25mm（去漆），用铜绑线绑扎固定后其余剥除。注意切割深度不得超过铠装厚度的 2/3，切口应平齐，不应有尖角、锐边，切割时勿伤内层结构。

3）剥切铠装层。自外护套切口处保留 25mm（去漆），用铜绑线绑扎固定后其余剥除。注意切割深度不得超过铠装厚度的 2/3，切口应平齐，不应有尖角、锐边，切割时勿伤内层结构。

4）剥切内衬层及填充物。

5）剥切主绝缘层。

6）套入管材。

7）压接连接管。对称压接，压接后应清除尖角、毛刺，并清洗干净。

8）固定绝缘管。绝缘管在两端之间对称安装，并由中间开始加热收缩固定。注意火焰朝收缩方向，加热收缩时火焰应不断旋转、移动。

9）固定密封外护套。将密封护套管套至接头中间，从中间向两端加热收缩。注意密封处应预先打磨。

（3）工作终结。清理现场杂物，清点工器具，工器具归位，退场。

2．施工要求

（1）剥切铠装的切割深度不得超过铠装厚度的 2/3，切口应平齐不应有尖角、锐边，切割时勿伤内层结构。

（2）剥切内外护套层，切口应平齐，不得留有尖角。

（3）剥切主绝缘层不得伤及线芯。

（4）用电缆清洁纸清洁绝缘层表面。

（5）压接连接管，两端各压 2 道。

（6）连接管压接后除尖角、毛刺。

（7）绕包密封胶连续、光滑。

（8）热缩管外表无灼伤痕迹。

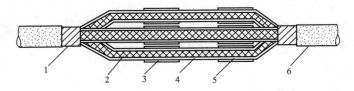

图 DL503　1kV 电力电缆中间接头剖面操作示意

1—铠装；2—绝缘层；3—绝缘管；4—连接管；

5—导体线芯；6—外护套

二、考核

（一）考核所需用的工器具、设备、材料与场地

（1）工器具：标示牌、安全围栏、电缆支架、钢锯、锯条、铁皮剪子、裁纸

刀、电缆刀、钢丝钳、尖嘴钳、钢尺、锉刀、平口起子、燃气罐及燃气喷枪、灭火器。

（2）设备：液压钳及模具。

（3）材料：砂纸 120 号/240 号、VLV-1kV/70 低压电缆 5m 两段、铜绑线、电缆清洁纸、电缆附件（备 3 套中间头，不同规格各一套）、自黏胶带、导体连接管（与电缆截面积相符）。

（4）场地：

1）场地面积能同时满足多个工位，并保证工位间的距离合适，不应影响电缆制作时各方的人身安全。

2）室内场地应有照明、通风或降温设施。

3）工器具按同时开设工位数确定，并有备用。

4）设置 2 套评判桌椅和计时秒表。

（二）考核要点

（1）要求一人操作，可有一人辅助实施，但不得有提示行为。

（2）考生就位，经许可后开始工作。

（3）工作服、工作鞋、安全帽等穿戴规范。

（4）易燃用具单独放置；会正确使用，摆放整齐。

（5）剥切尺寸应正确。

（6）剥切上一层不得伤及下一层。

（7）绝缘处理应干净。

（8）导体连接管压接后除尖角、毛刺。

（9）绕包密封胶应连续、光滑。

（10）收缩紧密，管外表无灼伤痕迹。

（11）安全文明生产，规定时间内完成，工器具、材料不随意乱放。

（12）发生安全事故，本项考核不及格。

（三）考核时间

（1）考核时间为 50min。

（2）选用工器具、设备、材料时间 5min，时间到停止选用，节约用时不纳入考核时间。

（3）许可开工后记录考核开始时间。

（4）现场清理完毕后，汇报工作终结，记录考核结束时间。

三、评分参考标准

行业：电力工程　　　　　　工种：电力电缆工　　　　　　等级：五

编号	DL503	行为领域	e	鉴定范围	
考核时间	50min	题型	A	含权题分	25
试题名称	1kV 电力电缆中间接头制作				
考核要点及要求	(1) 要求一人操作，可有一人辅助实施，但不得有提示行为。 (2) 考生就位，经许可后开始工作。 (3) 工作服、工作鞋、安全帽等穿戴规范。 (4) 易燃用具单独放置；会正确使用，摆放整齐。 (5) 剥切尺寸应正确。 (6) 剥切上一层不得伤及下一层。 (7) 绝缘处理应干净。 (8) 导体连接管压接后除尖角、毛刺。 (9) 绕包密封胶、填充胶应连续、光滑。 (10) 收缩紧密，管外表无灼伤痕迹。 (11) 安全文明生产，规定时间内完成，工器具、材料不随意乱放				
现场工器具、设备、材料	(1) 工器具：标示牌、安全围栏、电缆支架、钢锯、锯条、铁皮剪子、裁纸刀、电缆刀、钢丝钳、尖嘴钳、钢尺、锉刀、平口起子、燃气喷枪、灭火器。 (2) 设备：液压钳及模具。 (3) 材料：砂纸 120 号/240 号、燃气罐、VLV−1kV/70 低压电缆两段、铜绑线、电缆清洁纸、电缆附件（备 3 套中间头，不同规格各一套）、自黏胶带、导体连接管（与电缆截面积相符）				
备注					

评分标准

序号	作业名称	质量要求	分值	扣分标准	扣分原因	得分
1	着装、穿戴	工作服、工作鞋、安全帽等穿戴正确	5	(1) 没穿戴工作服（鞋）、安全帽扣5分。 (2) 帽带松弛及衣、袖没扣，鞋带不系扣3分		
2	支撑、校直、外护套擦拭	为了便于操作，选好位置，将要进行施工的部分支架好，同时校直，擦去外护套上的污迹。将外护套管套在电缆上	5	(1) 未支撑、校直扣3分。 (2) 外护套未擦拭扣2分		
3	确定中间对接点，将电缆断切面锯平	导体切面凹凸不平应锯平，确定对接中心点和长、短头	10	(1) 锯面不平整扣3分。 (2) 未按要求做扣4分。 (3) 尺寸不对扣3分		
4	校队施工尺寸	根据附件供应商提供的图纸，确定施工尺寸	5	尺寸与图纸不符扣2~5分		

<table>
<tr><td colspan="7" align="center">评分标准</td></tr>
<tr><td>序号</td><td>作业名称</td><td>质量要求</td><td>分值</td><td>扣分标准</td><td>扣分原因</td><td>得分</td></tr>
<tr><td>5</td><td>操作程序控制</td><td>操作程序应按图纸进行</td><td>10</td><td>（1）程序错误扣5分。
（2）遗漏工序扣5分</td><td></td><td></td></tr>
<tr><td>6</td><td>剥出外护套、铠装、内衬层及填充物</td><td>剥切时切口不平，金属切口有毛刺或伤及其下一层结构，应视为缺陷；绝缘表面干净、光滑，无残质</td><td>20</td><td>（1）尺寸不对扣2～5分。
（2）剥切时伤及下一层扣2～5分。
（3）剥口有毛刺扣2～5分。
（4）绝缘表面没处理干净扣2～5分</td><td></td><td></td></tr>
<tr><td>7</td><td>套入管材</td><td>不得遗漏</td><td>5</td><td>有遗漏扣5分</td><td></td><td></td></tr>
<tr><td>8</td><td>剥削绝缘和导体压接连接管</td><td>剥去绝缘切口处整齐，压接从接管两端口开始，压数不得少于4点。压接后连接管表面应打磨光滑</td><td>10</td><td>（1）切口不整齐扣4分。
（2）压接点少于4点扣3分。
（3）连接管表面未打磨扣3分</td><td></td><td></td></tr>
<tr><td>9</td><td>固定绝缘管</td><td>收缩紧密，管外表无灼伤痕迹，所有套管热缩应到位。热缩前，绝缘表面应用清洁纸单方向清洁</td><td>10</td><td>（1）绝缘表面不清洁扣2～5分。
（2）管外表有灼伤痕迹扣2～5分</td><td></td><td></td></tr>
<tr><td>10</td><td>固定外护套</td><td>外护套应热缩均匀，两端都应绕密封胶，加强防潮能力</td><td>10</td><td>（1）未绕密封胶扣5分。
（2）管外表有灼伤痕迹扣2～5分</td><td></td><td></td></tr>
<tr><td>11</td><td>安全文明生产</td><td>清查现场遗留物，文明操作，禁止违章操作，不损坏工器具，不发生安全生产事故</td><td>10</td><td>（1）有不安全行为扣2～5分。
（2）损坏元件、工器具扣2～5分</td><td></td><td></td></tr>
<tr><td colspan="2">考试开始时间</td><td></td><td colspan="2">考试结束时间</td><td colspan="2">合计</td></tr>
<tr><td>考生栏</td><td colspan="2">编号：　　姓名：</td><td colspan="2">所在岗位：　　单位：</td><td colspan="2">日期：</td></tr>
<tr><td>考评员栏</td><td colspan="2">成绩：　　考评员：</td><td colspan="4">考评组长：</td></tr>
</table>

一、施工

(一) 工器具、材料

(1) 工器具：电工个人组合工具、登高工具、线手套、安全围栏、标示牌、传递绳。

(2) 材料：热缩、冷缩、硅橡胶预制式电缆终端各一根（长度若干米）；各种规格螺栓、平垫片、弹簧垫片；清洗剂、导电脂等。

(二) 施工的安全要求

(1) 防触电伤人。作业前作业人员应核准设备的双重编号，确认所做安全措施确已落实方可工作。注意临近电源的安全距离。

(2) 防误入带电间隔。在工作区域悬挂"在此工作"标示牌；非工作区域悬挂"止步，高压危险"标示牌。

(3) 防高空坠落。登高前要检查登高工具是否在试验期限内，对安全带及登高工具进行冲击试验。高空作业中安全带应系在牢固的构件上，作业时不得失去监护。

(4) 防坠物伤人。作业现场人员必须戴好安全帽，严禁在作业点正下物体坠落半径范围内逗留。高空作业要用传递绳索传递工具材料，严禁抛掷。

(三) 施工步骤与要求

1. 施工步骤

(1) 准备工作。

1) 着装规范。

2) 选择工器具，进行外观检查。

3) 选择材料，进行外观检查。

(2) 工作过程。

1) 登高前检查登高工具。

2) 检查安全带。

3）确定工作位置。

4）固定电缆。

5）配电设备连接处清洁处理。

6）配电设备连接处涂抹导电脂。

7）电缆与配电设备连接。

8）固定电缆接地线。

（3）工作终结。清理现场，退场。

2. 工艺要求

（1）电缆相间交叉需零电位交叉，忌高电位交叉。

（2）电缆最小弯曲半径 10D（D 为电缆直径）。

（3）螺栓处附加平垫片、弹簧垫片。

（4）电气距离符合规定。

（5）清除配电设备连接处表面氧化物清洗并涂导电脂。

（6）电缆与配电设备连接处的连接要紧密可靠，排列整齐、美观。

二、考核

（一）考核所需用的工器具、材料、场地

（1）工器具：电工组合工具、登高工具、安全围栏、线手套、标示牌、传递绳。

（2）材料：热缩、冷缩、硅橡胶预制式电缆终端各一根（长度若干米）；各种规格螺栓、平垫片、弹簧垫片；清洗剂、导电脂等。

（3）场地

1）考场可以设在培训专用配电设备上。

2）室内场地应有照明、通风或降温设施。

3）给定配电设备上安全措施已完成，配有一定区域的安全围栏。

4）工器具按同时开设工位数确定，并有备用。

5）设置 2 套评判桌椅和计时秒表。

（二）考核要点

（1）要求一人操作，一人监护。考生就位，经许可后开始工作，规范穿戴工作服、绝缘鞋、安全帽、戴线手套等。

（2）检查登高工具（绝缘梯）、安全用具标签是否在试验期内。

（3）对电缆进行外部检查，表面干净、无破损；接线螺栓无锈蚀。

（4）作业前明确线路名称，开关编号，工作位置，并挂标示牌。

（5）对安全带进行冲击试验。

（6）登高动作规范、熟练，站位合适，安全带系绑正确。

（7）电缆相间交叉需零电位交叉，忌高电位交叉。

（8）电缆最小弯曲半径 10D（D 为电缆直径）。

（9）螺栓穿向正确附加垫片，安装牢固。

（10）清除配电设备连接处表面氧化物并涂导电脂，附加平垫片、弹簧垫片拧紧。

（11）电气距离符合规定。

（12）安全文明生产，规定时间内完成，时间到后停止操作，按所完成的内容计分。未完成部分均不得分。要求操作过程熟练连贯，施工有序，工器具、材料存放整齐，现场清理干净。

（13）发生安全事故，本项考核不及格。

（三）考核时间

（1）考核时间为 40min。

（2）选用工器具、设备、材料时间 5min，时间到停止选用，选用工器具及材料用时不纳入考核时间。

（3）许可开工后记录考核开始时间。

（4）现场清理完毕后，汇报工作终结，记录考核结束时间。

三、评分参考标准

行业：电力工程   工种：电力电缆工   等级：五

编号	DL504	行为领域	e	鉴定范围	
考核时间	40min	题型	A	含权题分	25
试题名称	10kV 电缆与配电设备的连接				
考核要点 其要求	（1）给定条件：考场可以设在培训专用配电设备上。 （2）工作环境：现场操作场地及设备材料已完备。 （3）给定配电设备上安全措施已完成，配有一定区域的安全围栏。 （4）检查设备安装工艺。 （5）电缆相间交叉需零电位交叉，忌高电位交叉。 （6）电缆最小弯曲半径 10D。 （7）电气距离符合规定				
现场 工器具、材料	（1）工器具：电工组合工具、登高工具、安全围栏、线手套、标示牌、传递绳。 （2）材料：热缩、冷缩、硅橡胶预制式电缆终端各一根（长度若干米）；各种规格螺栓、平垫片、弹簧垫片；清洗剂、导电脂等。 （3）考生自备工作服、绝缘鞋				
备注					

		评分标准				
序号	作业名称	质量要求	分值	扣分标准	扣分原因	得分
1	着装、穿戴	工作服、工作鞋、安全帽等穿戴正确	5	（1）没穿戴工作服（鞋）、安全帽扣5分。 （2）帽带松弛及衣、袖没扣，鞋带不系扣3分		
2	作业前检查	作业前明确线路名称、开关编号、工作位置，并挂示牌	10	（1）未检查扣5分。 （2）未挂示牌扣5分		
3	电缆吊装的安全工具准备	安全帽、绝缘梯、安全带、所用绳索应经检验合格	5	未检查扣2~5分		
4	电缆吊装	绳扣要牢固且易解，吊点要合适，不影响终端固定，安装位置正确	10	（1）吊装不到位扣2分。 （2）绳扣不牢固扣3分。 （3）吊点不合适扣2分。 （4）安装位置不正确扣3分		
5	夹具安装	抱箍、电缆夹具安装应牢固，上下夹具对齐	5	（1）安装不牢固扣3分。 （2）上下夹具不对齐扣1分。 （3）不用垫片扣1分		
6	电缆连接	（1）螺栓穿向正确，附加垫片，连接牢固。 （2）清除配电设备连接处表面氧化物并涂导电脂。 （3）电缆相间交叉需零电位。 （4）电缆最小弯曲半径10D。 （5）电气距离符合规定	45	（1）不加垫片，连接不牢固扣10分。 （2）配电设备连接处表面氧化物未清除，未涂导电脂扣5分。 （3）电缆相间高电位交叉扣10分。 （4）电缆弯曲半径过小扣10分。 （5）电气距离不符合规定扣10分		
7	接地线连接	电缆终端的接地线与接地装置引出的接地线连接，接地线截面积不小于25mm²，不允许用缠绕的方式	10	（1）连接不牢固扣5分。 （2）不用垫片扣5分		

评分标准						
序号	作业名称	质量要求	分值	扣分标准	扣分原因	得分
8	安全文明生产	文明操作，禁止违章操作，不损坏工器具，不发生安全生产事故	10	（1）有不安全行为扣5分。 （2）损坏材料、工器具扣5分。 （3）发生安全生产事故本项考核不及格		
考试开始时间			考试结束时间		合计	
考生栏	编号：	姓名：	所在岗位：	单位：		日期：
考评员栏	成绩：	考评员：		考评组长：		

一、施工

（一）工器具、设备、材料

（1）工器具：电工组合个人工具、安全帽、线手套、验电器、安全围栏、标示牌。

（2）设备：万用表、相序表。

（3）材料：自黏胶带黄、绿、红、黑各一卷。

（二）施工的安全要求

（1）防触电伤人。一人操作，一人监护。穿绝缘鞋和全棉长袖工作服，并戴线手套，站在干燥的绝缘物上进行操作。

（2）防短路。设备应合格，万用表确认处于交流电压挡。

（三）施工要求与步骤

1. 施工要求

（1）测试接线正确。

（2）相位判断正确。

（3）标识正确。

2. 操作步骤

（1）准备工作。

1）着装规范。

2）选择工器具，进行外观检查。

3）选择材料，进行外观检查。

4）画出一个满足工作需求的表格。

（2）工作过程。

1）确定一相为 U 相。

2）用相序表找出 V、W 相。

3）用自黏胶带黄、绿、红做标识。

4）万用表核相找出 u、v、w 相。

5）用自黏胶带黄、绿、红做标识。

6）对 Uu、Vv、Ww 再次确认，同相位电压为零（或不大于 10V）。

（3）工作终结。清理现场，退场。

二、考核

（一）考核所需用的工器具、设备、材料与场地

（1）工器具：电工个人组合工具、安全帽、线手套、验电器、安全围栏、标示牌。

（2）设备：万用表、相序表。

（3）材料：自黏胶带黄、绿、红、黑各一卷。

（4）场地。

1）场地面积能同时满足 4 个工位，地面应铺有绝缘垫。保证工位间的距离合适，不应影响试验时各方的人身安全。

2）室内场地应有照明、通风或降温设施。

3）室内场地有 220V 电源插座，通电试验用的电源 2 处以上。

4）工器具按同时开设工位数确定，并有备用。

5）设置 2 套评判桌椅和计时秒表。

（二）考核要点

（1）持有已许可开工的电力线路第二种工作票。

（2）操作由一人操作、一人监护完成，穿戴规范。

（3）工器具选用满足工作需要。

（4）万用表挡位选择交流电压挡。

（5）由相序表正反转测定电源的相位（确定一相为 U 相）。

（6）测试方法接线正确，相位判断正确，标识正确。

（7）安全文明生产，规定时间内完成。文明操作，禁止违章操作，不损坏工器具，不浪费材料，不发生安全生产事故。

（8）发生安全事故，本项考核不及格。

（三）考核时间

（1）考核时间为 20min。

（2）选用工器具、设备、材料时间 5min，时间到停止选用，选用工器具及材料用时不纳入考核时间。

（3）许可开工后记录考核开始时间。

（4）现场清理完毕后，汇报工作终结，记录考核结束时间。

三、评分参考标准

行业：电力工程　　　　　　工种：电力电缆工　　　　　　等级：五

编号	DL505	行为领域	e	鉴定范围	
考核时间	20min	题型	A	含权题分	25
试题名称	380V并联电源的核相				
考核要点及要求	(1) 给定条件：现场提供相邻的380V交流电源两路。 (2) 工作环境：现场操作场地及设备材料已完备。 (3) 给定设备上安全措施已完成，配有一定区域的安全围栏，并悬挂标示牌。 (4) 持有电力线路第二种工作票。 (5) 一人操作，一人监护。防止触电。 (6) 检查核相方法正确与否				
现场工器具、设备、材料	(1) 工器具：电工组合个人工具、安全帽、线手套、验电器、安全围栏、标示牌。 (2) 设备：万用表、相序表。 (3) 材料：自黏胶带黄、绿、红、黑各一卷				
备注					

评分标准

序号	作业名称	质量要求	分值	扣分标准	扣分原因	得分
1	着装	工作过程中全程戴安全帽，穿全棉长袖工作服，带线手套，穿绝缘鞋	5	(1) 没穿戴工作服（鞋）、安全帽扣5分。 (2) 帽带松弛及衣、袖没扣，鞋带不系扣3分		
2	持有工作票	工作票所列安全措施符合现场工作需求	5	(1) 未持有工作票扣5分。 (2) 工作票所列安全措施与现场不符扣3分		
3	工器具选用	工器具选用满足施工需要，对工器具进行外观检查	5	(1) 工器具选用不当扣2~5分。 (2) 工器具未进行外观检查扣3分		
4	说出核相方法并画出表格	方法正确，表达清晰。表格能满足核相工作的需求	20	(1) 方法不正确扣2~10分。 (2) 表达不清晰扣2~5分。 (3) 表格不能满足工作需求扣2~5分		

			评分标准				
序号	作业名称	质量要求	分值	扣分标准	扣分原因	得分
5	用相序表测定任一路电源的相位	由相序表正反转测定电源的相位，方法正确。相位标示正确，黄、绿、红对应 U、V、W	20	任一相错误为 0 分		
6	万用表挡位选择	正确无误，使用方法得当	10	使用错误扣 2～10 分		
7	以确定的一路电源相位为基准，用万用表核定另一路电源相位，相位相同电压为0	测试方法接线正确；相位判断正确；标识正确	25	任一相错误为 0 分		
8	安全文明生产	文明操作，禁止违章操作，不损坏工器具，不浪费材料，不发生安全生产事故	10	（1）有不安全行为扣 2～5 分。（2）工器具乱放、浪费材料扣 2～5 分		

考试开始时间				考试结束时间		合计	
考生栏	编号：	姓名：	所在岗位：	单位：	日期：
考评员栏	成绩：	考评员：		考评组长：	

一、施工

(一) 工器具、材料

(1) 工器具：螺钉旋具、扳手、斜口钳或剪刀、压接工具、钢卷尺、记号笔、清洗剂、抹布若干、钢锯、锯条若干、锉刀或铁砂布若干。

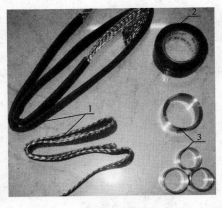

图 DL506-1　制作电力电缆接地卡材料
1—接地引接线；2—绝缘自黏胶带；3—接地卡

(2) 材料：YJLV$_{22}$—8.7/15kV—3×240 电缆若干米、接地引线、接地卡（规格与电缆相匹配）若干、绝缘自黏胶带若干，如图 DL506-1 所示。

(二) 施工的安全要求

(1) 现场设置遮栏、标示牌。

(2) 防止伤人、损坏设施。

(三) 施工要求与步骤

1. 施工要求

(1) 根据工作任务，选择工器具、材料。接地卡的选用应根据电缆规格而定，规格过大不能将接地引线牢固安装，偏小不便安装且宜损伤电缆或损坏接地卡。

(2) 现场安全设施的设置要求正确、完备。安全遮栏设置，在施工人员出入口向外悬挂"从此进出"标示牌，在遮栏四周向外悬挂"止步，高压危险"标示牌。

(3) 判断接地卡安装位置及工艺。

(4) 在辅助人员配合下完成。

2. 施工步骤

(1) 将电缆端部 2m 校直、锯齐、清洁处理。

(2) 安装钢铠接地卡。

1）根据电缆附件安装尺寸量取外护套层剥去长度、做标记。

2）在外护套上刻一环形刀痕，刀口向电缆末端切开并剥除电缆外护套。

3）钢铠保留不小于30mm，如图DL506-2所示。锯切钢铠，锯口整齐，去掉毛刺，锉光钢铠表面，如图DL506-3所示。

图DL506-2　锯切钢铠

图DL506-3　锉光钢铠表面

4）将两条钢铠结合处锉光，面积不小于300mm²。

5）将接地引线端部展开，展开后长度不小于60mm、宽度为其原宽度的2倍，如图DL506-4所示。

6）将接地引线按压在钢铠锉光处，副线头伸出长度不应小于接地卡宽度，顺钢铠扭向方向安装钢铠接地卡，如图DL506-5所示。

图DL506-4　分开接地引线端部

图DL506-5　钢铠接地卡安装

7）接地卡绕一周，将副线头回折，继续缠绕钢铠接地卡，顺接地卡拧紧方向收紧接地卡，接地卡覆盖钢铠，如图DL506-6所示。

8）用绝缘自黏胶带缠绕接地卡、钢铠。绝缘自黏胶带缠绕至外护套层上，如图DL506-7所示。该处绝缘强度不亚于电缆内护套的要求。

图DL506-6　钢铠接地卡安装

图DL506-7　钢铠及接地卡绝缘处理

（3）安装屏蔽接地卡。

1）在内护套层距钢铠 10mm 处量取做标记。

2）在内护套上刻一环形刀痕，刀口向电缆末端切开并剥除内护套、填充物、齐头、清洁处理。

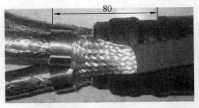

图 DL506-8　屏蔽接地卡安装位置

3）将接地引线端部分开，分开后长度不小于屏蔽接地回头安装长度。

4）屏蔽接地引线应安装在钢铠接地引线的对侧，两者之间保持绝缘，屏蔽接地卡安装端部与外护套端部间距不小于 80mm，如图 DL506-8 所示。

5）将接地引线按压在屏蔽层上，副线头伸出长度不应小于接地卡宽度，顺接地卡拧紧方向安装接地卡，将副线头回折，继续缠绕屏蔽接地卡。如此依次安装各屏蔽接地卡。

6）将屏蔽层多余部分切除，清除毛刺。如图 DL506-9 所示。多芯电缆的屏蔽接地卡可以多芯公用一个接地卡，也可以每芯安装一个接地卡。屏蔽接地无论采用哪种方式，其钢铠与屏蔽间的绝缘、间距以及各自接触面积、牢固程度等均必须满足相关要求，如图 DL506-10 所示。

7）做好电缆的防腐工作。

（4）现场清理。

图 DL506-9　切除屏蔽层

图 DL506-10　钢铠接地、屏蔽绝缘彼此绝缘

二、考核

（一）考核所需用的工器具、材料、设备与场地

（1）工器具：螺钉旋具 1 把、扳手 1 把、斜口钳或剪刀 1 把、压接工具、钢卷尺、记号笔、清洗剂、抹布若干、钢锯 1 把、锯条若干、锉刀 1 把或铁砂布若干。

（2）材料：电缆 YJLV$_{22}$—8.7/15kV—3×240 若干、接地引线、接地卡（规格与电缆相匹配）若干、绝缘自黏胶带若干。

（3）场地

1）场地面积能同时满足多个工位，工作时互不影响。

2）工器具按同时开设工位数确定，并有备用。

3）设置评判桌椅和计时秒表。

（二）考核时间

（1）考核时间为 30min。

（2）选用工器具、设备、材料时间 5min，时间到停止选用，此项用时不纳入考核时间。

（3）许可开工后记录考核开始时间。

（4）现场清理完毕后，汇报工作终结，记录考核结束时间。

（三）考核要点

（1）熟悉 10kV 终端头制作各项尺寸。

（2）接地引线接触完好。

（3）钢铠、屏蔽接地间绝缘。

（4）接地卡安装工艺。

（5）屏蔽接地安装 3 个接地卡。

三、评分参考标准

行业：电力工程　　　　　　　工种：电力电缆工　　　　　　　等级：五

编号	DL506	行为领域	e	鉴定范围	
考核时间	30min	题型	A	含权题分	25
试题名称	10kV 电缆接地卡安装				
考核要点及要求	(1) 熟悉 10kV 终端头制作各项尺寸。 (2) 接地引线接触完好。 (3) 钢铠、屏蔽接地间绝缘。 (4) 接地卡安装工艺。 (5) 屏蔽接地安装 3 个接地卡。 (6) 独立完成				
现场工器具、材料	(1) 工器具：螺钉旋具、扳手、斜口钳或剪刀、压接工具、钢卷尺、记号笔、清洗剂、抹布若干、钢锯、锯条若干、锉刀或铁砂布若干。 (2) 材料：YJLV$_{22}$—8.7/15kV—3×240 电缆若干米、接地引线、接地卡（规格与电缆相匹配）若干、绝缘自黏胶带若干				
备注	考生自备工作服、安全帽、线手套、绝缘鞋、电工个人工具				

评分标准

序号	作业名称	质量要求	分值	扣分标准	扣分原因	得分
1	着装	正确佩戴安全帽，穿工作服，穿绝缘鞋，戴手套	4	(1) 未按要求着装扣4分。 (2) 着装不规范扣2分		
2	工器具材料	一次性选择，正确、齐全	4	选择不正确不得分		
3	现场布置	遮栏四周向外设置"止步，高压危险"标示牌，入口设置"从此进出"标示牌	5	缺少标示牌每处扣3分，扣完为止		
4	护套、钢铠切除	(1) 电缆端部校直、锯齐、清洁。 (2) 制作区标记。 (3) 向末端切开并剥除电缆外护套。 (4) 钢铠保留不小于30mm。 (5) 钢铠锯口整齐、毛刺处理。 (6) 钢铠表面锉光，面积不小于300mm²。 (7) 光面涵盖2条钢铠	20	(1) 未校直、锯齐扣2分。 (2) 未清洁扣2分。 (3) 未量取、标记扣2分。 (4) 切除方法错误扣3分。 (5) 钢铠长度误差超出±5mm扣3分。 (6) 钢铠不齐、未处理扣2分。 (7) 未锉光扣2分。 (8) 锉光面积不够扣2分。 (9) 光面在1条钢铠上扣2分		
5	钢铠接地引线处理	端部展开后长度不小于60mm、宽度为其原宽度的2倍	6	(1) 长度、宽度不足扣3分。 (2) 长度过长扣3分		
6	钢铠接地卡安装	(1) 外护套、钢铠、内护套清洁。 (2) 接地引线覆盖2条钢铠缝。 (3) 覆盖面积不小于300mm²。 (4) 顺钢铠扭向方向。 (5) 绕一周，副线头回折。 (6) 回折长度大于接地卡宽度。 (7) 顺接地卡拧紧方向收紧。接地卡覆盖钢铠端部	20	(1) 未清洁处理扣2分。 (2) 接地引线覆盖方位错误扣2分。 (3) 接触面积小于300mm²扣2分。 (4) 方向错误扣3分。 (5) 副线未回头扣5分。 (6) 回折长度不够扣2分。 (7) 未收紧扣2分。 (8) 接地卡位置不正确扣2分		
7	绝缘处理	(1) 接地卡、钢铠绝缘处理。 (2) 绕3周，后匝压前匝1/2。 (3) 搭接绝缘层长度不小于20mm	6	(1) 未绝缘处理扣6分。 (2) 绝缘匝数不符合要求扣3分。 (3) 绝缘长度不符合要求扣3分		

			评分标准			
序号	作业名称	质量要求	分值	扣分标准	扣分原因	得分
8	内护套切除	(1) 内护套露出钢铠 10mm。 (2) 填充物切除、齐头。 (3) 清洁处理	6	(1) 长度偏差 ±3mm 扣 2 分。 (2) 未齐头处理扣 2 分。 (3) 损伤屏蔽扣 1 分。 (4) 未清洁处理扣 1 分		
9	屏蔽接地引线处理	端部分为 3 股,各股展开	6	(1) 未分股扣 3 分。 (2) 长度不够返工扣 3 分		
10	屏蔽接地卡安装	(1) 顺铜屏蔽扭向方向。 (2) 绕一周,副线头回折。 (3) 回折长度大于接地卡宽度。 (4) 顺接地卡拧紧方向收紧。 (5) 接地卡覆盖屏蔽端部。 (6) 3 个接地卡排列整齐	15	(1) 方向错误扣 3 分。 (2) 副线未回头扣 3 分。 (3) 回折长度不够扣 2 分。 (4) 未收紧扣 2 分。 (5) 接地卡位置不正确扣 3 分。 (6) 排列不整齐扣 1 分。 (7) 缺少 1 个接地卡扣 1 分		
11	安全文明生产	(1) 文明操作,禁止违章操作。 (2) 爱惜工器具。 (3) 不发生安全生产事故。 (4) 清理现场,交还工器具材料。 (5) 工作总结	8	(1) 有不安全行为扣 2 分。 (2) 损坏电缆扣 2 分。 (3) 未清理场地扣 2 分。 (4) 未总结扣 2 分。 (5) 发生安全生产事故本项考核不及格		
考试开始时间				考试结束时间		合计
考生栏	编号:	姓名:		所在岗位:	单位:	日期:
考评员栏	成绩:	考评员:			考评组长:	

一、施工

(一) 工器具、材料、设备

(1) 工器具：电工个人组合工具，安全用具（验电器、接地线一副、绝缘手套一副、遮栏、标示牌一套）。

(2) 材料：被试电力电缆。

(3) 设备：500、1000、2500、5000V 绝缘电阻表各一块，试验用测试线包，计时秒表。

(二) 施工的安全要求

(1) 试验工作由两人进行，一人操作、一人监护。需持工作票并得到许可后方可开工。

(2) 电缆摇测绝缘前，加压端应做好安全措施，防止人员误入试验场所。另一端应设置围栏并挂上标示牌，派人看守。

(3) 更换引线时，应对被试品充分放电，作业人员应戴好绝缘手套，并站在绝缘垫上。

(三) 施工步骤与要求

1. 施工要求

(1) 测量电缆绝缘电阻，检查电缆绝缘是否受潮、脏污或存在局部缺陷。若吸收比近似为 1 则电缆存在受潮或有局部缺陷。

(2) 绝缘电阻测量应取 60s（1min）的绝缘电阻值。

(3) 选用适合电缆电压等级的绝缘电阻表：

1) 500V 及以下电缆、橡塑电缆的外护套及内衬层使用 500V 绝缘电阻表。

2) 500～3000V 电缆使用 1000V 绝缘电阻表。

3) 3～10kV 电缆使用 2500V 绝缘电阻表。

4) 10kV 以上电缆使用 2500V 或 5000V 绝缘电阻表。

2. 操作步骤

(1) 对已运行的电缆，要用放电棒放电，时间不少于 2min。经过充分放电后再拆除两端的一切对外连线，用干净细布将电缆头擦干净，并做好屏蔽。

（2）如图 DL507 所示，将电缆被测芯线接于绝缘电阻表 L 柱上，非被测芯线均应与电缆地线一同接地并接于绝缘电阻表 E 柱上。电缆接线端头表面可能产生表面泄漏电流时，应加以屏蔽，用软铜线绕 1～2 圈即可，并接到绝缘电阻表 G 柱上。

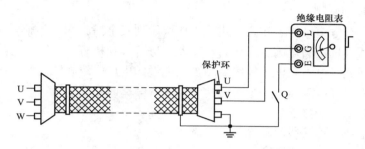

图 DL507　测量三芯电缆绝缘电阻接线及屏蔽方法

（3）用手转动绝缘电阻表，当达到额定转速 120r/min 时，将绝缘电阻表 L 柱上绝缘线触向电缆被测芯，同时开始计时，读取 15s 与 60s 的绝缘电阻值并记录。将绝缘电阻表 L 柱上绝缘线与电缆被测芯断开，然后停止转动绝缘电阻表。

（4）当被测电缆较长，充电电流很大时，绝缘电阻表开始指示值可能很小。此时并不表示绝缘不良，必须经过较长时间充电才能得到正确测试结果。

（5）用放电棒放电，时间不少于 2min。

（6）变更接线，换相试验。

（7）对记录试验数据进行分析。

（8）填写试验报告。

二、考核

（一）考核所需用的工器具、材料、设备与场地

（1）工器具：电工个人组合工具，安全用具（验电器、接地线一副、绝缘手套一副、遮栏、标示牌一套），试验用测试线包等。

（2）材料：被试电力电缆。

（3）设备：500、1000、2500、5000V 绝缘电阻表各一块。

（4）场地。

1）场地面积能同时满足 4 个工位的需求，地面应铺有绝缘垫，并有备用。保证工位间的距离合适，不应影响试验时各方的人身安全。

2）室内场地应有照明、通风或降温设施。

3）室内场地有 220V 电源插座，通电试验用的电源 2 处以上。

4）工器具按同时开设工位数确定，并有备用。

5）设置 2 套评判桌椅和计时秒表。

(二) 考核要点

(1) 要求一人操作，一人监护。考生就位，经许可后开始工作，工作服、工作鞋、安全帽等穿戴规范。

(2) 需持有电缆一种工作票，明确工作票所列安全措施均已实施。

(3) 工器具选用满足施工需要，对工器具进行外观检查。

(4) 选择绝缘电阻表电压等级要与被试电缆的电压等级相匹配。

(5) 检查绝缘电阻表开路是否能达无穷大，短路时指零。

(6) 试验的正确接线。

(7) 放电及变更接线时动作规范、熟练。

(8) 数据的分析与判断。

(9) 清查现场遗留物，恢复电缆线路原始状态。

(10) 安全文明生产，规定时间内完成，时间到后停止操作，按所完成的内容计分，工器具、材料不随意乱放。

(11) 发生安全事故，本项考核不及格。

(三) 考核时间

(1) 考核时间为 20min。

(2) 选用工器具、设备、材料时间 5min，时间到停止选用，选用工器具、材料用时不纳入考核时间。

(3) 许可开工后记录考核开始时间。

(4) 现场清理完毕后，汇报工作终结，记录考核结束时间。

(四) 对应技能鉴定级别考核内容

1. 五级工应完成

(1) 工器具选用满足施工需要，对工器具进行外观检查。

(2) 选择绝缘电阻表的电压等级要与被试电缆的电压等级相匹配。

(3) 检查绝缘电阻表开路是否能达无穷大，短路时指零。

(4) 试验的正确接线。

(5) 放电及变更接线时动作规范、熟练。

2. 四级工应完成

除完成五级工的操作任务外还应完成：

(1) 办理工作票，履行工作许可手续。

(2) 数据的分析与判断。

三、评分参考标准

行业：电力工程　　　　　　工种：电力电缆工　　　　　　等级：五

编号	DL507（DL401）	行为领域	e		鉴定范围	
考核时间	20min	题型	A		含权题分	25
试题名称	运行中的电缆停电摇测绝缘电阻					
考核要点及要求	（1）给定条件：现场有两端做好终端头的电缆一根，首尾端与设备已断开连接。 （2）工作环境：电缆对端现场应设遮栏，悬挂"止步，高压危险"标示牌，并派专人看守。 （3）单人操作时需配一名助手。 （4）给定电缆线路上安全措施已完成，配有一定区域的安全围栏。 （5）检查摇测绝缘电阻操作方法是否正确					
现场工器具、设备、材料	（1）主要工器具：电工个人组合工具，安全用具（验电器、接地线一副、绝缘手套一副、遮栏、标示牌一套）。 （2）现场设备：500、1000、2500、5000V绝缘电阻表各一块，试验用测试线包，计时秒表。 （3）基本材料：被试电力电缆。 （4）考生自备工作服、绝缘鞋					
备注	现场工作票已办，已得到工作许可					

评分标准

序号	作业名称	质量要求	分值	扣分标准	扣分原因	得分
1	着装、穿戴	工作服、工作鞋、安全帽等穿戴正确	5	（1）没穿戴工作服（鞋）、安全帽扣5分。 （2）帽带松弛及衣、袖没扣，鞋带不系扣3分		
2	工器具选用	工器具选用满足施工需要，对工器具进行外观检查	5	（1）未进行检查扣5分。 （2）工器具、材料漏选或有缺陷扣3分		
3	对电缆进行放电	将接地线牢固接地，然后将电缆各相分别放电并接地	5	未放电并接地扣5分		
4	注意另一端安全	派人到另一端看守或装好安全遮栏，防止有人接触被试电缆	10	另一端未做安全措施扣10分		

评分标准

序号	作业名称	质量要求	分值	扣分标准	扣分原因	得分
5	绝缘电阻表的选用	500V 及以下电缆、橡塑电缆的外护套及内衬层使用 500V 绝缘电阻表。500～3000V 电缆使用 1000V 绝缘电阻表。3～10kV 电缆使用 2500V 绝缘电阻表。10kV 以上电缆使用 2500V/5000V 绝缘电阻表	5	选择错误扣 5 分		
6	绝缘电阻表的检查	检查绝缘电阻表开路是否能达无穷大，短路时指零	5	未对表计作检查扣 5 分		
7	摇测	当绝缘电阻表达到规定 120r/min 速度后，对各相逐一进行测试，并做好记录，测试一相时其他两相接地	20	（1）不是各相分别测试扣 5 分。（2）未做记录扣 5 分。（3）测试一相时其他两相未接地扣 5 分。（4）不能正确读数扣 5 分		
8	放电	当一相测试完后，应先取下测试线，然后对电缆放电并接地	10	（1）绝缘电阻表未离开就停止转动扣 5 分。（2）摇测后未放电、接地扣 5 分		
9	吸收比试验	对电缆摇测应分别读取 15s 和 60s 时的绝缘数值，并做好记录	10	（1）不能正确读取 15s 和 60s 数值扣 5 分。（2）未做记录扣 5 分		
10	清理仪表、材料	收拾仪表和各种临时用线	5	未收拾干净扣 5 分		
11	清理现场安全措施	撤出另一端看护人员或安全遮栏	5	未撤另一端看护人员或遮栏扣 5 分		
12	工作结束	恢复原状向工作负责人汇报工作结束	5	未汇报工作扣 5 分		
13	安全文明生产	文明操作，禁止违章操作，不损坏工器具，清理现场，不发生安全生产事故	10	（1）有不安全行为扣 3 分。（2）没清理现场扣 4 分。（3）损坏元件、工器具扣 3 分		
考试开始时间				考试结束时间	合计	
考生栏	编号：　姓名：		所在岗位：	单位：	日期：	
考评员栏	成绩：　考评员：			考评组长：		

行业：电力工程　　　　　　　　工种：电力电缆工　　　　　　　　等级：四

编号	DL401（DL507）	行为领域	e	鉴定范围	
考核时间	20min	题型	A	含权题分	25
试题名称	运行中的电缆停电摇测绝缘电阻				

考核要点及要求	（1）给定条件：现场有两端做好终端头的电缆一根，首尾端与设备已断开连接。 （2）工作环境：电缆对端现场应设遮栏，悬挂"止步，高压危险"标示牌，并派专人看守。 （3）单人操作时需配一名助手。 （4）给定电缆线路上安全措施已完成，配有一定区域的安全围栏。 （5）检查摇测绝缘电阻操作方法是否正确
现场工器具、设备、材料	（1）主要工器具：电工个人组合工具，安全用具（验电器、接地线一副、绝缘手套一副、遮栏、标示牌一套）。 （2）现场设备：500、1000、2500、5000V绝缘电阻表各一块，试验用测试线包，计时秒表。 （3）基本材料：电缆一根。 （4）考生自备工作服、绝缘鞋
备注	现场工作票已办

评分标准

序号	作业名称	质量要求	分值	扣分标准	扣分原因	得分
1	着装、穿戴	工作服、工作鞋、安全帽等穿戴正确	5	（1）没穿戴工作服（鞋）、安全帽扣5分。 （2）帽带松弛及衣、袖没扣，鞋带不系扣3分		
2	工器具选用	工器具选用满足施工需要，对工器具进行外观检查	5	（1）未进行检查扣5分。 （2）工器具、材料漏选或有缺陷扣3分		
3	履行工作许可手续	履行工作许可手续	5	未履行工作许可手续扣5分		
4	对电缆进行放电	将接地线牢固接地，然后将电缆各相分别放电并接地	5	未放电并接地扣5分		
5	注意另一端安全	派人到另一端看守或装好安全遮栏，防止有人接触被试电缆	5	另一端未做安全措施扣5分		

序号	作业名称	质量要求	分值	扣分标准	扣分原因	得分
		评分标准				
6	绝缘电阻表选用	500V 及以下电缆、橡塑电缆的外护套及内衬层使用 500V 绝缘电阻表。500 ～ 3000V 电缆使用 1000V 绝缘电阻表。3～10kV 电缆使用 2500V 绝缘电阻表。10kV 以上电缆使用 2500V/5000V 绝缘电阻表	5	选择错误扣 5 分		
7	绝缘电阻表的检查	检查绝缘电阻表开路是否能达无穷大,短路时指零	5	未对表计作检查扣 5 分		
8	摇测	当绝缘电阻表达到规定 120r/min 速度后,对各相逐一进行测试,并做好记录,测试一相时其他两相接地	10	(1) 不是各相分别测试扣 3 分。(2) 未做记录扣 3 分。(3) 测试一相时其他两相未接地扣 2 分。(4) 不能正确读数扣 2 分		
9	放电	当一相测试完后,应先取下测试线,然后对电缆放电并接地	10	(1) 绝缘电阻表未离开就停止转动扣 5 分。(2) 摇测后未放电、接地扣 5 分		
10	吸收比试验	对电缆摇测应分别读取 15s 和 60s 时的绝缘数值,并做好记录	10	(1) 不能正确读取 15s 和 60s 数值扣 5 分。(2) 未做记录扣 5 分		
11	清理仪表、材料	收拾仪表和各种临时用线	5	未收拾干净扣 5 分		
12	数据的分析与判断	与同类设备横向比较,与自身纵向比较	10	未能比较着扣 10 分		
13	清理现场安全措施	撤出另一端看护人员或安全遮栏	5	未撤另端看护人员或遮栏扣 5 分		
14	工作结束	恢复原状向工作负责人汇报工作结束	5	未汇报工作扣 5 分		

评分标准							
序号	作业名称	质量要求	分值	扣分标准	扣分原因	得分
15	安 全 文 明 生产	文明操作，禁止违章操作，不损坏工器具，清理现场，不发生安全生产事故	10	（1）有不安全行为扣3分。 （2）没清理现场扣4分。 （3）损坏元件、工器具扣3分		
考试开始时间			考试结束时间		合计	
考生栏	编号：　　姓名：		所在岗位：　　单位：			日期：
考评员栏	成绩：　　考评员：		考评组长：			

10kV电力电缆直流耐压及泄漏电流试验

一、施工

(一) 工器具、材料、设备

(1) 工器具：电工组合工具、验电器一个、标示牌、安全围栏、高压接地线一套、绝缘手套、绝缘垫。

(2) 材料：10kV被试电力电缆。

(3) 设备：ZGF-60kV/2mA直流高压发生器、微安表、绝缘电阻表一块、万用表一块、放电棒、试验用线包。

(二) 施工的安全要求

(1) 试验工作由两人进行，一人操作，一人监护。需持工作票并得到许可后方可开工。

(2) 电缆耐压试验前，加压端应做好安全措施，防止人员误入试验场所。另一端应设置围栏并挂上警告标示牌，如另一端是上杆的或是锯断电缆处，应派人看守。

(三) 施工步骤与要求

1. 施工要求

(1) 电缆耐压前后，应对被试品充分放电，作业人员应戴好绝缘手套并站在绝缘垫上。

(2) 更换引线时，应对被试品充分放电，作业人员应戴好绝缘手套并站在绝缘垫上。

2. 操作步骤

(1) 试验前，工作负责人要根据《国家电网公司电力安全工作规程（线路部分）》的工作票许可制度得到工作许可人的许可。到工作现场后要核对电缆线路名称和工作票所载各项安全措施均正确无误后才能开工。在试验地点周围要做好防止外人接近的措施，另一端应设置围栏并挂上标示牌，如另一端是上杆的或是锯断电缆处，应派人看守。

（2）根据电缆线路的电压等级和试验规程的试验标准，确定直流试验电压并选择相应的试验设备。

（3）按如图 DL508 所示试验接线图连接好试验设备，试验负责人在正式合闸加压前要检查试验接线是否正确、接地是否可靠、仪表指针是否在零位，在确认无误后才可以加压试验。

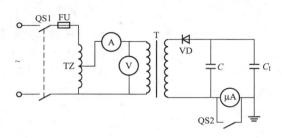

图 DL508　电缆耐压试验接线图

（4）合闸后要检查电压表和微安表指示是否正常，如有异常应查出并消除原因后才可继续升压试验。升压速度要均匀，大约为 1～2kV/s，并根据充电电流的大小，调整升压速度。

（5）加到标准试验电压 35kV 后，根据标准规定的时间先后读取泄漏电流值，做好试验记录作为判断电缆绝缘状态的依据。

（6）电缆试验应逐相进行，一相电缆加压时，另外两相电缆导体、金属屏蔽和铠装层应接地。每相试验完毕，先将调压器退回到零位，然后切断电源。被试相导体要经放电棒充分放电并直接接地，然后才可以调换试验引线。在调换试验引线时，人不可直接接触未接接地线的电缆导体，避免导体上的剩余电荷对人员造成危害。

（7）试验结束，设备恢复原状，清理接线，清理现场。

二、考核

（一）考核所需用的工器具、材料、设备与场地

（1）工器具：电工个人组合工具、验电器一个、标示牌、安全围栏、高压接地线一套、绝缘手套、绝缘垫。

（2）材料：10kV 被测电力电缆。

（3）设备：ZGF-60kV/2mA 直流高压发生器一套、微安表一块、绝缘电阻表一块、万用表一块、放电棒一只、试验用线包一套。

（4）场地：

1）场地面积能同时满足 4 个工位的需求，地面应铺有绝缘垫，并有备用。保

证工位间的距离合适，不应影响试验时各方的人身安全。

2）室内场地应有照明、通风或降温设施。

3）室内场地有 220V 电源插座，通电试验用的电源 2 处以上。

4）工器具按同时开设工位数确定，并有备用。

5）设置 2 套评判桌椅和计时秒表。

（二）考核要点

（1）要求一人操作，一人监护。考生就位，经许可后开始工作，工作服、工作鞋、安全帽等穿戴规范。

（2）试验正确接线。

（3）电缆接地与试验设备接地应牢靠。

（4）根据充电电流的大小，调整升压速度。

（5）加压应呼唱。

（6）放电及换试验接线动作规范。

（7）安全文明生产，规定时间内完成，时间到后停止操作，按所完成的内容计分，未完成部分均不得分，工器具、材料不随意乱放。

（8）发生安全事故，本项考核不及格。

（9）电缆试验需办理的相关手续（停电申请、电力电缆第一种工作票、危险点分析控制卡）和其他应采取的安全措施（检修前办理许可手续、验电、挂接地线、悬挂安全警告标示牌和装设安全围栏、班前会，工作结束后撤除地线、班后会、办理终结手续），适当时可以通过口述作为附加内容。

（三）考核时间

（1）考核时间为 30min。

（2）选用工器具、设备、材料时间 5min，时间到停止选用，选用工器具及材料用时不纳入考核时间。

（3）许可开工后记录考核开始时间。

（4）现场清理完毕后，汇报工作终结，记录考核结束时间。

（四）对应技能鉴定级别考核内容

1. 五级工应完成

（1）试验正确接线。

（2）放电及换试验接线动作规范。

2. 四级工应完成

（1）试验数据的分析。

（2）加压速度的控制。

三、评分参考标准

行业：电力工程　　　　　　　工种：电力电缆工　　　　　　　等级：五

编号	DL508（DL402）	行为领域	e	鉴定范围	
考核时间	30min	题型	A	含权题分	25
试题名称	10kV电力电缆直流耐压及泄漏电流试验				
考核要点及要求	（1）试验接线正确。 （2）根据充电电流的大小，调整升压速度。 （3）加压呼唱。 （4）放电及换试验接线动作规范。 （5）给定电缆线路上安全措施已完成，配有一定区域的安全围栏及标识。 （6）电缆对端需派人看守				
现场工器具、设备、材料	（1）工器具：电工组合工具、验电器一个、标示牌、安全围栏、高压接地线一套、绝缘手套、绝缘垫。 （2）设备：ZGF-60kV/2mA直流高压发生器一套、微安表一块、绝缘电阻表一块、万用表一块、放电棒一只、试验用线包一套。 （3）材料：10kV被试电力电缆。 （4）考生自备工作服、绝缘鞋				
备注					

评分标准

序号	作业名称	质量要求	分值	扣分标准	扣分原因	得分
1	着装、穿戴	工作服、工作鞋、安全帽等穿戴正确	5	（1）没穿戴工作服（鞋）、安全帽扣5分。 （2）帽带松弛及衣、袖没扣，鞋带不系扣3分		
2	现场准备	试验场地围好围栏	5	未做扣5分		
3	挂标示牌	电缆另一端挂好标示牌或派人看守	5	未做扣5分		
4	试验电压确定	正确确定试验电压（预试或交接）	5	不正确扣5分		
5	试验前后摇测绝缘电阻	不考评，但必须完成这一过程	5	未做扣5分		
6	试验接线	试验接线应正确	10	一处不正确扣5分		
7	高压引线对地的绝缘距离	高压引线对地的绝缘距离足够	5	距离不够扣5分		

		评分标准				
序号	作业名称	质量要求	分值	扣分标准	扣分原因	得分
8	接地线	连接牢靠	5	一处接地不牢扣 2 分		
9	试验接地	试验一相时,其他两相接地正确	5	不正确扣 5 分		
10	合闸升压	接到监护人指令并大声复诵后方可合闸	10	(1) 未接到监护人指令合闸扣 10 分。 (2) 未大声复诵扣 5 分		
11	试验电压的呼唱	加压过程应呼唱	10	未呼唱扣 10 分		
12	读数、记录	试验电压以 0.25、0.5、0.75、1.0 倍分段上升,每点停留 1min 读取泄漏电流值,最后升至试验电压	5	操作不正确扣 1 分/次		
13	试验完毕时放电	试验完毕对电缆充分放电,直至电缆无残留电荷	15	操作不正确扣 5 分/次		
14	安全文明生产	文明操作,禁止违章操作,不损坏工器具,清理现场,不发生安全生产事故	10	(1) 有不安全行为扣 3 分。 (2) 没清理现场扣 4 分。 (3) 损坏元件、工器具扣 3 分		

考试开始时间			考试结束时间		合计	
考生栏	编号:	姓名:	所在岗位:	单位:		日期:
考评员栏	成绩:	考评员:		考评组长:		

行业:电力工程　　　　　　工种:电力电缆工　　　　　　等级:四

编号	DL402（DL508）	行为领域	e	鉴定范围	
考核时间	30min	题型	A	含权题分	25
试题名称	10kV 电力电缆直流耐压及泄漏电流试验				
考核要点及其要求	(1) 试验接线正确。 (2) 根据充电电流的大小,调整升压速度。 (3) 加压呼唱 (4) 放电及换试验接线动作规范。 (5) 给定电缆线路上安全措施已完成,配有一定区域的安全围栏及标识。 (6) 电缆对端需派人看守				

现场工器具、设备、材料	（1）工器具：电工组合工具、验电器一个、标示牌、安全围栏、高压接地线一套、绝缘手套、绝缘垫。 （2）设备：ZGF－60kV/2mA 直流高压发生器一套、微安表一块、绝缘电阻表一块、万用表一块、放电棒一只、试验用线包一套。 （3）材料：10kV 被试电力电缆。 （4）考生自备工作服、绝缘鞋
备注	

评分标准

序号	作业名称	质量要求	分值	扣分标准	扣分原因	得分
1	着装、穿戴	工作服、工作鞋、安全帽等穿戴正确	5	（1）没穿戴工作服（鞋）、安全帽扣5分。 （2）帽带松弛及衣、袖没扣，鞋带不系扣3分		
2	现场准备	试验场地围好围栏	2	未做扣2分		
3	挂标示牌	电缆另一端挂好标示牌或派人看守	3	未做扣3分		
4	试验电压确定	正确确定试验电压（预试或交接）	5	不正确扣5分		
5	试验前后摇测绝缘电阻	不考评，但必须完成这一过程	5	未做扣5分		
6	检查电源	检查电源电压（交流220V）	2	未做扣2分		
7	试验接线	试验接线应正确	10	不正确扣2～10分		
8	高压引线对地的绝缘距离	高压引线对地的绝缘距离足够	3	不正确扣3分		
9	接地线	连接牢靠	5	接地不牢扣2～5分		
10	试验接地	试验一相时，其他两相接地正确	5	不正确扣5分		
11	合闸升压	接到监护人指令并大声复诵后方可合闸	10	（1）未接到监护人指令合闸扣10分。 （2）未大声复诵扣5分		
12	试验电压的呼唱	加压过程应呼唱	5	未呼唱扣5分		
13	升压速度控制	根据充电电流的大小，调整升压速度	5	操作不正确扣2～5分		

		评分标准					
序号	作业名称	质量要求	分值	扣分标准	扣分原因	得分
14	读数、记录	试验电压以0.25、0.5、0.75、1.0倍分段上升，每点停留1min读取泄漏电流值，最后升至试验电压	5	操作不正确扣1分/次		
15	试验完毕时放电	试验完毕对电缆充分放电，直至电缆无残留电荷	10	操作不正确扣2~10分		
16	试验结果的判断	（1）在试验电压作用下，5min不击穿。（2）耐压5min的泄漏电流不应大于1min的泄漏电流	10	不正确扣2~10分		
17	安全文明生产	文明操作，禁止违章操作，不损坏工器具，清理现场，不发生安全生产事故	10	（1）有不安全行为扣3分。（2）没清理现场扣4分。（3）损坏元件、工器具扣3分		
考试开始时间				考试结束时间		合计	
考生栏	编号：	姓名：		所在岗位：	单位：		日期：
考评员栏	成绩：	考评员：			考评组长：		

一、施工

（一）工器具、设备

（1）设备：高压无线核相器。

（2）工器具：传递绳、登高工具、绝缘手套、安全带、安全围栏、标示牌。

（二）施工的安全要求

（1）办理电缆第二种工作票。

（2）防触电伤人。登杆前作业人员应核准线路的双重编号后，方可工作。注意临近电源的安全距离。

（3）防倒杆伤人。登杆前检查杆根、杆身、埋深是否达到要求，拉线是否紧固。行人道口、人员密集区设置安全围栏、标示牌。

（4）防高空坠落。登杆前要检查登高工具是否在试验期限内，对脚扣和安全带做冲击试验。高空作业中安全带应系在牢固的构件上，并系好后备保护绳，确保双重保护。转向移位穿越时不得失去后备保护绳。作业时不得失去监护。

（5）防坠物伤人。作业现场人员必须戴好安全帽，严禁在作业点正下方逗留。杆上作业要用传递绳索传递工器具、材料，严禁抛掷。

（6）现场测试时，操作人员按《国家电网公司安全生产工作规程（线路部分）》的有关要求进行操作。

（三）施工步骤与要求

1. 施工要求

（1）相序识别应由三人进行，一人操作，一人监护，一人读表。

（2）直接接触高电压的核相棒试验合格，其绝缘性能和安全距离均能满足《国家电网公司安全生产工作规程（线路部分）》要求。

2. 施工方法

如图 DL509-1 所示，$R_A = R_A'$ 为固定电阻核相棒。固定电阻 $r_a = r_a'$，可调电阻 r、r' 和微安表 PA 组装成一只核相表。根据广义交流电桥原理。当 $U_A = U_A'$ 时，调

节 r 和 r' 可使电桥平衡，即 $I_g=0$，此时，被测两端电压幅值和相位相同。如果两端电压相位相同，而幅值不完全相等，调节 r 和 r' 仍能使电桥平衡。当两端相位不相同时，调节 r 和 r' 不能使电桥平衡即 $I_g=0$。相序测量如图DL509-2所示。假设某条线为 U 相，将采集器 X 放在 U 相上，采集器 Y 放在另一相上。如显示120°，则说明是顺相序，该相应为 V 相。如显示240°，则是逆相序，该相应为 W 相。

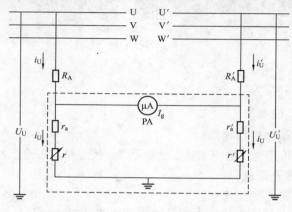

图 DL509-1　高电压的核相原理

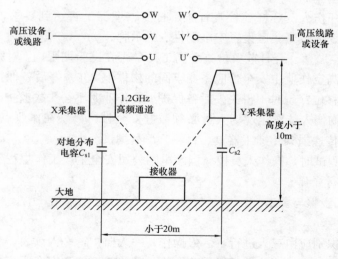

图 DL509-2　相序测量

在高压线核相时应分别将采集器 X 和 Y 采集器按以下方法排列进行核相：UU′同相355°～5°；UV′不同相120°或240°、VV′同相355°～5°、VW′不同相120°或240°、WW′同相355°～5°。

3. 操作步骤

（1）办理工作票，履行工作许可手续。

（2）选择工器具，进行外观检查，高压无线核相器如图 DL509-3 所示。

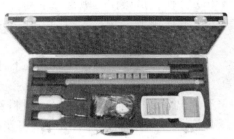

（3）登杆前检查。

（4）登杆工具冲击试验。

（5）登杆及站位。

（6）先将 X 和 Y 采集器分别挂到同一相高压线路上，主机显示屏应显示 X、Y 同相，相位差 355°～5°。

图 DL509-3　高压无线核相器

（7）测量相序。

（8）高压无线核相。

（9）清查杆上遗留物，操作人员下杆。

（10）记录数据。

（11）分析数据。

（12）清理现场，退场。

二、考核

（一）考核所需用的工器具、设备与场地

（1）设备：高压无线核相器。

（2）工器具：传递绳、登高工具、安全用具等。

（3）场地：

1）场地面积能同时满足多个工位，并保证工位间的距离合适，不应影响试验时各方的人身安全。

2）场地应有两路 10kV 电源。

3）工器具按同时开设工位数确定，并有备用。

4）设置 2 套评判桌椅和计时秒表。

（二）考核要点

（1）履行工作票制度、工作许可制度。

（2）严格执行工作监护制度。

（3）一人操作，一人监护，一人读表。考生就位，经许可后开始工作，工作服、工作鞋、安全帽等穿戴规范。

（4）登杆动作规范、熟练，站位合适，安全带系绑正确。

（5）对登杆工具脚扣（或踩板）安全带进行冲击试验。

（6）操作人员操作时戴绝缘手套。

（7）操作规范。

（8）数据分析正确。

（9）清查杆上遗留物，操作人员下杆，并与地面辅助人员配合清理现场。

（10）安全文明生产，规定时间内完成。在施工过程中全程不能失去安全带保护，不能出现高空落物，工器具、材料不随意乱放。

（11）发生安全事故，本项考核不及格。

（三）考核时间

（1）考核时间为 20min。

（2）选用工器具、设备、材料时间 5min，时间到停止选用，选用工器具和材料用时不纳入考核时间。

（3）许可开工后记录考核开始时间。

（4）现场清理完毕后，汇报工作终结，记录考核结束时间。

（四）对应技能鉴定级别考核内容

1. 五级工应完成

全部操作（给定工作负责人）。

2. 四级工应完成

（1）需办理持有电力电缆第二种工作票。

（2）完成全部操作及数据分析正确。

三、评分参考标准

行业：电力工程　　　　　　工种：电力电缆工　　　　　　等级：五

编号	DL509（DL403）	行为领域	e	鉴定范围	
考核时间	20min	题型	A	含权题分	25
试题名称	10kV电力电缆相序识别				
考核要点及要求	（1）履行工作票制度、工作许可制度。 （2）严格执行工作监护制度。 （3）一人操作，一人监护，一人读表。考生就位，经许可后开始工作，工作服、工作鞋、安全帽等穿戴规范。 （4）登杆动作规范、熟练，站位合适，安全带系绑正确。 （5）对登杆工具脚扣（或踩板）安全带进行冲击试验。 （6）杆上操作人员操作时戴绝缘手套。 （7）操作规范。 （8）清查杆上遗留物，操作人员下杆，并与地面辅助人员配合清理现场。 （9）安全文明生产，规定时间内完成；在施工过程中全程不能失去安全带保护，不能出现高空落物，工器具、材料不随意乱放				

现场设备、工器具	(1) 设备：高压无线核相器。 (2) 工器具：传递绳、登高工具、安全用具等					
备注	一人操作，一人监护，一人读表；已办理工作票					
评分标准						

序号	作业名称	质量要求	分值	扣分标准	扣分原因	得分
1	着装、穿戴	工作过程中，全程戴安全帽，穿全棉长袖工作服，穿绝缘鞋	5	（1）没穿戴工作服（鞋）、安全帽扣5分。 （2）帽带松弛及衣、袖没扣，鞋带不系扣3分		
2	履行工作许可制度	得到工作许可方可开工	10	不得许可开工扣10分		
3	严格执行工作监护制度	工作不得失去监护，无监护人不得自行操作；操作时所站的最佳位置和姿势应事先选择	10	（1）监护不到位扣5分。 （2）不在监护人监护下擅自操作扣3分。 （3）操作动作考虑不周扣2分		
4	检查核相仪的指示正确性	先将采集器X和Y分别挂到同一高压线路上，主机显示屏应显示X、Y同相，相位差355°～5°	10	此项不做扣10分		
5	登杆工具冲击试验	对登杆工具进行冲击试验	10	未做冲击试验扣10分		
6	安全工具应用	操作人员操作时应戴绝缘手套	5	未戴绝缘手套扣5分		
7	挂相	测量时应先挂一相线路，再挂另一相线路	10	操作不正确扣2～10分		
8	换相	操作动作规范	10	操作不规范扣2～10分		
9	工作位置选择	位置选择利于操作	10	位置选择考虑不周全扣2～10分		
10	记录	测量相位时应画简图并做记录	10	绘图或记录不正确扣2～10分		

<table>
<tr><th colspan="7">评分标准</th></tr>
<tr><td>序号</td><td>作业名称</td><td>质量要求</td><td>分值</td><td>扣分标准</td><td>扣分原因</td><td>得分</td></tr>
<tr><td>11</td><td>安全文明生产</td><td>文明操作，禁止违章操作，不损坏工器具，不发生安全生产事故</td><td>10</td><td>（1）有不安全行为扣2～5分。
（2）工器具乱放扣2～5分</td><td></td><td></td></tr>
<tr><td>考试开始时间</td><td></td><td colspan="2">考试结束时间</td><td></td><td>合计</td><td></td></tr>
<tr><td>考生栏</td><td colspan="2">编号：　　姓名：</td><td colspan="2">所在岗位：　　单位：</td><td colspan="2">日期：</td></tr>
<tr><td>考评员栏</td><td colspan="2">成绩：　　考评员：</td><td colspan="4">考评组长：</td></tr>
</table>

行业：电力工程　　　　　　　　工种：电力电缆工　　　　　　　　等级：四

编号	DL403（DL509）	行为领域	e	鉴定范围	
考核时间	20min	题型	A	含权题分	25
试题名称	10kV电力电缆相序识别				
考核要点 及要求	（1）履行工作票制度、工作许可制度。 （2）严格执行工作监护制度。 （3）一人操作，一人监护，一人读表。考生就位，经许可后开始工作，工作服、工作鞋、安全帽等穿戴规范。 （4）登杆动作规范、熟练，站位合适，安全带绑扎正确。 （5）对登杆工具脚扣（或踩板）安全带进行冲击试验。 （6）杆上操作人员操作时戴绝缘手套。 （7）操作规范。 （8）数据分析正确。 （9）清查杆上遗留物，操作人员下杆，并与地面辅助人员配合清理现场。 （10）安全文明生产，规定时间内完成；在施工过程中全程不能失去安全带保护，不能出现高空落物，工器具、材料不随意乱放。				
现场设备、工器具	（1）设备：高压无线核相器。 （2）工器具：传递绳、登高工具、安全用具等				
备注	一人操作，一人监护，一人读表；已办理工作票				

<table>
<tr><th colspan="7">评分标准</th></tr>
<tr><td>序号</td><td>作业名称</td><td>质量要求</td><td>分值</td><td>扣分标准</td><td>扣分原因</td><td>得分</td></tr>
<tr><td>1</td><td>着装、穿戴</td><td>工作过程中，全程戴安全帽，穿全棉长袖工作服，带线手套，穿绝缘鞋</td><td>5</td><td>（1）没穿戴工作服（鞋）、安全帽扣5分。
（2）帽带松弛及衣、袖没扣，鞋带不系扣3分</td><td></td><td></td></tr>
</table>

评分标准

序号	作业名称	质量要求	分值	扣分标准	扣分原因	得分
2	工作许可制度	需持有线路第二种工作票，得到工作许可方可开工	10	不得许可开工扣10分		
3	严格执行工作监护制度	工作不得失去监护，无监护人不得自行操作；操作时所站的最佳位置和姿势应事先选择	10	（1）监护不到位扣10分。（2）不在监护人监护下擅自操作扣10分。（3）操作动作考虑不周全扣5分		
4	检查核相仪的指示正确性	先将采集器X和Y分别挂到同一高压线路上，主机显示屏应显示X、Y同相，相位差355°～5°	10	此项不做扣10分		
5	登杆工具冲击试验	对登杆工具进行冲击试验	5	未做冲击试验扣5分		
6	安全工具应用	操作人员操作时应戴绝缘手套	5	未戴绝缘手套扣5分		
7	挂相	测量时应先挂一相线路，再挂另一相线路	5	操作不正确扣2～5分		
8	换相	操作动作规范	5	操作不规范扣2～5分		
9	工作位置选择	位置选择利于操作	5	位置选择考虑不周全扣2～5分		
10	记录	测量相位时应画简图并做记录	10	绘图或记录不正确扣2～10分		
11	均显示为不同相的分析	正确分析（在核相时，如UU′、UV′、VV′、VW′、WW′的测试数据均为显示不同相，这是由于所测的两组供电线路接线组别不同，可能会出现30°或60°的相位差）	20	（1）不会分析扣10分。（2）分析错误扣10分		
12	安全文明生产	文明操作，禁止违章操作，不损坏工器具，不发生安全生产事故	10	（1）有不安全行为扣2～5分。（2）工器具乱放扣2～5分		
考试开始时间			考试结束时间		合计	
考生栏	编号：	姓名：	所在岗位：	单位：	日期：	
考评员栏	成绩：	考评员：		考评组长：		

**DL510
(DL404)**　　　参照电缆实物阐述各部分结构及作用

一、施工

(一) 材料

YJLW$_{02}$-64/110kV-1×400 铜芯交联聚乙烯绝缘电缆一段；YJV$_{22}$-8.7/15kV-3×300 铜芯交联聚乙烯绝缘电力电缆一段。

(二) 施工的安全要求

电缆实物断面平整，电缆摆放固定好。

(三) 施工步骤与要求

1. 施工要求

(1) 考核主要内容：考察考生对高压和中低压交联聚乙烯绝缘电缆的结构了解熟悉情况，是否掌握各部分的基本技术要求和作用。

(2) 电缆型号：YJLW$_{02}$-64/110kV-1×400 铜芯交联聚乙烯绝缘电缆一段；YJV$_{22}$-8.7/15kV-3×300 铜芯交联聚乙烯绝缘电力电缆一段。

(3) 该项目由 1 名考生独立完成。

2. 操作步骤

(1) 高压单芯电缆的结构及作用阐述。YJLW$_{02}$-64/110kV-1×400 铜芯交联聚乙烯绝缘电缆的。基本结构为导体线芯、导体屏蔽、绝缘层、绝缘屏蔽、缓冲层（阻水层）、金属护套、外护套、试验电极。针对上述结构，阐述每种结构的材料、物理和电气性能、作用等。

(2) 中低压三芯电缆的结构及作用阐述。YJV$_{22}$-8.7/15kV-3×300 铜芯交联聚乙烯绝缘电力电缆的基本结构为导体线芯、导体屏蔽、绝缘层、绝缘屏蔽、铜屏蔽层、填充物、钢带铠装层、外护套。针对上述结构，阐述每种结构的材料、物理和电气性能、作用等。

二、考核

(一) 考核所需用的材料与场地

(1) 材料：YJLW$_{02}$-64/110kV-1×400 铜芯交联聚乙烯绝缘电缆一段；

YJV_{22} - 8.7/15kV - 3×300 铜芯交联聚乙烯绝缘电力电缆一段。

（2）场地：

1）场地有 4 个工位，每个工位有 $YJLW_{02}$ - 64/110kV - 1×400 铜芯交联聚乙烯绝缘电缆模拟线路一段，YJV_{22} - 8.7/15kV - 3×300 铜芯交联聚乙烯绝缘电力电缆一段；电缆断面平整，结构清晰。

2）设置 2 套评判桌椅和计时秒表。

（二）考核要点

（1）考核主要内容：考察考生对高压和中低压交联聚乙烯绝缘电缆的结构了解熟悉情况，是否掌握各部分的基本技术要求和作用。

（2）电缆型号：$YJLW_{02}$ - 64/110kV - 1×400 铜芯交联聚乙烯绝缘电缆一段；YJV_{22} - 8.7/15kV - 3×300 铜芯交联聚乙烯绝缘电力电缆一段。

（3）该项目由 1 名考生独立完成。

（4）发生安全事故，本项考核不及格。

（三）考核时间

（1）考核时间为 20min。

（2）选用工器具、设备、材料时间 5min，时间到停止选用，节约用时不纳入考核时间。

（3）许可开工后记录考核开始时间。

（4）现场清理完毕后，汇报工作终结，记录考核结束时间。

（四）对应技能鉴定级别考核内容

（1）四级工要求阐述结构、材料及作用。

（2）五级工要求阐述结构和材料。

三、评分参考标准

行业：电力工程　　　　　　工种：电力电缆工　　　　　　等级：五

编号	DL510（DL404）	行为领域	e	鉴定范围	
考核时间	20min	题型	A	含权题分	25
试题名称	参照电缆实物阐述各部分结构及作用				
考核要点及要求	（1）考核主要内容：考察考生对高压和中低压交联聚乙烯绝缘电缆的结构了解熟悉情况，是否掌握各部分的材料。 （2）电缆型号：$YJLW_{02}$ - 64/110kV - 1×400 铜芯交联聚乙烯绝缘电缆一段；YJV_{22} - 8.7/15kV - 3×300 铜芯交联聚乙烯绝缘电力电缆一段。 （3）该项目由 1 名考生独立完成；考核时间要求 20min				
现场材料	$YJLW_{02}$ - 64/110kV - 1×400 铜芯交联聚乙烯绝缘电缆一段；YJV_{22} - 8.7/15kV - 3×300 铜芯交联聚乙烯绝缘电力电缆一段				

序号	作业名称	质量要求	分值	扣分标准	扣分原因	得分
备注						
		评分标准				
1	着装	正确佩戴安全帽,穿工作服,穿绝缘鞋	10	(1)没穿戴工作服(鞋)、安全帽扣5分。 (2)帽带松弛及衣、袖没扣,鞋带不系扣3分		
2	高压单芯电缆的结构及作用阐述	电缆型号为 YJLW$_{02}$-64/110kV-1×400铜芯交联聚乙烯绝缘电缆。基本结构应为导体线芯、导体屏蔽、绝缘层、绝缘屏蔽、缓冲层(阻水层)、金属护套、外护套、试验电极。针对上述结构,阐述每种结构和材料	45	(1)漏掉一个结构扣5分。 (2)材料性能一项不清楚扣5分		
3	中低压三芯电缆的结构及作用阐述	电缆型号为 YJV$_{22}$-8.7/15kV-3×300铜芯交联聚乙烯绝缘电力电缆。基本结构为导体线芯、导体屏蔽、绝缘层、绝缘屏蔽、铜屏蔽层、填充物、钢带铠装层、外护套。针对上述结构,阐述每种结构和材料	45	(1)漏掉一个结构扣5分。 (2)材料性能一项不清楚扣5分		

考试开始时间			考试结束时间		合计	
考生栏	编号:	姓名:	所在岗位:	单位:		日期:
考评员栏	成绩:	考评员:		考评组长:		

行业:电力工程　　　　　工种:电力电缆工　　　　　等级:四

编号	DL404 (DL510)	行为领域	e	鉴定范围	
考核时间	20min	题型	A	含权题分	25
试题名称	参照电缆实物阐述各部分结构及作用				
考核要点及要求	(1)考核主要内容:考察考生对高压和中低压交联聚乙烯绝缘电缆的结构了解熟悉情况,是否掌握各部分的基本技术要求和作用。 (2)电缆型号:YJLW$_{02}$-64/110kV-1×400铜芯交联聚乙烯绝缘电缆一段;YJV$_{22}$-8.7/15kV-3×300铜芯交联聚乙烯绝缘电力电缆一段。 (3)该项由1名考生独立完成;考核时间要求20min				

现场材料	YJLW$_{02}$-64/110kV-1×400 铜芯交联聚乙烯绝缘电缆一段；YJV$_{22}$-8.7/15kV-3×300 铜芯交联聚乙烯绝缘电力电缆一段
备注	

			评分标准			
序号	作业名称	质量要求	分值	扣分标准	扣分原因	得分
1	着装	正确佩戴安全帽，穿工作服，穿绝缘鞋	10	（1）没穿戴工作服（鞋）、安全帽扣10分。（2）帽带松弛及衣、袖没扣，鞋带不系扣5分		
2	高压单芯电缆的结构及作用阐述	电缆型号为 YJLW$_{02}$-64/110kV-1×400 铜芯交联聚乙烯绝缘电缆。基本结构应为导体线芯、导体屏蔽、绝缘层、绝缘屏蔽、缓冲层（阻水层）、金属护套、外护套、试验电极。针对上述结构，阐述每种结构的材料、物理和电气性能、作用等	45	（1）漏掉一个结构扣5分。（2）材料性能一项不清楚扣5分。（3）作用一项不清楚扣5分		
3	中低压三芯电缆的结构及作用阐述	电缆型号为 YJV$_{22}$-8.7/15kV-3×300 铜芯交联聚乙烯绝缘电力电缆。基本结构为导体线芯、导体屏蔽、绝缘层、绝缘屏蔽、铜屏蔽层、填充物、钢带铠装层、外护套。针对上述结构，阐述每种结构的材料、物理和电气性能、作用等	45	（1）漏掉一个结构扣5分。（2）材料性能一项不清楚扣5分。（3）作用一项不清楚扣5分		
考试开始时间			考试结束时间		合计	
考生栏	编号：　姓名：　　所在岗位：　　单位：　　日期：					
考评员栏	成绩：　考评员：　　　　　　　考评组长：					

使用MP型手提泡沫灭火器扑灭火灾

一、施工

(一) 工器具、材料、设备

(1) 工器具：MP 型手提泡沫灭火器。

(2) 材料：考试用火堆已点燃。

(二) 施工的安全要求

(1) 灭火现场无关人员退出，无关易燃易爆物清离现场。

(2) 现场设置安全隔离区。

(三) 施工步骤与要求

1. 施工要求

(1) 正确使用灭火器，如图 DL511 - 1 所示。

(2) 迅速控制火势、扑灭火焰。

(3) 火焰熄灭后检查是否还有火星，并清理现场。

2. 操作步骤

(1) 在距离起火点约 5m 处，放下灭火器。

(2) 使用前将灭火器上下颠倒几次，使筒内干粉松动。

(3) 内装式或贮压式的使用方法：先拔下保险销，一只手握住喷嘴，另一只手用力按下压把，干粉即喷出。

(a)

(b)

图 DL511 - 1 灭火器及使用方法

(a) 灭火器；(b) 使用方法

二、考核

（一）考核所需用的工器具、材料与场地

（1）工器具：MP 型手提泡沫灭火器。

（2）考试用火堆已点燃。

（3）场地：

1) 室外露天的空旷场合，风力不大于 3 级。

2) 周围不得有易燃易爆物品。

3) 操作点周围设置安全围栏。

4) 设置 2 套评判桌椅和计时秒表。

（二）考核要点

（1）要求独立操作。

（2）考试前预先燃起一堆火，供灭火用。

（3）无关人员退出考试现场。

（4）灭火器械备齐后，由主考人宣布开始，并同时计时。

（5）发生安全事故，本项考核不及格。

（三）考核时间

（1）考核时间为 20min。

（2）选用工器具、设备、材料时间 5min，时间到停止选用，节约用时不纳入考核时间。

（3）许可开工后记录考核开始时间。

（4）现场清理完毕后，汇报工作终结，记录考核结束时间。

（四）对应技能鉴定级别考核内容

该项目适合四级工和五级工的考核。其中四级工级别需要说出泡沫灭火器适用和不适用的火灾类型，五级工会正确操作即可。

三、评分参考标准

行业：电力工程　　　　　　工种：电力电缆工　　　　　　等级：五

编号	DL511（DL405）	行为领域	e	鉴定范围	
考核时间	20min	题型	A	含权题分	25
试题名称	使用 MP 型手提泡沫灭火器扑灭火灾				
考核要点及要求	（1）独立操作。 （2）考试前预先燃起一堆火，供灭火用。 （3）无关人员退出考试现场。 （4）灭火器械备齐后，由主考人宣布开始，并同时计时				

现场工器具、材料	(1) 考试现场提供1套MP型手提泡沫灭火器。 (2) 考试用火堆已点燃。 (3) 灭火现场无关人员退出，无关易燃易爆物清离现场					
备注						

评分标准

序号	作业名称	质量要求	分值	扣分标准	扣分原因	得分
1	着装	正确佩戴安全帽，穿工作服，穿绝缘鞋	5	(1) 没穿戴工作服（鞋）、安全帽扣5分。 (2) 帽带松弛及衣、袖没扣，鞋带不系扣3分		
2	了解灭火器筒内及瓶胆内所装溶液	筒内装碱性溶液（发泡剂），瓶胆内装酸性溶液（硫酸铝）	25	说错或说反均扣10分		
3	使用方法及操作的熟练程度	提起灭火器时筒身不可过度倾斜；平稳地提到现场，倾倒筒身，上下摆动几次，使两种药液混合产生泡沫；将喷嘴对准火堆，借助筒内气体压力，泡沫喷向火堆将火扑灭	35	(1) 操作方法不对扣25分。 (2) 操作不熟练扣10分		
4	使用时注意事项	不允许将筒盖和筒底朝向人体，以防爆破造成事故	25	操作不当扣15~25分		
5	安全文明	文明操作，禁止违章操作，不损坏工器具，不发生安全事故	10	(1) 发生安全事故扣10分。 (2) 有不安全行为扣5分		
考试开始时间			考试结束时间		合计	
考生栏	编号：　　　姓名：		所在岗位：	单位：	日期：	
考评员栏	成绩：　　　考评员：			考评组长：		

行业：电力工程　　　　　　工种：电力电缆工　　　　　　等级：四

编号	DL405（DL511）	行为领域	e	鉴定范围	
考核时间	20min	题型	A	含权题分	25
试题名称	使用MP型手提泡沫灭火器扑灭火灾				
考核要点及要求	(1) 独立操作。 (2) 考试前预先燃起一堆火，供灭火用。 (3) 无关人员退出考试现场。 (4) 灭火器械备齐后，由主考人宣布开始，并同时计时				

现场工器具、材料	（1）考试现场提供1套MP型手提泡沫灭火器。 （2）考试用火堆已点燃。 （3）灭火现场无关人员退出，无关易燃易爆物清离现场
备注	

评分标准

序号	作业名称	质量要求	分值	扣分标准	扣分原因	得分
1	着装	正确佩戴安全帽，穿工作服，穿绝缘鞋	5	（1）没穿戴工作服（鞋）、安全帽扣5分。 （2）帽带松弛及衣、袖没扣，鞋带不系扣3分		
2	说出泡沫灭火器可扑灭哪些初期火灾	各种油脂类，石油产品、木、竹、棉、麻等任选6种	15	（1）说不出扣10分。 （2）说错一个、少说一个均扣5分		
3	说出泡沫灭火器不可灭哪些初期火灾	电气设备，防腐蚀设备、器械等	15	（1）说不出扣10分。 （2）说错一个、少说一个均扣5分		
4	了解灭火器筒内及瓶胆内所装溶液	筒内装碱性溶液（发泡剂），瓶胆内装酸性溶液（硫酸铝）	15	说错或说反均扣5分		
5	使用方法及操作的熟练程度	提起灭火器时筒身不可过度倾斜；平稳地提到现场，倾倒筒身，上下摆动几次，使两种药液混合产生泡沫；将喷嘴对准火堆，借助筒内气体压力，泡沫喷向火堆将火扑灭	25	（1）操作方法不对扣15分。 （2）操作不熟练扣10分		
6	使用时注意事项	不允许将筒盖和筒底朝向人体以防爆破造成事故	15	操作不当扣10～15分		
7	安全文明	文明操作，禁止违章操作，不损坏工器具，不发生安全事故	10	（1）发生安全事故扣10分。 （2）有不安全行为扣5分		

考试开始时间			考试结束时间		合计	
考生栏	编号：	姓名：	所在岗位：	单位：	日期：	
考评员栏	成绩：	考评员：		考评组长：		

填写10kV–XLPE电缆头自检记录

一、施工

(一)工器具、材料

自检用记录表格 1～2 份，碳素水钢笔、铅笔各 1 支，现场提供原始记录 1 份。

(二)场地

(1) 有办公桌的室内场所。

(2) 室内场地应有照明、通风或降温设施。

(3) 设置 2 套评判桌椅和计时秒表。

二、考核

(一)考核步骤

(1) 独立填写。

(2) 字迹工整。

(3) 内容完善。

(4) 格式正确。

(5) 根据电缆施工原始记录，填写安装自检记录。

(二)考核要求

(1) 重点考察填写人综合能力。

(2) 填写时必须提供 1 份原始数据。

(3) 笔、纸、资料备齐计时开始。

(4) 发生安全事故，本项考核不及格。

(三)考核时间

(1) 四级工考核时间为 15min；五级工考核时间为 20min。

(2) 笔、纸、资料备齐计时开始。

(3) 汇报工作终结，记录考核结束时间。

三、评分参考标准

行业：电力工程　　　　　　工种：电力电缆工　　　　　　等级：五/四

编号	DL512（DL406）	行为领域	e	鉴定范围	
考核时间	15min/20min	题型	A	含权题分	25
试题名称	填写电缆头安装自检记录				
考核要点及要求	(1) 独立填写（补充电缆头型号、规格及数量）。 (2) 重点考察填写人综合能力。 (3) 填写时必须提供 1 份原始数据。 (4) 笔、纸、资料备齐计时开始				
现场工器具、材料	(1) 自检用记录表格 1～2 份，碳素水钢笔、铅笔各 1 支，原始记录 1 份。 (2) 场地为有办公桌椅的室内				
备注					

			评分标准				
序号	作业名称	质量要求	分值	扣分标准	扣分原因	得分
1	笔型选用	墨水笔，不得选用铅笔	10	选错笔扣 2 分		
2	字形、字迹要求	字形要易于辨认，字迹要清晰、端正，不可有污点	10	不符合要求扣 3 分		
3	填写内容	要求填写起点、终点、电缆编号、制作人、制作日期、制作前后的绝缘电阻、外观有无损伤及接地是否符合要求	70	胡编乱造扣 10 分，每缺 1 项扣 10 分，累计缺 4 项扣 70 分		
4	填写格式	格式正确无遗漏	10	格式不正确扣 3 分，每遗漏 1 项扣 1 分		
考试开始时间				考试结束时间		合计	
考生栏	编号：	姓名：		所在岗位：	单位：		日期：
考评员栏	成绩：	考评员：			考评组长：		

附表

10kV-XLPE 电缆中间接头制作自检记录

工程名称			施工日期		
线路名称			温度、湿度		
电缆型号	YJV$_{22}$-8.7/15kV-3×300		接头型号	冷缩绝缘中间接头	

序号	项目	中间接头安装				操作人员
		标准	A相	B相	C相	
1	安装前主绝缘					
2	安装前内、外护套绝缘					
3	安装后主绝缘					
4	安装后内、外护套绝缘					
5	电缆验潮					
6	外护套剥切尺寸					
7	铠装层剥切尺寸					
8	内护套剥切尺寸					
9	铜屏蔽剥切尺寸					
10	主绝缘剥切尺寸/绝缘外径					
11	线芯保留长度					
12	应力锥、绝缘件出厂编号					
13	绝缘表面处理					
14	外半与绝缘过度					
15	应力锥、绝缘件安装位置					
16	铜网安装长度					
17	铠装安装长度					
18	外防护结构安装					

工程单位：　　　　　　　　　　施工地点：

绝缘电阻表型号：

施工单位：

施工人员：

自检时间：　　　　年　　　月

一、施工

(一) 工器具、材料、设备

(1) 工器具：电缆支架、钢锯、锯条、铁皮剪子、裁纸刀、电缆刀、电工个人工具、钢尺、锉刀、燃气喷枪、安全帽；标示牌；工具包；手套；安全围栏、灭火器。

(2) 材料：砂纸 120 号/240 号电缆清洁纸、电缆附件一套、端子（与电缆截面积相符）、自黏胶带、焊锡丝、焊锡膏、铜绑线、$YJLV_{22}$—8.7/15kV—3×70 电缆若干米。

(3) 设备：液压钳及模具、电烙铁。

(二) 施工的安全要求

(1) 防使用喷灯时烫伤。使用喷灯时，喷嘴不准对着人体及设备。

(2) 喷灯使用完毕，放置在安全地点，冷却后装运。

(3) 防刀具伤人。用刀时刀口向外，不准对着人体。

(4) 工作过程中，注意轻接轻放。

(三) 施工步骤与要求

1. 操作步骤

(1) 准备工作。

1) 着装规范。

2) 选择工器具。

3) 选择材料。

(2) 工作过程。

1) 剥切外护套及钢铠。按电缆附件所示尺寸剥除外护套，自外护套切口处保留 25mm（去漆），用铜绑线绑扎固定后其余剥除。注意切割深度不得超过铠装厚度的 2/3，切口应平齐，不应有尖角、锐边，切割时勿伤内层结构。

2) 绑扎钢铠接地。用铜扎线将地线扎紧在钢铠上。

3) 剥切内护套。

4) 绑扎铜屏蔽接地。用铜扎线将地线扎紧在铜屏蔽上。

5) 两接地分开包绕填充胶，套入热缩三叉套管，固定三叉套管。

6) 剥除铜屏蔽层。注意切口应平齐，不得留有尖角。

7) 剥除外半导电层。注意切口应平齐，不得留有残迹，切勿伤及主绝缘层。

8) 固定应力控制管。注意位置正确。

9) 剥切主绝缘层。注意不得伤及线芯。

10) 切削反应力锥。自主绝缘断口处量 40mm，削成 35mm 锥体，留 5mm 内半导电层。注意椎体要圆整。

11) 导体压接端子。压接后应除尖角、毛刺，并清洗干净。

12) 绝缘表面处理。用清洁剂清洁电缆绝缘层表面，如主绝缘表面有划伤、凹坑或残留半导电颗粒，可用砂纸打磨。

13) 绕包密封胶。注意绕包表面应连续、光滑。

14) 固定绝缘管。注意火焰朝收缩方向，加热收缩时火焰应不断旋转、移动。

15) 固定密封管。注意火焰朝收缩方向，加热收缩时火焰应不断旋转、移动。

16) 固定相色管。注意火焰朝收缩方向，加热收缩时火焰应不断旋转、移动。

（3）工作终结。清理现场杂物，清点工器具，工器具归位，退场。

2. 施工要求

10kV 三芯电缆终端头雨裙安装如图 DL513-1 所示；10kV 三芯电缆终端头单相剖切如图 DL513-2 所示；10kV 三芯电缆终端头剖切如图 DL513-3 所示。

（1）剥切铠装的切割深度不得超过铠装厚度的 2/3，切口应平齐不应有尖角、锐边，切割时勿伤内层结构。

（2）剥切铜屏蔽，切口应平齐，不得留有尖角。

（3）剥切外半导电层，切口应平齐，不得残迹。

（4）剥切内衬层不得伤及铜屏蔽层。

（5）剥切外半导电层不得伤及主绝缘层。

（6）剥切主绝缘层不得伤及线芯。

（7）用电缆清洁纸清洁绝缘层表面。

（8）填充胶包绕应成形（橄榄状或苹果状）。

（9）导体端子压接后除尖角、毛刺。

（10）绕包密封胶连续、光滑，并搭接端子 10mm。

（11）应力管应小火烘烤。

（12）热缩管外表无灼伤痕迹。

（13）钢铠接地与铜屏蔽接地之间有绝缘要求。

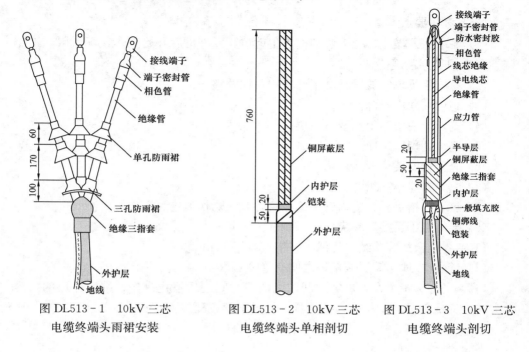

图 DL513-1　10kV 三芯
电缆终端头雨裙安装

图 DL513-2　10kV 三芯
电缆终端头单相剖切

图 DL513-3　10kV 三芯
电缆终端头剖切

二、考核

（一）考核所需用的工器具、材料、设备与场地

（1）工器具：标示牌；工具包；手套；安全围栏、电缆支架、钢锯、锯条、铁皮剪子、裁纸刀、电缆刀、钢丝钳、尖嘴钳、钢尺、平锉、平口起子、燃气喷枪、灭火器。

（2）材料。砂纸 120 号/240 号电缆清洁纸、电缆附件（备 3 套终端头，不同规格各一套）、端子（与电缆截面积相符）、自黏胶带、焊锡丝、焊锡膏、铜绑线、YJLV$_{22}$—8.7/15kV—3×70 电缆若干米。

（3）设备：液压钳及模具、电烙铁。

（4）场地：

1）场地面积能同时满足多个工位的需求，并保证工位间的距离合适，不应影响电缆制作时各方的人身安全。

2）室内场地应有照明、通风或降温设施。

3）室内场地有 220V 电源插座。

4）工器具按同时开设工位数确定，并有备用。

5) 设置 2 套评判桌椅和计时秒表。

（二）考核要点

（1）要求一人操作，一人监护。考生就位，经许可后开始工作，工作服、工作鞋、安全帽等穿戴规范。

（2）易燃用具单独放置；会正确使用，摆放整齐。

（3）剥切尺寸应正确。

（4）剥切上一层不得伤及下一层。

（5）绝缘处理应干净。

（6）应力管安装位置应正确。

（7）应力管应小火烘烤。

（8）热缩三指手套、应力管、绝缘管外表无灼伤痕迹。

（9）导体端子压接后除尖角、毛刺。

（10）绕包密封胶连续、光滑，并搭接端子 10mm。

（11）钢铠接地与铜屏蔽接地之间有绝缘要求。

（12）安全文明生产，规定时间内完成，时间到后停止操作，按所完成的内容计分，未完成部分均不得分，工器具、材料不随意乱放。

（13）发生安全事故，本项考核不及格。

（三）考核时间

（1）考核时间为 60min。

（2）选用工器具、设备、材料时间 5min，时间到停止选用，节约用时不纳入考核时间。

（3）许可开工后记录考核开始时间。

（4）现场清理完毕后，汇报工作终结，记录考核结束时间。

（四）对应技能鉴定级别考核内容

（1）五级工应完成。电缆头的全套制作。

（2）四级工应完成。电缆头的全套制作（铠装接地与铜屏蔽接地分开，并说明为什么）。

三、评分参考标准

行业：电力工程　　　　　　工种：电力电缆工　　　　　　等级：五

编号	DL513（DL407）	行为领域	e	鉴定范围	
考核时间	60min	题型	A	含权题分	50
试题名称	10kV‑XLPE 电缆热缩户内终端头安装				

考核要点及要求	(1) 工作环境：现场操作场地及设备材料已完备。 (2) 剥切尺寸正确。 (3) 剥切绝缘不得损伤缆芯。 (4) 绝缘表面处理应干净、光滑。 (5) 剥除铜屏蔽层及半导电层不得伤及下一层。 (6) 戴安全帽、穿工作服、穿绝缘鞋、带个人工具。易燃用具单独放置；会正确使用，摆放整齐
现场工器具、材料、设备	(1) 工器具：电缆支架、常用电工个人工具、安全帽、安全带、标示牌、工具包、手套、钢锯、锯条、铁皮剪子、裁纸刀、电缆刀、钢尺、锉刀、燃气喷枪一套、灭火器。 (2) 材料：端子（与电缆截面积相符）、电缆附件、砂纸120号/240号、电缆清洁纸、自黏胶带、PVC带、硅脂、焊锡丝、焊锡膏、铜绑线、YJLV$_{22}$—8.7/15kV—3×70电缆若干米。 (3) 设备：液压钳及模具、电烙铁
备注	

评分标准

序号	作业名称	质量要求	分值	扣分标准	扣分原因	得分
1	着装、穿戴	工作服、工作鞋、安全帽等穿戴正确	5	(1) 没穿戴工作服（鞋）、安全帽扣5分。 (2) 帽带松弛及衣、袖没扣，鞋带不系扣3分		
2	工器具、材料的选择	正确选用工器具、附件和材料	5	(1) 对工器具和材料不知不会扣3分。 (2) 摆放不整齐扣2分		
3	支撑、校直、外护套擦拭	为了便于操作，选好位置，将要进行施工的部分支架好，同时校直，擦去外护套上的污迹	2	一项工作未做扣1分		
4	将电缆断切面锯平	如果电缆三相线芯锯口不在同一平面上或导体切面凸凹不平应锯平	3	未按要求做扣3分		
5	校队施工尺寸	根据附件供应商提供的图纸，确定施工尺寸	5	一处尺寸与图纸不符扣2～5分		
6	操作程序控制	操作程序应按图纸进行	5	(1) 程序错误扣3分。 (2) 遗漏工序扣2分		

			评分标准			
序号	作业名称	质量要求	分值	扣分标准	扣分原因	得分
7	剥出外护套、铠装、内护层、内衬、铜屏蔽及外半导电层等	剥切时切口不平，金属切口有毛刺或伤及其下一层结构，应视为缺陷；绝缘表面干净、光滑、无残质，均匀涂上硅脂	25	（1）尺寸不对扣2～5分。（2）剥时伤及绝缘扣2～5分。（3）剥口没处理成小斜坡、有毛刺扣2～5分。（4）绝缘表面没处理干净扣2～5分。（5）未均匀涂上硅脂扣2～5分		
8	绑扎和焊接	绑扎铠装及接地线，固定铜屏蔽要平整，不能松带；焊点应平滑、牢固，焊点厚度不大于4mm	10	（1）焊点不牢固扣2分。（2）焊点厚度大于4mm扣3分。（3）铜屏蔽不平整、松带扣3分。（4）接地线绑扎不紧扣2分		
9	剥削绝缘和导体压接端子	剥去绝缘处应削成铅笔状；压接端子既不可过紧也不能不紧，以阴阳模接触为宜；压接后端子表面应打磨光滑	10	（1）未削成铅笔状扣2～5分。（2）压接端子过度扣2～5分。（3）端子表面未打磨扣2～5分		
10	包绕填充胶和热缩三叉套管、应力管、绝缘管	填充胶包绕应成形（橄榄状或苹果状）；热缩三叉套管、应力管、绝缘管套入皆应到位，收缩紧密，管外表无灼伤痕迹；热缩三叉套管由根部向两端加热，绝缘管由三叉根部向上加热	15	（1）填充胶包绕不成形扣2～5分。（2）应力管位置不对扣2～5分。（3）管外表有灼伤痕迹扣2～5分		
11	固定相色密封管	相位相符	5	（1）未包色相扣5分。（2）包色相不正确扣2分		
12	安全文明生产	清查现场遗留物，文明操作，禁止违章操作，不损坏工器具，不发生安全生产事故	10	（1）有不安全行为扣2～5分。（2）损坏元件、工器具扣2～5分		
考试开始时间				考试结束时间		合计
考生栏	编号：	姓名：		所在岗位： 单位：		日期：
考评员栏	成绩：	考评员：		考评组长：		

行业：电力工程		工种：电力电缆工		等级：四	

编号	DL407 (DL513)	行为领域	e	鉴定范围	
考核时间	60min	题型	A	含权题分	50
试题名称	10kV－XLPE 电缆热缩户内终端头制作				
考核要点及要求	（1）工作环境：现场操作场地及设备材料已完备。 （2）剥切尺寸正确。 （3）剥切绝缘不得损伤缆芯。 （4）绝缘表面处理应干净、光滑。 （5）剥除铜屏蔽层及半导电层不得伤及下一层。 （6）戴安全帽、穿工作服、穿绝缘鞋、带个人工具。易燃用具单独放置；会正确使用，摆放整齐				
现场工器具、材料、设备	（1）工器具：电缆支架、常用电工个人工具、安全帽、安全带、标示牌、工具包、手套钢锯、锯条、铁皮剪子、裁纸刀、电缆刀、钢尺、锉刀、燃气喷枪一套、灭火器。 （2）材料：端子（与电缆截面积相符）、电缆附件、砂纸 120 号/240 号、电缆清洁纸、自黏胶带、PVC 带、硅脂、焊锡丝、焊锡膏、铜绑线、YJLV$_{22}$—8.7/15kV—3×70 电缆若干米。 （3）设备：液压钳及模具、电烙铁				
备注					

评分标准						
序号	作业名称	质量要求	分值	扣分标准	扣分原因	得分
1	着装、穿戴	工作服、工作鞋、安全帽等穿戴正确	5	（1）没穿戴工作服（鞋）、安全帽扣 5 分。 （2）帽带松弛及衣、袖没扣，鞋带不系扣 3 分		
2	工器具、材料的选择	正确选用工器具、附件和材料	5	（1）对工器具和材料不知不会扣 3 分。 （2）摆放不整齐扣 2 分		
3	支撑、校直、外护套擦拭	为了便于操作，选好位置，将要进行施工的部分支架好，同时校直，擦去外护套上的污迹	2	一项工作未做扣 1 分		
4	将电缆断切面锯平	如果电缆三线芯锯口不在同一平面上或导体切面凸凹不平应锯平	3	未按要求做扣 3 分		
5	校队施工尺寸	根据附件供应商提供的图纸，确定施工尺寸	5	尺寸与图纸不符扣 2~5 分		

<table>
<tr><td colspan="7" align="center">评分标准</td></tr>
<tr><td>序号</td><td>作业名称</td><td>质量要求</td><td>分值</td><td>扣分标准</td><td>扣分原因</td><td>得分</td></tr>
<tr><td>6</td><td>操作程序控制</td><td>操作程序应按图纸进行</td><td>5</td><td>(1) 程序错误扣3分。
(2) 遗漏工序扣2分</td><td></td><td></td></tr>
<tr><td>7</td><td>剥出外护套、铠装、内护层、内衬、铜屏蔽及外半导电层等</td><td>剥切时切口不平,金属切口有毛刺或伤及其下一层结构,应视为缺陷;绝缘表面干净、光滑、无残质,均匀涂上硅脂</td><td>25</td><td>(1) 尺寸不对扣2～5分。
(2) 剥时伤及绝缘扣2～5分。
(3) 剥口没处理成小斜坡、有毛刺扣2～5分。
(4) 绝缘表面没处理干净扣2～5分。
(5) 未均匀涂上硅脂扣2～5分</td><td></td><td></td></tr>
<tr><td>8</td><td>绑扎和焊接</td><td>绑扎铠装及接地线,固定铜屏蔽要平整,不能松带;焊点应平滑、牢固,焊点厚度不大于4mm</td><td>5</td><td>(1) 焊点不牢固扣2分。
(2) 焊点厚度大于4mm扣1分。
(3) 铜屏蔽不平整、松带扣1分。
(4) 接地线绑扎不紧扣1分</td><td></td><td></td></tr>
<tr><td>9</td><td>铠装接地与铜屏蔽接地</td><td>两个接地应分开制作,相互之间有绝缘要求</td><td>5</td><td>未分开制作扣5分</td><td></td><td></td></tr>
<tr><td>10</td><td>剥削绝缘和导体压接端子</td><td>剥去绝缘处应削成铅笔状;压接端子既不可过度也不能不紧,以阴阳模接触为宜;压接后端子表面应打磨光滑</td><td>10</td><td>(1) 未削成铅笔状扣2～5分。
(2) 压接端子过度扣2～5分。
(3) 端子表面未打磨扣2～5分</td><td></td><td></td></tr>
<tr><td>11</td><td>包绕填充胶和热缩三叉套管、应力管、绝缘管</td><td>填充胶包绕应成形(橄榄状或苹果状);热缩三叉套管、应力管、绝缘管套入皆应到位,收缩紧密,管外表无灼伤痕迹;热缩三叉套管由根部向两端加热,绝缘管由三叉根部向上加热</td><td>15</td><td>(1) 填充胶包绕不成形扣2～5分。
(2) 应力管位置不对扣2～5分。
(3) 管外表有灼伤痕迹扣2～5分</td><td></td><td></td></tr>
<tr><td>12</td><td>固定相色密封管</td><td>相位相符</td><td>5</td><td>(1) 未包色相扣5分。
(2) 包色相不正确扣5分</td><td></td><td></td></tr>
</table>

			评分标准				
序号	作业名称	质量要求	分值	扣分标准		扣分原因	得分
13	安全文明生产	清查现场遗留物，文明操作，禁止违章操作，不损坏工器具，不发生安全生产事故	10	（1）有不安全行为扣2～5分。 （2）损坏元件、工器具扣2～5分			
考试开始时间				考试结束时间		合计	
考生栏		编号：	姓名：	所在岗位：	单位：	日期：	
考评员栏		成绩：	考评员：		考评组长：		

10kV-XLPE电力电缆冷缩户内终端头制作

一、施工

（一）工器具、材料、设备

（1）工器具：电缆支架、钢锯、锯条、铁皮剪子、裁纸刀、电缆刀、锉刀、电工个人组合工具、安全帽、标示牌、工具包、手套、安全围栏。

（2）材料：砂纸120号/240号、电缆清洁纸、电缆附件一套、端子（与电缆截面积相符）、自黏胶带、硅脂膏、PVC胶带、电缆若干米。

（3）设备：液压钳及模具。

（二）施工的安全要求

（1）防刀具伤人。用刀时刀口向外，不准对着人体。

（2）工作过程中，注意轻接轻放。

（三）施工步骤与要求

1. 操作步骤

（1）准备工作。

1）着装规范。

2）选择工器具。

3）选择材料。

（2）工作过程。

1）剥切外护套及钢铠。按电缆附件所示尺寸剥除外护套，自外护套切口处保留25mm（去漆），用恒力弹簧绑扎固定后其余剥除。注意切割深度不得超过铠装厚度的2/3，切口应平齐，不应有尖角、锐边，切割时勿伤内层结构。

2）剥切内护套。自铠装切口处保留10mm内护套，其余剥除。注意不得伤及铜屏蔽层。

3）剥除内护套内填充物。

4）锉刀打磨钢铠层。

5）用恒力弹簧固定钢铠接地，如图DL514-1所示；用恒力弹簧将接地编织线固定在去漆的钢铠上。注意地线端头应处理平整，不应留有尖角、毛刺。

6) 绕包自黏胶带，如图 DL514-2 所示。用自黏胶带半叠绕将钢铠、恒力弹簧及内护套包覆住。注意绕包表面应连续、光滑。

7) 用恒力弹簧固定铜屏蔽接地，如图 DL514-3 所示。用恒力弹簧将接地编织线固定在铜屏蔽上。注意接地线方向与钢铠接地相背，地线端头应处理平整，不应留有尖角、毛刺。

8) 绕包自黏胶带，如图 DL514-4 所示。用自黏胶带半叠绕将恒力弹簧包覆住。注意绕包表面应连续、光滑。

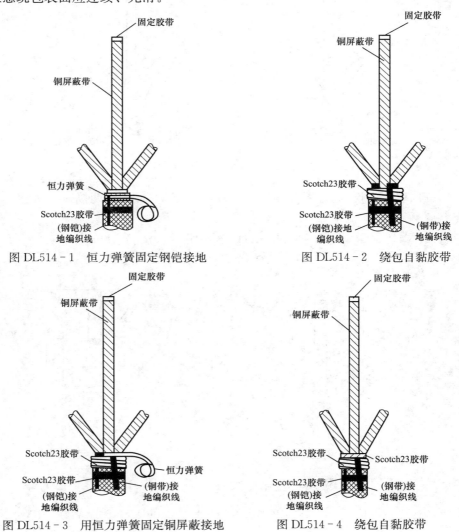

图 DL514-1 恒力弹簧固定钢铠接地

图 DL514-2 绕包自黏胶带

图 DL514-3 用恒力弹簧固定铜屏蔽接地

图 DL514-4 绕包自黏胶带

9）防水处理，先绕包防水带，再绕包 PVC 胶带，如图 DL514 - 5 所示。

10）套入冷缩三叉套管，逆时针抽芯绳，使其收缩固定三叉套管，如图 DL514 - 6 所示。注意三叉套管应尽量靠近根部。

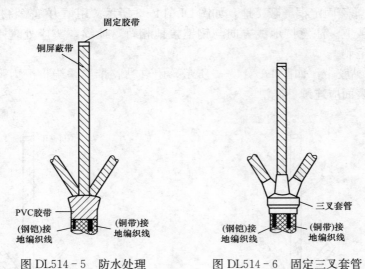

图 DL514 - 5　防水处理　　　　图 DL514 - 6　固定三叉套管

11）固定接地线，如图 DL514 - 7 所示。用 PVC 胶带将两接地线固定在电缆护套上。

12）剥切铜屏蔽层，如图 DL514 - 8 所示。注意切口应平齐，不得留有尖角。

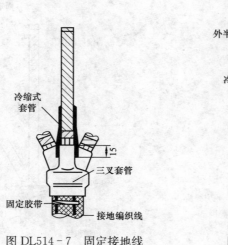

图 DL514 - 7　固定接地线

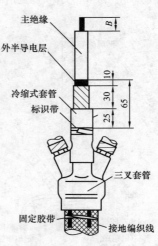

图 DL514 - 8　剥切尺寸

13）剥切外半导电层，如图 DL514-8 所示。注意切口应平齐，不得留有残迹，切勿伤及主绝缘层。

14）剥切主绝缘层，如图 DL514-8 所示。注意勿伤及导电线芯。

15）绕包半导电胶带，如图 DL514-9 所示。注意绕包表面应连续、光滑。

16）压接接线端子，如图 DL514-10 所示。装上接线端子，对称压接，每个端子压 2 道，压接后应除尖角、毛刺，并清洗干净。

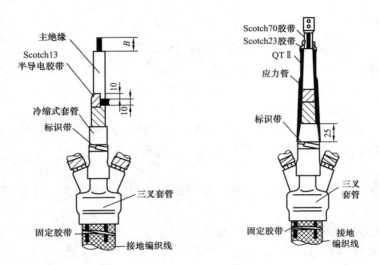

图DL514-9 绕包半导电胶带   图 DL514-10 压接接线端子

17）绝缘表面处理。切勿使清洁剂碰到半导电胶带，不能用擦过接线端子的布擦拭绝缘。

18）涂抹硅脂。

19）套入绝缘管，逆时针抽芯绳，使其收缩固定绝缘管。

20）套入密封管，逆时针抽芯绳，使其收缩固定密封管。

（3）工作终结。清理现场杂物，清点工器具，工器具归位，退场。

2．施工质量要求

（1）剥切铠装的切割深度不得超过铠装厚度的 2/3，切口应平齐不应有尖角、锐边，切割时勿伤内层结构。

（2）剥切铜屏蔽，切口应平齐，不得留有尖角。

（3）剥切外半导电层，切口应平齐，不得留有残迹。

（4）剥切内衬层不得伤及铜屏蔽层。

（5）剥切外半导电层不得伤及主绝缘层。

（6）剥切主绝缘层不得伤及线芯。

（7）用电缆清洁纸清洁绝缘层表面。

（8）填充胶包绕应成形（橄榄状或苹果状）。

（9）压接接接线端子后除尖角、毛刺。

（10）绕包密封胶连续、光滑，并搭接端子 10mm。

（11）钢铠接地与铜屏蔽接地之间有绝缘要求。

二、考核

（一）考核所需用的工器具、材料、设备与场地

（1）工器具：电缆支架、钢锯、锯条、铁皮剪子、裁纸刀、电缆刀、电工个人组合工具、安全帽、标示牌、工具包、安全围栏。

（2）设备：液压钳及模具

（3）材料：砂纸 120 号/240 号、电缆清洁纸、电缆附件一套、端子（与电缆截面积相符）、自黏胶带、硅脂膏、PVC 胶带、电缆若干米。

（4）场地：

1）场地面积能同时满足 4 个工位，并保证工位间的距离合适，不应影响制作时各方的人身安全。

2）室内场地应有照明、通风或降温设施。

3）工器具按同时开设工位数确定，并有备用。

4）设置 2 套评判桌椅和计时秒表。

（二）考核要点

（1）一人操作，一人监护。考生就位，经许可后开始工作，工作服、工作鞋、安全帽等穿戴规范。

（2）剥切尺寸应正确。

（3）剥切上一层不得伤及下一层。

（4）绝缘处理应干净。

（5）绕包半导电胶带的起点和终点都要求在铜带上。

（6）钢铠接地与铜屏蔽接地之间有绝缘要求。

（7）导体端子压接后除尖角、毛刺。

（8）绕包密封胶连续、光滑，并搭接端子 10mm。

（9）安全文明生产，规定时间完成，时间到后停止操作，按所完成的内容计分，未完成部分均不得分，工器具、材料不随意乱放。

（10）发生安全事故，本项考核不及格。

（三）考核时间

（1）考核时间为 60min。

（2）选用工器具、设备、材料时间 5min，时间到停止选用，选用工器具及材料用时不纳入考核时间。

（3）许可开工后记录考核开始时间。

（4）现场清理完毕后，汇报工作终结，记录考核结束时间。

（四）对应技能鉴定级别考核内容

四级工除应完成电缆头的全套制作外，还需说明为什么铠装接地与铜屏蔽接地要分开。

三、评分参考标准

行业：电力工程　　　　　　工种：电力电缆工　　　　　　等级：五

编号	DL514（DL408）	行为领域	e	鉴定范围	
考核时间	60min	题型	A	含权题分	50
试题名称	10kV－XLPE 电缆冷缩户内终端头制作				
考核要点及要求	（1）工作环境：现场操作场地及设备材料已完备。 （2）剥切尺寸正确。 （3）剥切绝缘不得损伤缆芯。 （4）绝缘表面处理应干净、光滑。 （5）剥除铜屏蔽层及半导电层不得伤及下一层。 （6）绕包半导电胶带的起点和终点都要求在铜带上。 （7）戴安全帽、穿工作服、穿绝缘鞋、带个人工具				
现场工器具、材料、设备	（1）工器具：电缆支架、钢锯、锯条、铁皮剪子、裁纸刀、电缆刀、锉刀、电工个人组合工具、安全帽、标示牌、工具包、手套、安全围栏。 （2）材料：砂纸 120 号/240 号、电缆清洁纸、电缆附件一套、端子（与电缆截面积相符）、自黏胶带、硅脂膏、PVC 胶带、电缆若干米。 （3）设备：液压钳及模具				
备注					

			评分标准				
序号	作业名称	质量要求	分值	扣分标准		扣分原因	得分
1	着装、穿戴	工作服、工作鞋、安全帽等穿戴正确	5	（1）没穿戴工作服（鞋）、安全帽扣 5 分。 （2）帽带松弛及衣、袖没扣，鞋带不系扣 3 分			

序号	作业名称	质量要求	分值	扣分标准	扣分原因	得分
		评分标准				
2	工具、材料的选择	正确选用工具、附件和材料	5	（1）对工器具和材料不知不会扣5分。 （2）摆放不整齐扣2分		
3	支撑、校直、外护套擦拭	为了便于操作，选好位置，将要进行施工的部分支架好，同时校直，擦去外护套上的污迹	2	一项工作未做扣1分		
4	将电缆断切面锯平	如果电缆三相线芯锯口不在同一平面上或导体切面凸凹不平应锯平	3	未按要求做扣3分		
5	校队施工尺寸	根据附件供应商提供的图纸，确定施工尺寸	5	尺寸与图纸不符扣2分/处，扣完为止		
6	操作程序控制	操作程序应按图纸进行	5	（1）程序错误扣5分。 （2）遗漏工序扣2分		
7	剥出外护套、铠装、内护层、内衬、铜屏蔽及外半导电层等	剥切时切口不平，金属切口有毛刺或伤及其下一层结构，应视为缺陷，绝缘表面干净、光滑、无残质	25	（1）尺寸不对扣5分。 （2）剥时伤及绝缘扣10分。 （3）剥口没处理成小斜坡、有毛刺扣5分。 （4）绝缘表面没处理干净扣5分		
8	钢铠接地及铜屏蔽接地分开	固定应牢靠、美观。恒力弹簧接地上包绕填充胶，填充胶包绕应成形（橄榄状或苹果状）；再包绕绝缘自黏胶带，两接地之间有绝缘要求。 应讲明接地为什么要分开	5	（1）不牢固扣1分。 （2）两接地之间无绝缘扣2分。 （3）填充胶包绕不成形扣1分。 （4）不能讲明接地分开原理扣5分		
9	半导电胶带的绕包	在铜屏蔽和绝缘交接处用半导电胶带半搭盖方式紧密绕包，且起始与终点都在铜带上	10	（1）绕包位置不对扣5分。 （2）起始与终点不在铜带上扣5分		
10	冷缩三叉管及绝缘管	清洁绝缘表面，并涂上少许硅脂，三叉套管套于电缆根部，逆时针抽芯绳，先缩根部，后缩三叉。绝缘管与三叉套管有搭盖	10	（1）未均匀涂上硅脂扣3分。 （2）先缩三叉，后缩根部扣3分。 （3）绝缘管与三叉套管无搭盖扣4分		

序号	作业名称	质量要求	分值	扣分标准	扣分原因	得分
		评分标准				
11	剥削绝缘和压接接线端子	剥去绝缘处应削成铅笔状；压接端子既不可过度紧也不能不紧，以阴阳模接触为宜；压接后端子表面应打磨光滑	10	(1) 未削成铅笔状扣3分。 (2) 压接端子过度扣3分。 (3) 端子表面未打磨扣4分		
12	端部密封	将绝缘端部与端子之间的空隙密封成锥形	5	(1) 未密封扣5分。 (2) 密封不正确扣3分		
13	安 全 文 明生产	清查现场遗留物，文明操作，禁止违章操作，不损坏工器具，不发生安全生产事故	10	(1) 有不安全行为扣5分。 (2) 损坏元件、工器具扣5分		
考试开始时间			考试结束时间		合计	
考生栏	编号：　姓名：		所在岗位：　单位：　日期：			
考评员栏	成绩：　考评员：		考评组长：			

行业：电力工程　　　　工种：电力电缆工　　　　等级：四

编号	DL408（DL514）	行为领域	e	鉴定范围	
考核时间	60min	题型	A	含权题分	50
试题名称	10kV-XLPE电缆冷缩户内终端头制作				
考核要点及要求	(1) 工作环境：现场操作场地及设备材料已完备。 (2) 剥切尺寸正确。 (3) 剥切绝缘不得损伤缆芯。 (4) 绝缘表面处理应干净、光滑。 (5) 剥除铜屏蔽层及半导电层不得伤及下一层。 (6) 绕包半导电胶带的起点和终点要求在铜带上。 (7) 戴安全帽、穿工作服、穿绝缘鞋、带个人工具				
现场工器具、材料、设备	(1) 工器具：电缆支架、钢锯、锯条、铁皮剪子、裁纸刀、电缆刀、锉刀、电工个人组合工具、安全帽、标示牌、工具包、手套、安全围栏。 (2) 材料：砂纸120号/240号、电缆清洁纸、电缆附件一套、端子（与电缆截面积相符）、自黏胶带、硅脂膏、PVC胶带、电缆若干米。 (3) 设备：液压钳及模具				
备注					

				评分标准		
序号	作业名称	质量要求	分值	扣分标准	扣分原因	得分
1	着装、穿戴	工作服、工作鞋、安全帽等穿戴正确	5	（1）没穿戴工作服（鞋）、安全帽扣5分。 （2）帽带松弛及衣、袖没扣，鞋带不系扣3分		
2	工器具、材料的选择	正确选用工器具、附件和材料	5	（1）对工器具和材料不知不会扣5分。 （2）摆放不整齐扣2分		
3	支撑、校直、外护套擦拭	为了便于操作，选好位置，将要进行施工的部分支架好，同时校直，擦去外护套上的污迹	2	一项工作未做扣1分		
4	将电缆断切面锯平	如果电缆三相线芯锯口不在同一平面或导体切面凹凸不平应锯平	3	未按要求做扣3分		
5	校队施工尺寸	根据附件供应商提供的图纸，确定施工尺寸	5	尺寸与图纸不符扣2分/处，扣完为止		
6	操作程序控制	操作程序应按图纸进行	5	（1）程序错误扣5分。 （2）遗漏工序扣2分		
7	剥出外护套、铠装、内护层、内衬、铜屏蔽及外半导电层等	剥切时切口不平，金属切口有毛刺或伤及其下一层结构，应视为缺陷；绝缘表面干净、光滑、无残质	25	（1）尺寸不对扣5分。 （2）剥时伤及绝缘扣10分。 （3）剥口没处理成小斜坡、有毛刺扣5分。 （4）绝缘表面没处理干净扣5分		
8	钢铠接地及铜屏蔽接地分开	固定应牢靠，美观。恒力弹簧接地上包绕填充胶，填充胶包绕应成形（橄榄状或苹果状）；再包绕绝缘自黏胶带，两接地之间有绝缘要求。应讲明接地为什么要分开	5	（1）不牢固扣1分。 （2）两接地之间无绝缘扣2分。 （3）填充胶包绕不成形扣1分。 （4）不能讲明接地分开原理扣5分		

		评分标准				
序号	作业名称	质量要求	分值	扣分标准	扣分原因	得分
9	半导电胶带的绕包	在铜屏蔽和绝缘交接处用半导电胶带半搭盖方式,紧密绕包,且起始与终点都在铜带上	5	(1) 绕包位置不对扣3分。 (2) 起始与终点不在铜带上扣2分		
10	冷缩三叉套管及绝缘管	清洁绝缘表面,并用少许硅脂,三叉套管套于电缆根部,逆时针抽芯绳,先缩根部,后缩三叉。绝缘管与三叉套管有搭盖	10	(1) 未均匀涂上硅脂扣3分。 (2) 先缩三叉,后缩根部扣3分。 (3) 绝缘管与三叉套管无搭盖扣4分		
11	剥削绝缘和压接接线端子	剥去绝缘处应削成铅笔状;压接端子既不可过度也不能不紧,以阴阳模接触为宜;压接后端子表面应打磨光滑	5	(1) 未削成铅笔状扣2分。 (2) 压接端子过度扣2分。 (3) 端子表面未打磨扣1分		
12	端部密封	将绝缘端部与端子之间的空隙密封成锥形	5	(1) 未密封扣5分。 (2) 密封不正确扣3分		
13	口述接地分开理由	口述说明为什么铠装接地与铜屏蔽接地要分开	10	(1) 未口述或不正确扣15分。 (2) 口述不完整扣5~10分		
14	安全文明生产	清查现场遗留物,文明操作,禁止违章操作,不损坏工器具,不发生安全生产事故	5	(1) 有不安全行为扣3分。 (2) 损坏元件、工器具扣2分		

考试开始时间			考试结束时间		合计	
考生栏	编号:	姓名:	所在岗位:	单位:	日期:	
考评员栏	成绩:	考评员:		考评组长:		

10kV交联电缆硅橡胶预制式户外终端头制作并吊装

一、施工

(一) 工器具、材料、设备

(1) 工器具：电缆支架、常用电工个人工具、安全帽、安全带、标示牌、工具包、手套、钢锯、锯条、铁皮剪子、裁纸刀、电缆刀、钢尺、锉刀、脚扣、踩板、绳索、滑车、燃气喷枪。

(2) 材料：端子（与电缆截面积相符）、电缆附件同一规格一套、砂纸 120 号/240 号、电缆清洁纸、自黏胶带、PVC 胶带、硅脂、电缆若干米、燃气罐、电缆固定夹具。

(3) 设备：液压钳及模具。

(二) 施工的安全要求

(1) 防刀具伤人。用刀时刀口向外，不准对着人体。工作过程中，注意轻接轻放。

(2) 防使用燃气喷枪时烫伤。使用燃气喷枪灯时，喷嘴不准对着人体及设备。喷灯使用完毕，放置在安全地点，冷却后装运。

(3) 防高空坠落。登杆前要检查登高工具合格证和外观，对脚扣和安全带做冲击试验。高空作业中安全带应系在牢固的构件上，并系好后备保护绳，确保双重保护。转向移位穿越时不得失去后备保护绳。作业时不得失去监护。

(4) 防坠物伤人。作业现场人员必须戴好安全帽，严禁在作业点正下方逗留。杆上作业要用传递绳索传递工具材料，严禁抛掷。

(三) 施工步骤与要求

1. 操作步骤

(1) 准备工作。

1) 着装规范。

2) 选择工器具。

3) 选择材料。

(2) 工作过程。

1）剥切外护套及钢铠。

2）锉刀打磨钢铠层。

3）用恒力弹簧将接地线固定在钢铠层上。

4）剥切内护套。

5）用恒力弹簧将接地线固定铜屏蔽层上。

6）包绕填充胶。

7）套入三叉套管及绝缘管，依次热缩固定。

8）按附件厂家尺寸剥切多余绝缘管。

9）按附件厂家尺寸剥除铜屏蔽层。

10）按附件厂家尺寸剥除外半导电屏蔽层。

11）按附件厂家尺寸剥切主绝缘层。

12）绝缘表面清洁处理。

13）绕包半导电胶带，从铜屏蔽切断处包住，向下覆盖至绝缘管。

14）用 PVC 胶带在绝缘管上做好应力锥安装记号。

15）涂抹硅脂，在应力锥内及绝缘层表面涂抹硅脂。

16）安装硅橡胶预制式终端头，把硅橡胶预制式应力锥推至所做记号处。

17）压接接线端子。

18）绕包密封胶，绕包时应尽力拉伸绝缘带，绕包应连续、光滑。

19）电缆吊装。

20）夹具固定电缆。

21）连接电缆接地线。

（3）工作终结。清理现场杂物，清点工器具，工器具归位，退场。

2. 施工要求

（1）剥切铠装的切割深度不得超过铠装厚度的 2/3，切口应平齐不应有尖角、锐边，切割时勿伤内层结构。

（2）剥切铜屏蔽，切口应平齐，不得留有尖角。

（3）剥切外半导电层，切口应平齐，不得留有残迹。

（4）剥切内衬层不得伤及铜屏蔽层。

（5）剥切外半导电层不得伤及主绝缘层。

（6）剥切主绝缘层不得伤及线芯。

（7）用电缆清洁纸清洁绝缘层表面。

（8）填充胶包绕应成形（橄榄状或苹果状）。

（9）接线端子压接后除尖角、毛刺。

（10）绕包密封胶连续、光滑，并搭接端子 10mm。

（11）钢铠接地与铜屏蔽接地之间有绝缘要求。

（12）电缆吊装到位且吊点正确。

（13）电缆夹具安装应牢固，上下夹具对齐。

二、考核

（一）考核所需用的工器具、材料、设备与场地

（1）工器具：电缆支架、常用电工个人工具、安全帽、安全带、标示牌、工具包、手套、钢锯、锯条、铁皮剪子、裁纸刀、电缆刀、钢尺、锉刀、脚扣、踩板、绳索、滑车、燃气喷枪。

（2）材料：端子（与电缆截面积相符）、电缆附件同一规格一套、砂纸 120 号/240 号、电缆清洁纸、自黏胶带、PVC 胶带、硅脂、燃气罐、电缆固定夹具、电缆若干米。

（3）设备：液压钳及模具。

（4）场地：

1）场地面积能同时满足多个工位，并保证工位间的距离合适，不应影响电缆制作时各方的人身安全。

2）室内场地应有照明、通风或降温设施。

3）工器具按同时开设工位数确定，并有备用。

4）设置 2 套评判桌椅和计时秒表。

（二）考核要点

（1）本操作可有两人辅助实施。考生就位，经许可后开始工作，工作服、工作鞋、安全帽等穿戴规范。

（2）易燃用具单独放置；会正确使用，摆放整齐。

（3）剥切尺寸应正确。

（4）剥切上一层不得伤及下一层。

（5）绝缘表面处理应干净、光滑。

（6）导体端子压接后除尖角、毛刺。

（7）绕包密封胶连续、光滑。

（8）钢铠接地与铜屏蔽接地之间有绝缘要求。

（9）电缆吊装到位且吊点正确。

（10）电缆夹具安装应牢固，上下夹具对齐。

（11）安全文明生产，规定时间内完成，时间到后停止操作，按所完成的内容计分，未完成部分均不得分，工器具、材料不随意乱放。

（12）发生安全事故，本项考核不及格。

（三）考核时间

（1）考核时间为 90min。

（2）选用工器具、设备、材料时间 5min，时间到停止选用，节约用时不纳入考核时间。

（3）许可开工后记录考核开始时间。

（4）现场清理完毕后，汇报工作终结，记录考核结束时间。

（四）对应技能鉴定级别考核内容

（1）四级工应完成：全套操作（说明为什么铠装接地与铜屏蔽接地要分开）。

（2）五级工应完成：全套操作。

三、评分参考标准

行业：电力工程　　　　　　　工种：电力电缆工　　　　　　　等级：五

编号	DL515（DL409）	行为领域	e	鉴定范围	50
考核时间	90min	题型	B	含权题分	50
试题名称	10kV－XLPE电力电缆硅橡胶预制式户外终端头安装并吊装				
考核要点及要求	（1）工作环境：现场操作场地及设备材料已完备。 （2）剥切尺寸正确。 （3）剥切绝缘不得损伤缆芯。 （4）绝缘表面处理应干净、光滑。 （5）剥除铜屏蔽层及半导电层不得伤及下一层。 （6）绕包半导电胶带的起点和终点都要求在铜带上。 （7）戴安全帽、穿工作服、穿绝缘鞋、带个人工具。 （8）电缆吊装到位。 （9）吊点正确。				
现场工器具、材料、设备	（1）工器具：电缆支架、常用电工个人工具、安全帽、安全带、标示牌、工具包、手套、钢锯、锯条、铁皮剪子、裁纸刀、电缆刀、钢尺、锉刀、脚扣、踩板、绳索、滑车、燃气喷枪。 （2）材料：端子（与电缆截面积相符）、电缆附件同一规格一套、砂纸120号/240号、电缆清洁纸、自黏胶带、PVC胶带、硅脂、燃气罐、电缆夹具、电缆若干米。 （3）设备：液压钳及模具				
备注					

评分标准

序号	作业名称	质量要求	分值	扣分标准	扣分原因	得分
1	着装、穿戴	工作服、工作鞋、安全帽等穿戴正确	5	（1）没穿戴工作服（鞋）、安全帽扣5分。 （2）帽带松弛及衣、袖没扣，鞋带不系扣3分		

		评分标准				
序号	作业名称	质量要求	分值	扣分标准	扣分原因	得分
2	支撑、校直、外护套擦拭	为了便于操作，选好位置，将要进行施工的部分支架好，同时校直，擦去外护套上的污迹	2	一项工作未做扣1分		
3	将电缆断切面锯平	如果电缆三相线芯锯口不在同一平面上或导体切面凸凹不平应锯平	3	未按要求做扣3分		
4	校队施工尺寸	根据附件供应商提供的图纸，确定施工尺寸	5	尺寸与图纸不符扣2~5分		
5	操作程序控制	操作程序应按图纸进行	5	(1) 程序错误扣2分。 (2) 遗漏工序扣3分		
6	剥出外护套、铠装、内护层、内衬、铜屏蔽及外半导电层等	剥切时切口不平，金属切口有毛刺或伤及其下一层结构，应视为缺陷；绝缘表面干净、光滑、无残质，均匀涂上硅脂	20	(1) 尺寸不对扣5分。 (2) 剥时伤及绝缘扣5分。 (3) 剥口没处理成小斜坡、有毛刺扣5分。 (4) 绝缘表面没处理干净扣3分。 (5) 未均匀涂上硅脂扣2分		
7	钢铠接地及铜屏蔽接地分开	固定应牢靠、美观。恒力弹簧接地上包绕填充胶，填充胶包绕应成形（橄榄状或苹果状）；再包绕绝缘自黏胶带，两接地之间有绝缘要求	5	(1) 不牢固扣1分。 (2) 两接地之间无绝缘扣2分。 (3) 填充胶包绕不成形扣2分		
8	包绕填充胶和热缩三叉套管、绝缘管	填充胶包绕应成形（橄榄状或苹果状）；三叉套管、绝缘管套入皆应到位，收缩紧密，管外表无灼伤痕迹；三叉套管由根部向两端加热，绝缘管由三叉根部向上加热	10	(1) 填充胶包绕不成形扣4分。 (2) 内外次序错误扣3分。 (3) 管外表有灼伤痕迹扣3分		
9	剥削绝缘和压接接线端子	绝缘切断处应平整；压接端子既不可过度也不能不紧，以阴阳模接触为宜；压接后端子表面应打磨光滑	5	(1) 绝缘切断处不平整扣1分。 (2) 压接端子过度扣2分。 (3) 端子表面未打磨扣2分		

続表

序号	作业名称	质量要求	分值	扣分标准	扣分原因	得分
				评分标准		
10	绕包半导体带，做好安装记号	用半导体带将铜屏蔽口包住，并向下覆盖热缩管，在热缩管上用自黏胶带做好应力锥安装记号	5	（1）绕包半导体带不连续、不光滑扣2分。 （2）未做应力锥安装记号扣3分		
11	安装预制式终端	将硅脂涂在绝缘表面和预制式终端内，把预制式终端套进电缆并将其推至所做记号处	5	（1）预制式终端推不到位扣3分。 （2）未涂硅脂扣2分。		
12	电缆吊装的安全工具准备	高空作业应戴安全帽；上杆作业应有登杆工具，系安全带，并备有必要的个人工具；所用绳索应经检验合格方能所用	5	（1）未对登杆工具进行冲击试验扣2分。 （2）安全带系绑错误扣3分		
13	夹具安装	抱箍、电缆夹具安装应牢固，上下夹具对齐	3	（1）安装不牢固扣3分。 （2）上下夹具不对齐扣3分。 （3）没用垫片1分		
14	电缆吊装	绳扣要牢固，且易解；吊点要合适，不影响终端固定；滑轮安装位置正确	10	（1）吊装不到位扣3分。 （2）绳扣不牢固扣2分。 （3）吊点不合适扣2分。 （4）滑轮安装位置不正确扣3分		
15	接地线连接	电缆终端的接地线与接地装置引出的接地线连接，接地线截面积不小于25mm²；不允许用缠绕的方式连接	2	（1）连接不牢固扣1分； （2）没用垫片扣1分		
16	安全文明生产	文明操作，禁止违章操作，不损坏工器具，清理施工现场，不发生安全生产事故	10	（1）有不安全行为扣3分。 （2）没清理现场扣4分。 （3）损坏元件、工器具扣3分		

考试开始时间			考试结束时间		合计	
考生栏	编号：	姓名：	所在岗位：	单位：	日期：	
考评员栏	成绩：	考评员：		考评组长：		

行业：电力工程　　　　　　　工种：电力电缆工　　　　　　　等级：四

编号	DL409（DL515）	行为领域	e	鉴定范围	
考核时间	90min	题型	B	含权题分	50
试题名称	10kV-XLPE电力电缆硅橡胶预制式户外终端头制作并吊装				
考核要点及要求	（1）工作环境：现场操作场地及设备材料已完备。 （2）剥切尺寸正确。 （3）剥切绝缘不得损伤缆芯。 （4）绝缘表面处理应干净、光滑。 （5）剥除铜屏蔽层及半导电层不得伤及下一层。 （6）绕包半导电胶带的起点和终点都要求在铜带上。 （7）戴安全帽、穿工作服、穿绝缘鞋、带个人工具。 （8）电缆吊装到位。 （9）吊点正确				
现场工器具、材料、设备	（1）工器具：电缆支架、常用电工个人工具、安全帽、安全带、标示牌、工具包、手套、钢锯、锯条、铁皮剪子、裁纸刀、电缆刀、钢尺、锉刀、脚扣、踩板、绳索、滑车、燃气喷枪。 （2）材料：端子（与电缆截面积相符）、电缆附件同一规格一套、砂纸120号/240号、电缆清洁纸、自黏胶带、PVC胶带、硅脂、燃气罐、电缆夹具、电缆若干米。 （3）设备：液压钳及模具				
备注					

评分标准

序号	作业名称	质量要求	分值	扣分标准	扣分原因	得分
1	着装、穿戴	工作服、工作鞋、安全帽等穿戴正确	5	（1）没穿戴工作服（鞋）、安全帽扣5分。 （2）帽带松弛及衣、袖没扣、鞋带不系扣3分		
2	支撑、校直、外护套擦拭	为了便于操作，选好位置，将要进行施工的部分支架好，同时校直，擦去外护套上的污迹	2	一项工作未做扣1分		
3	将电缆断切面锯平	如果电缆三相线芯锯口不在同一平面上或导体切面凸凹不平应锯平	3	未按要求做扣3分		
4	校队施工尺寸	根据附件供应商提供的图纸，确定施工尺寸	5	尺寸与图纸不符扣2~5分		
5	操作程序控制	操作程序应按图纸进行	5	（1）程序错误扣2分。 （2）遗漏工序扣3分		

			评分标准			
序号	作业名称	质量要求	分值	扣分标准	扣分原因	得分
6	剥出外护套、铠装、内护层、内衬、铜屏蔽及外半导电层等	剥切时切口不平，金属切口有毛刺或伤及其下一层结构，应视为缺陷；绝缘表面干净、光滑、无残质，均匀涂上硅脂	20	(1) 尺寸不对扣5分。 (2) 剥时伤及绝缘扣5分。 (3) 剥口没处理成小斜坡、有毛刺扣5分。 (4) 绝缘表面没处理干净扣5分		
7	钢铠接地及铜屏蔽接地分开	固定应牢靠、美观。恒力弹簧接地上包绕填充胶，填充胶包绕应成形（橄榄状或苹果状）；再包绕自黏胶带，两接地之间有绝缘要求。应讲明接地为什么要分开	5	(1) 不牢固扣1分。 (2) 两接地之间无绝缘扣1分。 (3) 填充胶包绕不成形扣1分。 (4) 不能讲明接地分开原理扣2分		
8	包绕填充胶和热缩三叉套管、绝缘管	填充胶包绕应成形（橄榄状或苹果状）；三叉套管、绝缘管套入皆应到位，收缩紧密，管外表无灼伤痕迹；三叉套管由根部向两端加热，绝缘管由三叉根部向上加热	10	(1) 填充胶包绕不成形扣4分。 (2) 内外次序错误扣3分。 (3) 管外表有灼伤痕迹扣3分		
9	剥削绝缘和压接接线端子	绝缘切断处应平整；压接端子既不可过度也不能不紧，以阴阳模接触为宜；压接后端子表面应打磨光滑	5	(1) 绝缘切断处不平整扣1分。 (2) 压接端子过度扣2分。 (3) 端子表面未打磨扣2分		
10	绕包半导体带做好安装记号	用半导体带将铜屏蔽口包住，并向下覆盖热缩管；在热缩管上用自黏胶带做好应力锥安装记号	5	(1) 绕包半导体带不连续、不光滑扣2分。 (2) 未做应力锥安装记号扣3分		
11	安装预制式终端	将硅脂涂在绝缘表面和预制式终端内，把预制式终端套进电缆并将其推至所做记号处	5	(1) 预制式终端推不到位扣3分。 (2) 未涂硅脂扣2分		
12	电缆吊装的安全工具准备	高空作业应戴安全帽；上杆作业应有登杆工具，系安全带，并备有必要的个人工具；所用绳索应经检验合格方能所用	5	(1) 未对登杆工具进行冲击试验扣2分。 (2) 安全带系绑错误扣3分		

					评分标准		
序号	作业名称	质量要求	分值	扣分标准		扣分原因	得分
13	夹具安装	抱箍、电缆夹具安装应牢固,上下夹具对齐	3	(1) 安装不牢固扣1分。 (2) 上下夹具不对齐扣1分。 (3) 没用垫片1分/处			
14	电缆吊装	绳扣要牢固,且易解;吊点要合适,不影响终端固定;滑轮安装位置正确	10	(1) 吊装不到位扣3分。 (2) 绳扣不牢固扣2分。 (3) 吊点不合适扣2分。 (4) 滑轮安装位置不正确扣3分			
15	接地线连接	电缆终端的接地线与接地装置引出的接地线连接,接地线截面积不小于25mm^2;不允许用缠绕的方式连接	2	(1) 连接不牢固扣1分。 (2) 没用垫片扣1分			
16	安全文明生产	文明操作,禁止违章操作,不损坏工器具,不发生安全生产事故	10	(1) 有不安全行为扣5分。 (2) 损坏元件、工器具扣5分			
考试开始时间				考试结束时间		合计	
考生栏	编号:	姓名:		所在岗位:	单位:		日期:
考评员栏	成绩:	考评员:			考评组长:		

电缆内衬层绝缘电阻的测试

一、施工

（一）工器具、材料

（1）工器具：手动绝缘电阻表（500V）一块；个人工具一套，包括钢丝钳、尖嘴钳、平口起子；绝缘电阻表的试验接线；计时表一块；软铜编织线（试验接地线）一卷；10kV线路接地线一套；绝缘手套两双。

（2）材料：记录用纸和笔；YJV_{22}-8.7/15kV-3×300铜芯交联聚乙烯绝缘电力电缆模拟线路一条。

（二）施工的安全要求

（1）试验区域设置安全围栏。

（2）试验前须将被试电缆充分放电并接地。

（3）工器具和材料有序摆放。

（4）试验后必须对电缆进行充分放电并接地。

（三）施工步骤与要求

1. 施工要求

（1）考核主要内容：绝缘电阻表的正确选择；绝缘电阻表的正确操作和使用；绝缘电阻试验中的安全措施；绝缘吸收比的概念和应用。

（2）电缆型号：YJV_{22}-8.7/15kV-3×300铜芯交联聚乙烯绝缘电力电缆；

2. 操作步骤

（1）绝缘表校验。先将绝缘表L端子悬空，摇测结果为无穷大；再将L端子和E端子短接，摇测结果为零。

（2）线路放电并接地。检查被试电缆两端是否与电力系统脱离，并牢固接地。

（3）对内衬层进行绝缘摇测。摇测前，保证电缆线芯导体、铠装层接地，铜屏蔽层接地线两端悬空，作为被试设备。将绝缘电阻表摇至额定转速，然后将L端子搭接在铜屏蔽层接地线上，分别读取15s、1min的绝缘电阻值，做好记录。注意摇测时的转速为 120r/min。试验到必要时间时，保持绝缘电阻表转速，先脱开 L 端子，再停表。试验完成后，用已经良好接地的接地线对电缆进行放电。

（4）记录数据。将上述试验过程中的各时间点、各相别情况填写进试验记录表格，并计算吸收比。电缆内衬层的绝缘电阻不低于 $0.5MΩ/km$。

（5）清理现场。清理现场、清点工器具仪表，并将电缆恢复接地。

二、考核

（一）考核所需用的工器具、材料与场地

（1）工器具：手动绝缘电阻表（500V）一块；个人电工工具一套；绝缘电阻表的试验接线；计时表一块；软铜编织线（试验接地线）一卷；10kV 线路接地线一套；绝缘手套两双。

（2）材料：记录用纸和笔；YJV_{22}-8.7/15kV-3×300 铜芯交联聚乙烯绝缘电力电缆模拟线路一条。

（3）场地：

1）场地面积能同时满足多个工位，并保证工位间的距离合适，不应影响操作或对各方的人身安全。

2）室内场地应有照明、通风、电源、降温设施。

3）室内场地有良好的电气接地极。

4）设置 2 套评判桌椅和计时秒表。

（二）考核要点

（1）考核主要内容：绝缘电阻表的正确选择；绝缘电阻表的正确操作和使用；绝缘电阻试验中的安全措施；绝缘吸收比的概念和应用。

（2）电缆型号：YJV_{22}-8.7/15kV-3×300 铜芯交联聚乙烯绝缘电力电缆。

（3）要求考生能正确选择绝缘电阻表的型号并正确使用。

（4）发生安全事故，本项考核不及格。

（5）该项目由 2 名考生配合完成。

（三）考核时间

（1）四级工和五级工的考核考核时间分别为 8min 和 10min。

（2）选用工器具、设备、材料时间 5min，时间到停止选用，节约用时不纳入考核时间。

（3）许可开工后记录考核开始时间。

（4）现场清理完毕后，汇报工作终结，记录考核结束时间。

三、评分参考标准

行业：电力工程　　　　　　工种：电力电缆工　　　　　　等级：五/四

编号	DL516（DL410）	行为领域	e	鉴定范围	
考核时间	10min/8min	题型	A	含权题分	25
试题名称	电缆内衬层绝缘电阻的测试				
考核要点及要求	绝缘电阻表的正确选择；绝缘电阻表的正确操作和使用；绝缘电阻试验中的安全措施；绝缘吸收比的概念和应用				
现场工器具、材料	（1）工器具：手动绝缘电阻表（500V）一块；个人电工工具一套；绝缘电阻表的试验接线；计时表一块；软铜编织线（试验接地线）一卷；10kV线路接地线一套；绝缘手套两双。 （2）材料：记录用纸和笔；YJV$_{22}$-8.7/15kV-3×300铜芯交联聚乙烯绝缘电力电缆模拟线路一条				
备注					

评分标准

序号	作业名称	质量要求	分值	扣分标准	扣分原因	得分
1	着装	正确佩戴安全帽，穿工作服，穿绝缘鞋	5	（1）没穿戴工作服（鞋）、安全帽扣5分。 （2）帽带松弛及衣、袖没扣，鞋带不系扣3分		
2	工器具、材料准备	工器具、仪表、材料选用准确、齐全	5	（1）未进行工器具检查扣5分。 （2）工器具、材料漏选或有缺陷扣3分		
3	绝缘表校验	校验方法正确	5	（1）方法不正确扣3分。 （2）未校验扣5分		
4	线路放电并接地	检查被试电缆两端是否与电力系统脱离，并牢固接地	5	未检查扣5分		
5	绝缘摇测					
5.1	绝缘摇测	先取下准备摇测相别的接地线，将绝缘电阻表摇至额定转速，然后将L端子搭接在被试电缆上，分别读取15s、1min的绝缘电阻值，做好记录	15	（1）未摇至额定转速扣5分。 （2）接线不正确扣5分。 （3）未到额定时间扣5分		
5.2	转速要求	摇测时的转速为120r/min	10	速度不合格扣5～10分		
5.3	停表	试验到必要时间时，保持绝缘电阻表转速，先脱开L端子，再停表	10	顺序不对扣10分		

评分标准						
序号	作业名称	质量要求	分值	扣分标准	扣分原因	得分
5.4	放电	用已经良好接地的接地线对电缆进行放电,检查有无放电火花	10	未放电扣10分		
5.5	电缆线芯导体、铠装层保证接地	保证电缆线芯导体、铠装层接地,铜屏蔽层接地线两端悬空,作为被试设备	10	未接地扣10分		
6	记录数据	将上述试验过程中的各时间点、各相别及放电火花情况填写进试验记录表格,并计算吸收比	20	(1)数据不齐全扣10分。 (2)未正确计算扣5~10分		
7	清理现场	整理好试验设备和仪表,清理现场,汇报完工	5	(1)清理不完全扣3分。 (2)未汇报完工扣2分		
考试开始时间			考试结束时间		合计	
考生栏	编号:	姓名:	所在岗位:	单位:	日期:	
考评员栏	成绩:	考评员:		考评组长:		

铜屏蔽电阻与导体电阻比试验

一、施工

(一) 工器具、材料、设备

(1) 工器具：电工个人组合工具、安全围栏、标示牌、测试线、短接线。

(2) 材料：被试电缆不小于 100m。

(3) 设备：双臂电桥。

(二) 施工的安全要求

(1) 试验场地围好围栏。

(2) 试验工作由两人进行，一人操作，一人监护。

(3) 工作服、工作鞋、安全帽等穿戴正确。

(三) 施工步骤与要求

1. 施工要求

在电缆投运前、重作终端或接头后、内衬层破损进水后，应测量铜屏蔽电阻和导体电阻比。测量方法如下：

(1) 用双臂电桥测量在相同温度下的铜屏蔽和导体电阻，测量接线如图 DL517-1 和图 DL517-2 所示。

(2) 当前者与后者之比同投运前相比增加时，表明铜屏蔽层的直流电阻增大，铜屏蔽层有可能被腐蚀；当该比值与投运前相比减少时，表明附件中的导体连接点的接触电阻有增大的可能。

(3) 直流电阻需换算至同一温度下，为换算公式

$$R_2 = R_1(T + t_1 / T + t_2)$$

式中　R_2、R_1——温度 t_1、t_2 时的电阻值；

　　　　T——计算用常数，铜取 235，铝取 225。

(4) 电缆对端用短接线短接，短接线要求短而粗，尽可能消除接触电阻的影响。

(5) 试验数据无具体规定，主要是与自身纵向比较，与同类横向比较。

2. 操作步骤

(1) 准备工作。

1) 试验场地围好围栏。

2) 电缆对端用短接线短接。

(2) 工作过程。

1) 试验接线。

2) 双臂电桥测量 U 相＋W 相的导体电阻，如图 DL517-1 所示。

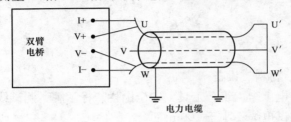

图 DL517-1　导体电阻测量接线原理

3) 记录数据。

4) 双臂电桥测量 U 相＋铜屏蔽的电阻，如图 DL517-2 所示。

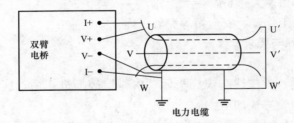

图 DL517-2　铜屏蔽和导体电阻测量接线原理

5) 记录数据。

(3) 工作终结。

1) 仪器、设备还原。

2) 拆除试验接线。

3) 电阻换算，数据分析。

4) 清理现场。

二、考核

(一) 考核所需用的工器具、材料、设备与场地

(1) 工器具：电工个人组合工具、安全围栏、标示牌。

（2）设备：双臂电桥、测试线、短接线。

（3）材料：被试电缆不小于100m。

（4）场地：

1）场地应能容纳4人以上，地面应铺有绝缘垫。保证工位间的距离合适，不应影响试验时各方的人身安全。

2）室内场地应有照明、通风或降温设施。

3）室内场地有220V电源插座。

4）工器具按同时开设工位数确定，并有备用。

5）设置2套评判桌椅和计时秒表。

（二）考核要点

（1）工作服、工作鞋、安全帽等穿戴正确。

（2）试验场地围好围栏。

（3）接线正确。

（4）仪器仪表操作正确。

（5）直流电阻需换算至同一温度下。

（6）工作结束检流计开关、电源开关未在断开位。

（7）发生安全事故，本项考核不及格。

（三）考核时间

（1）考核时间为20min。

（2）选用工器具、设备、材料时间5min，时间到停止选用，选用工器具及材料用时不纳入考核时间。

（3）许可开工后记录考核开始时间。

（4）现场清理完毕后，汇报工作终结，记录考核结束时间。

（四）对应技能鉴定级别考核内容

1. 五级工应完成

（1）正确操作仪器仪表。

（2）试验接线正确。

2. 四级工应完成

（1）正确操作仪器仪表。

（2）试验接线正确。

（3）数据分析及直流电阻在不同温度下的换算。

三、评分参考标准

行业：电力工程　　　　　　工种：电力电缆工　　　　　　等级：五

编号	DL517 (DL411)	行为领域	e	鉴定范围	
考核时间	20min	题型	A	含权题分	25
试题名称	铜屏蔽电阻与导体电阻比试验				
考核要点及要求	(1) 工作环境：现场操作场地及设备已完备，试验场地围好围栏。 (2) 正确操作仪器仪表。 (3) 试验接线正确。 (4) 工作服、工作鞋、安全帽等穿戴正确				
现场工器具、材料、设备	(1) 工器具：电工个人组合工具、安全围栏、标示牌、测试线、短接线。 (2) 材料：被试电缆不小于100m。 (3) 设备：双臂电桥				
备注					

评分标准

序号	作业名称	质量要求	分值	扣分标准	扣分原因	得分
1	着装、穿戴	工作服、工作鞋、安全帽等穿戴正确	5	(1) 没穿戴工作服（鞋）、安全帽扣5分。 (2) 帽带松弛及衣、袖没扣，鞋带不系扣3分。		
2	现场准备	试验场地围好围栏	5	未做扣5分		
3	连接线路	正确连接电源、待测电缆，并报告	5	(1) 无报告扣5分。 (2) 错、漏项扣3分		
4	试验测量	检流计调零	5	未调零扣5分		
		正确设置各个挡位	5	挡位不正确扣5分		
		正确运用按键	5	按键不正确扣5分		
		利用双臂电桥 C、R 挡的改变来试探待测电阻的大约阻值，找到合适的 C 挡位，保证 R 的1粗调挡不为零	15	错误一次扣5分，扣完为止		
		确定 C 挡后，调整 R 细调盘，使检流计指针不偏转。不能使用细调盘的空挡处	10	错误一次扣5分，扣完为止		
		调整中合理运用检流计灵敏度旋钮，开始时用低灵敏度，最终读数时用高灵敏度	15	错误一次扣5分，扣完为止		

			评分标准				
序号	作业名称	质量要求	分值	扣分标准	扣分原因	得分
5	记录数据	数据清晰，单位明确、统一	10	记录一处不正确扣2分，最高扣10分		
6	试验结束	拆除试验接线，仪器、设备还原，清理现场	10	(1) 现场清理不干净扣3分。 (2) 检流计开关未在断开位扣3分。 (3) 电源开关未在断开位扣4分		
7	安全文明生产	文明操作，禁止违章操作，不损坏工器具，不发生安全生产事故	10	(1) 有不安全行为次扣5分。 (2) 损坏仪器扣5分		
考试开始时间				考试结束时间		合计	
考生栏		编号：　　姓名：		所在岗位：　　单位：		日期：	
考评员栏		成绩：　　考评员：		考评组长：			

行业：电力工程　　　　　　工种：电力电缆工　　　　　　等级：四

编号	DL411（DL517）	行为领域	e	鉴定范围	
考核时间	20min	题型	A	含权题分	25
试题名称	铜屏蔽电阻与导体电阻比试验				
考核要点及要求	(1) 工作环境：现场操作场地及设备已完备，试验场地围好围栏。 (2) 正确操作仪器仪表。 (3) 试验接线正确。 (4) 数据分析正确。 (5) 工作服、工作鞋、安全帽等穿戴正确				
现场工器具、材料、设备	(1) 工器具：电工个人组合工具、安全围栏、标示牌、测试线、短接线。 (2) 材料：被试电缆不小于100m。 (3) 设备：双臂电桥				
备注					

			评分标准				
序号	作业名称	质量要求	分值	扣分标准	扣分原因	得分
1	着装、穿戴	工作服、工作鞋、安全帽等穿戴正确	5	(1) 没穿戴工作服（鞋）、安全帽扣5分。 (2) 帽带松弛及衣、袖没扣，鞋带不系扣3分		

		评分标准				
序号	作业名称	质量要求	分值	扣分标准	扣分原因	得分
2	现场准备	试验场地围好围栏	5	未做扣5分		
3	连接线路	正确连接电源、待测电缆，并报告	5	(1) 无报告扣5分。 (2) 错、漏项扣3分		
4	试验测量	检流计调零	5	未调零扣5分		
		正确设置各个挡位	5	挡位不正确扣5分		
		正确运用按键	5	按键不正确扣5分		
		利用双臂电桥 C、R 挡的改变来试探待测电阻的大约阻值，找到合适的 C 挡位，保证 R 的1粗调挡不为零	10	错误扣5~10分		
		确定 C 挡后，调整 R 细调盘，使检流计指针不偏转。不能使用细调盘的空挡处	10	错误扣5~10分		
		调整中合理运用检流计灵敏度旋钮，开始时用低灵敏度，最终读数时用高灵敏度	10	错误扣5~10分		
5	记录数据	数据清晰，单位明确、统一	10	记录不正确扣2分/处，最高扣10分		
6	数据分析	正确数据分析，直流电阻在不同温度下的换算	10	(1) 不能分析数据扣5分。 (2) 不会换算扣5分		
7	试验结束	拆除试验接线，仪器、设备还原，清理现场	10	(1) 现场清理不干净扣3分。 (2) 检流计开关未在断开位扣3分。 (3) 电源开关未在断开位扣4分		
8	安全文明生产	文明操作，禁止违章操作，不损坏工器具，不发生安全生产事故	10	(1) 有不安全行为扣5分。 (2) 损坏仪器扣5分		
考试开始时间			考试结束时间		合计	
考生栏	编号：	姓名：	所在岗位：	单位：	日期：	
考评员栏	成绩：	考评员：		考评组长：		

DL412 使用绝缘带修补10kV外护套绝缘破损点

一、施工

（一）工器具、材料
（1）工器具：燃气喷枪一套、电缆刀、锉刀、平口起子。
（2）材料：砂纸120号/240号、电缆清洁纸、自黏胶带、电缆修补带、燃气罐。

（二）施工的安全要求
（1）防使用燃气喷枪时烫伤。使用燃气喷枪时，喷嘴不准对着人体及设备。
（2）燃气喷枪使用完毕，放置在安全地点，冷却后装运。
（3）防刀具伤人。用刀时刀口向外，不准对着人体。
（4）工作过程中，注意轻接轻放。

（三）施工步骤与要求
1. 施工要求
（1）密封良好，能可靠地防止水分、潮气侵入。
（2）对热缩电缆修补带，用从一端向另一端均匀烘烤，至溶胶叠层渗出为止。

2. 操作步骤
（1）正确着装，准备好修补材料，如图DL412所示。
（2）用电工刀将破损的护套层割除，割除区边缘的护套层削成坡角。
（3）用粗砂纸破损区周围的电缆表面打毛。
（4）再用清洗剂将割除区周围的表面擦拭干净。
（5）将电缆修补带1/2搭接缠绕于破损段，用自黏胶带固定。

图DL412　电缆修补带外形

（6）用燃气喷枪从一端向另一端均匀烘烤，至收缩溶胶叠层渗出为止。

（7）清理现场，退场。

二、考核

（一）考核所需用的工器具、材料与场地

（1）工器具：燃气喷枪一套、电缆刀、锉刀、平口起子。

（2）材料：砂纸 120 号/240 号、电缆清洁纸、自黏胶带、电缆修补带。

（3）场地：

1）场地面积能同时满足多个工位的需求，并保证工位间的距离合适，不应影响电缆修补制作时各方的人身安全。

2）室内场地应有照明、通风或降温设施。

3）动火作业须具备相应灭火器材。

4）工器具按同时开设工位数确定，并有备用。

5）设置 2 套评判桌椅和计时秒表。

（二）考核要点

（1）密封良好，能可靠地防止水分、潮气侵入。

（2）从一端向另一端均匀烘烤热缩电缆修补带，至溶胶叠层渗出时为止。

（3）绕包时不能将包带跌落，绕包紧密，不能松带，绝缘绕包应采用半搭盖方式。

（4）发生安全事故，本项考核不及格。

（三）考核时间

（1）考核时间为 25min。

（2）选用工器具、设备、材料时间 5min，时间到停止选用，节约用时不纳入考核时间。

（3）许可开工后记录考核开始时间。

（4）现场清理完毕后，汇报工作终结，记录考核结束时间。

三、评分参考标准

行业：电力工程　　　　　　工种：电力电缆工　　　　　　等级：五

编号	DL412	行为领域	e	鉴定范围	
考核时间	25min	题型	A	含权题分	25
试题名称	使用绝缘带修补外护套绝缘破损点				

考核要点及要求	(1) 密封良好，能可靠地防止水分、潮气侵入。 (2) 从一端向另一端均匀烘烤热缩电缆修补带，至溶胶叠层渗出时为止。 (3) 电缆修补带 1/2 搭接缠绕于破损段
现场工器具、材料	(1) 工器具：燃气喷枪一套、电缆刀、锉刀、平口起子。 (2) 材料：砂纸 120 号/240 号、电缆清洁纸、自黏胶带、电缆修补带、燃气罐
备注	

			评分标准			
序号	作业名称	质量要求	分值	扣分标准	扣分原因	得分
1	着装、穿戴	工作服、工作鞋、安全帽等穿戴正确	5	（1）没穿戴工作服（鞋）、安全帽扣 5 分。 （2）帽带松弛及衣、袖没扣，鞋带不系扣 3 分		
2	去除破损护层	用电工刀将破损的护套层割除，割除区边缘的护套层削成坡角	10	未削成坡角扣 10 分		
3	打磨	用粗砂纸将破损区周围的电缆表面打毛	10	（1）未打毛扣 5 分。 （2）未进行此项操作扣 10 分		
4	表面清洁	用清洁剂清洁护层，不能来回擦拭	15	（1）来回擦拭扣 5 分。 （2）未进行此项操作扣 10 分		
5	绝缘绕包	绝缘绕包应采用半搭盖方式	10	未采用半搭盖方式扣 10 分		
		绕包时不能将包带跌落	10	跌落扣 10 分		
		绕包紧密，不能松带	10	绕包不紧密扣 10 分		
6	热缩修补带	用燃气喷枪从一端向另一端均匀烘烤，至收缩溶胶叠层渗出为止	20	（1）加热不均匀扣 10 分。 （2）未收缩至溶胶叠层渗出扣 10 分		
7	安全文明生产	文明操作，禁止违章操作，不损坏工器具，清理施工现场	10	（1）有不安全行为扣 3 分。 （2）没清理现场扣 4 分。 （3）损坏元件、工器具扣 3 分		
考试开始时间				考试结束时间		合计

考生栏	编号：	姓名：	所在岗位：	单位：	日期：
考评员栏	成绩：	考评员：		考评组长：	

DL413   电缆交叉互联接地箱的制作

一、施工

(一) 工器具、材料

(1) 工器具：电工个人工具一套、套筒扳手、手锯锯弓、燃气喷枪、绝缘切刀、平锉、液压机。

(2) 材料：防水带、绝缘带、热缩套管、相色带；120mm² 三进一出交叉互联接地箱 1 个；120mm² 同轴电缆 2 根；120mm² 单芯接地电缆 1 根；锯条若干、120mm² 接线端子 2 个。

(二) 施工的安全要求

(1) 施工设置安全围栏。

(2) 工器具和材料有序摆放。

(3) 动火操作应遵循相关工作规程。

(三) 施工步骤与要求

1. 施工要求

(1) 考核主要内容：熟练掌握交叉互联接地箱结构；熟悉电缆金属护套交叉换位及接地方式；中间接头安装完成后能根据图纸和现场情况选择、测量接地电缆长度。

(2) 仔细审查图纸，熟悉电缆金属护套交叉换位及接地方式。

(3) 检查交叉互联接地箱内部零件应齐全。

(4) 安装完成后箱体应可靠固定、密封良好。

(5) 该项目由 1 名考生独立完成。

2. 操作步骤

(1) 操作前检查。认真检查核对接地箱型号与接地电缆截面积是否对应，护层保护器的型号和规格是否符合设计要求且试验合格完好无损，查阅交叉互联接线方式。

(2) 截取接地同轴电缆和单芯接地电缆。根据现场布置，截取适当长度的同轴电缆和单芯接地电缆。

（3）剥除绝缘、压接接线端子。量取接地箱内接线孔的间距，剥切同轴电缆的线芯绝缘和屏蔽层绝缘，不得损伤铜导体，表面光滑无毛刺；对于单芯接地电缆，两头都要剥切绝缘并压接接线端子。

（4）将同轴电缆穿入交叉互联接地箱。依次将3根同轴电缆穿入交叉互联接地箱，每一根同轴电缆的线芯导体和屏蔽层导体要穿到位，并拧紧接线端的压紧螺栓，确保电气接触良好。裸露的导体部分与接地箱箱体之间有足够的绝缘距离。

（5）安装交叉互联铜排。按照设计的交叉互联方式安装交叉互联铜排，不得错接。螺栓要拧紧，保证电气接触良好。

（6）安装密封垫圈和箱盖。紧固箱体螺栓时要对角均匀、逐渐紧固。安装完成后箱体应可靠固定、密封良好。

（7）出线孔密封。按照安装工艺要求进行，绕包防水密封胶，绕包绝缘带。最后安装热缩套管密封。

（8）绕包相色带。在出线孔外缠绕相色带，相位正确、美观。

（9）安装总接地线。将压接好接线端子的单芯接地电缆连接接地箱和总接地极。接地电缆的接地点选择永久接地点，接地接触面抹导电膏，连接牢固。

二、考核

（一）考核所需用的工器具、材料、设备与场地

（1）工器具：电工个人工具一套、套筒扳手、手锯锯弓、燃气喷枪、绝缘切刀、平锉、液压机。

（2）材料：防水带、绝缘带、热缩套管、相色带；$120mm^2$ 三进一出交叉互联接地箱1个；$120mm^2$ 同轴电缆2根；$120mm^2$ 单芯接地电缆1根；锯条若干，$120mm^2$ 接线端子2个。

（3）场地：

1）场地面积能同时满足多个工位，并保证工位间的距离合适，不应影响操作或各方的人身安全。

2）场地应有照明、通风、电源、降温设施。

3）场地有良好的电气接地极。

4）设置2套评判桌椅和计时秒表。

（二）考核要点

（1）熟练掌握交叉互联接地箱结构；熟悉电缆金属护套交叉换位及接地方式；中间接头安装完成后能根据图纸和现场情况选择、测量接地电缆长度。

（2）仔细审查图纸，熟悉电缆金属护套交叉换位及接地方式。

（3）检查交叉互联接地箱内部零件应齐全。

（4）安装完成后箱体应可靠固定、密封良好。

（5）该项目由1名考生独立完成。

（6）发生安全事故，本项考核不及格。

（三）考核时间

（1）考核时间为50min。

（2）选用工器具、设备、材料时间5min，时间到停止选用，节约用时不纳入考核时间。

（3）许可开工后记录考核开始时间。

（4）现场清理完毕后，汇报工作终结，记录考核结束时间。

三、评分参考标准

行业：电力工程　　　　　　　　工种：电力电缆工　　　　　　　　等级：三

编号	DL413	行为领域	e	鉴定范围	
考核时间	50min	题型	A	含权题分	25
试题名称	电缆交叉互联接地箱的安装				
考核要点及要求	熟练掌握交叉互联接地箱结构；熟悉电缆金属护套交叉换位及接地方式；中间接头安装完成后能根据图纸和现场情况选择、测量接地电缆长度。仔细审查图纸，熟悉电缆金属护套交叉换位及接地方式；检查交叉互联接地箱内部零件应齐全；安装完成后箱体应可靠固定、密封良好；该项目由1名考生独立完成				
现场工器具、材料	（1）工器具：个人工具一套，包括钢丝钳、尖嘴钳、平口螺钉旋具、电工刀、套筒扳手；手锯锯弓；燃气喷枪；绝缘切刀；平锉；液压机。 （2）材料：防水带、绝缘带、热缩套管、相色带；120mm² 三进一出交叉互联接地箱1个；120mm² 同轴电缆2根；120mm² 单芯接地电缆1根；锯条若干；120mm² 接线端子2个				
备注					

<table>
<tr><td colspan="7" align="center">评分标准</td></tr>
<tr><td>序号</td><td>作业名称</td><td>质量要求</td><td>分值</td><td>扣分标准</td><td>扣分原因</td><td>得分</td></tr>
<tr><td>1</td><td>着装</td><td>正确佩戴安全帽，穿工作服，穿绝缘鞋</td><td>5</td><td>（1）没穿戴工作服（鞋）、安全帽扣3分。
（2）帽带松弛及衣、袖没扣，鞋带不系扣2分</td><td></td><td></td></tr>
<tr><td>2</td><td>工器具、材料准备</td><td>工器具、仪表、材料选用准确、齐全</td><td>5</td><td>（1）未进行工器具检查扣3分。
（2）工器具、材料漏选或有缺陷扣2分</td><td></td><td></td></tr>
</table>

			评分标准			
序号	作业名称	质量要求	分值	扣分标准	扣分原因	得分
3	操作前检查	认真检查核对接地箱型号与接地电缆截面积是否对应，护层保护器的型号和规格是否符合设计要求且试验合格完好无损，查阅交叉互联接线方式	10	3个检查项目，漏查一项扣3分		
4	截取接地同轴电缆和单芯接地电缆	根据现场布置，截取适当长度的同轴电缆和单芯接地电缆	10	(1) 没有量取现场布置的距离扣5分。 (2) 截取的接地电缆长度不合适扣5分		
5	剥除绝缘、压接接线端子	量取接地箱内接线孔的间距，剥切同轴电缆的线芯绝缘和屏蔽层绝缘，不得损伤铜导体，表面光滑无毛刺；对于单芯接地电缆，两头都要剥切绝缘并压接接线端子	10	(1) 没有量取接地箱内接线孔的间距扣3分。 (2) 剥切长度错误扣5分。 (3) 导体表面损伤扣2分		
6	将同轴电缆穿入交叉互联接地箱	依次将3根同轴电缆穿入交叉互联接地箱，每一根同轴电缆的线芯导体和屏蔽层导体要穿到位，并拧紧接线端的压紧螺栓，确保电气接触良好。裸露的导体部分与接地箱箱体之间有足够的绝缘距离	10	(1) 同轴电缆穿入不到位扣4分。 (2) 接线端接触不牢固扣4分。 (3) 导体与接地箱箱体之间绝缘距离不够，或有杂物残留扣2分		
7	安装交叉互联铜排	按照设计的交叉互联方式，安装交叉互联铜排，不得错接。螺栓要拧紧，保证电气接触良好	10	(1) 安装相序错误扣8分。 (2) 接触不牢扣2分		
8	安装密封垫圈和箱盖	紧固箱体螺栓时要对角均匀、逐渐紧固。安装完成后箱体应可靠固定、密封良好	10	(1) 没有对角均匀、逐渐紧固扣5分。 (2) 完成后箱体未可靠固定、密封扣5分		
9	出线孔密封	按照安装工艺要求进行，绕包防水密封胶，绕包绝缘带。最后安装热缩套管密封	10	(1) 未装防水密封胶扣3分。 (2) 未绕包绝缘带扣3分。 (3) 未安装热缩套管密封扣4分		

			评分标准				
序号	作业名称	质量要求	分值	扣分标准		扣分原因	得分
10	绕包相色带	在出线孔外缠绕相色带，相位正确、美观	5	相位不正确扣5分			
11	安装总接地线	将压接好接线端子的单芯接地电缆连接接地箱和总接地极。接地电缆的接地点选择永久接地点，接地接触面抹导电膏，连接牢固	10	(1) 接地线两端中一端未接扣5分。(2) 接触面不牢固扣2～5分			
12	清理现场	整理好试验设备和仪表，清理现场，汇报完工	5	(1) 清理不完全扣3分。(2) 未汇报完工扣2分			
考试开始时间				考试结束时间		合计	
考生栏	编号：	姓名：	所在岗位：		单位：	日期：	
考评员栏	成绩：	考评员：		考评组长：			

10kV交联电缆硅橡胶预制式户内终端头制作

一、施工

（一）工器具、材料、设备

（1）工器具：电缆支架、常用电工个人工具、安全帽、安全带、标示牌、工具包、手套钢锯、锯条、铁皮剪刀、裁纸刀、电缆刀、钢尺、锉刀、燃气喷枪一套。

（2）材料：端子（与电缆截面积相符）、电缆附件（备3套终端头，不同规格各一套）、砂纸120号/240号、电缆清洁纸、自黏胶带、PVC胶带、硅脂。

（3）设备：液压钳及模具。

（二）施工的安全要求

（1）防使用燃气喷枪时烫伤。使用时喷嘴不准对着人体及设备。使用完毕，放置在安全地点。

（2）防刀具伤人。用刀时刀口向外，不准对着人体。

（三）施工步骤与要求

1．操作步骤

（1）准备工作。

1）着装规范。

2）选择工器具。

3）选择材料。

（2）工作过程。

1）剥切外护套及钢铠。

2）用锉刀打磨钢铠层。

3）用恒力弹簧将接地线固定在钢铠层上。

4）剥切内护套。

5）用恒力弹簧将接地线固定铜屏蔽层上。

6）包绕填充胶。

7）套入三叉套管及绝缘管，依次热缩固定。

8) 按附件厂家尺寸剥切多余绝缘管。

9) 按附件厂家尺寸剥除铜屏蔽层。

10) 按附件厂家尺寸剥除外半导电屏蔽层。

11) 按附件厂家尺寸剥切主绝缘层。

12) 绝缘表面清洁处理。

13) 绕包半导电胶带，从铜屏蔽切断处包住，向下覆盖至绝缘管。

14) 用 PVC 胶带在绝缘管上做好应力锥安装记号。

15) 在应力锥内及绝缘层表面涂抹硅脂。

16) 安装硅橡胶预制式终端头，把硅橡胶预制式应力锥推至所做记号处。

17) 压接导体端子。

18) 绕包密封胶，绕包时应尽力拉伸绝缘带，绕包应连续、光滑。

（3）工作终结。清理现场杂物，清点工器具，工器具归位，退场。

2. 施工要求

（1）剥切铠装的切割深度不得超过铠装厚度的 2/3，切口应平齐不应有尖角、锐边，切割时勿伤内层结构。

（2）剥切铜屏蔽，切口应平齐，不得留有尖角。

（3）剥切外半导，切口应平齐，不得留有残迹。

（4）剥切内衬层不得伤及铜屏蔽层。

（5）剥切外半导不得伤及主绝缘层。

（6）剥切主绝缘层不得伤及线芯。

（7）用电缆清洁纸清洁绝缘层表面。

（8）填充胶包绕应成形（橄榄状或苹果状）。

（9）导体端子压接后除尖角、毛刺。

（10）绕包密封胶连续、光滑，并搭接端子 10mm。

（11）钢铠接地与铜屏蔽接地之间有绝缘要求。

二、考核

（一）考核所需用的工器具、材料、设备与场地

（1）工器具：电缆支架、常用电工个人工具、安全帽、安全带、标示牌、工具包、手套钢锯、锯条、铁皮剪刀、裁纸刀、电缆刀、钢尺、锉刀、燃气喷枪一套。

（2）材料：端子（与电缆截面积相符）、电缆附件（备 3 套终端头，不同规格各一套）、砂纸 120 号/240 号、电缆清洁纸、自黏胶带、PVC 胶带、硅脂。

（3）设备：液压钳及模具。

（4）场地：

1）场地面积能同时满足多个工位需求，并保证工位间的距离合适，不应影响电缆终端头制作时各方的人身安全。地面应铺有绝缘垫。

2）室内场地应有照明、通风或降温设施。

3）室内场地有 220V 电源插座，除照明、通风或降温设施外，不少于 4 个工位数。

4）工器具按同时开设工位数确定，并有备用。

5）设置 2 套评判桌椅和计时秒表。

（二）考核要点

（1）工作环境：现场操作场地及设备材料已完备。

（2）剥切尺寸正确。

（3）剥切绝缘不得损伤缆芯。

（4）绝缘表面处理应干净、光滑。

（5）剥除铜屏蔽层及半导电层不得伤及下一层。

（6）戴安全帽、穿工作服、穿绝缘鞋、带个人工具。

（7）易燃用具单独放置；会正确使用，摆放整齐。

（8）规定时间内完成。

（9）发生安全事故，本项考核不及格。

（三）考核时间

（1）考核时间为 50min。

（2）选用工器具、设备、材料时间 5min，时间到停止选用。

（3）许可开工后记录考核开始时间。

（4）现场清理完毕后，汇报工作终结，记录考核结束时间。

三、评分参考标准

行业：电力工程　　　　　　　工种：电力电缆工　　　　　　　等级：四

编号	DL414	行为领域	e	鉴定范围	
考核时间	50min	题型	A	含权题分	50
试题名称	10kV 交联电缆硅橡胶预制式户内终端头制作				
考核要点及要求	（1）工作环境：现场操作场地及设备材料已完备。 （2）剥切尺寸正确。 （3）剥切绝缘不得损伤缆芯。 （4）绝缘表面处理应干净、光滑。 （5）剥除铜屏蔽层及半导电层不得伤及下一层。 （6）戴安全帽、穿工作服、穿绝缘鞋、带个人工具。 （7）易燃用具单独放置；会正确使用，摆放整齐。 （8）规定时间内完成				

现场工器具、材料、设备	(1) 工器具：电缆支架常用电工工具、安全帽、安全带、标示牌、工具包、手套钢锯、锯条、铁皮剪刀、裁纸刀、电缆刀、钢丝钳、尖嘴钳、钢尺、锉刀、平口起子、液化气罐及燃气喷枪一套。 (2) 材料：端子（与电缆截面积相符）、电缆附件（备3套终端头，不同规格各一套）、砂纸120号/240号、电缆清洁纸、自黏胶带、PVC胶带、硅脂。 (3) 设备：液压钳及模具	
备注		

评分标准

序号	作业名称	质量要求	分值	扣分标准	扣分原因	得分
1	着装、穿戴	工作服、工作鞋、安全帽等穿戴正确	5	（1）没穿戴工作服（鞋）、安全帽扣5分。 （2）帽带松弛及衣、袖没扣，鞋带不系扣3分		
2	支撑、校直、外护套擦拭	为了便于操作，选好位置，将要进行施工的部分支架好，同时校直，擦去外护套上的污迹	2	一项工作未做扣1分		
3	将电缆断切面锯平	如果电缆三相线芯锯口不在同一平面上或导体切面凸凹不平应锯平	3	未按要求做扣3分		
4	校对施工尺寸	根据附件供应商提供的图纸，确定施工尺寸	5	尺寸与图纸不符扣2~5分		
5	操作程序控制	操作程序应按图纸进行	5	（1）程序错误扣5分。 （2）遗漏工序扣5分		
6	剥出外护套、铠装、内护层、内衬、铜屏蔽及外半导电层等	剥切时切口不平，金属切口有毛刺或伤及其下一层结构，应视为缺陷；绝缘表面干净、光滑、无残质，均匀涂上硅脂	25	（1）尺寸不对扣5分。 （2）剥时伤及绝缘扣5分。 （3）剥口没处理成小斜坡、有毛刺扣5分。 （4）绝缘表面没处理干净扣5分。 （5）未均匀涂上硅脂扣5分		
7	绑扎和焊接	绑扎铠装及接地线；固定铜屏蔽要平整，不能松带，焊点应平滑、牢固，焊点厚度不大于4mm	5	（1）焊点不牢固扣2分。 （2）焊点厚度大于4mm扣1分。 （3）铜屏蔽不平整、松带扣1分。 （4）接地线绑扎不紧扣1分		
8	铠装接地与铜屏蔽接地	两个接地应分开制作，相互之间有绝缘要求	5	未分开制作扣5分		

		评分标准				
序号	作业名称	质量要求	分值	扣分标准	扣分原因	得分
9	包绕填充胶和热缩三叉套管、绝缘管	填充胶包绕应成形（橄榄状或苹果状）；三叉套管、绝缘管套入皆应到位，收缩紧密；管外表无灼伤痕迹，三叉套管由根部向两端加热，绝缘管由三叉根部向上加热	15	（1）填充胶包绕不成形扣5分。（2）内外次序错误扣5分。（3）管外表有灼伤痕迹扣5分。		
10	剥削绝缘和导体压接端子	绝缘切口处应平整；压接端子既不可过度也不能不紧，以阴阳模接触为宜，压接后端子表面应打磨光滑	10	（1）绝缘切口处不平整扣5分。（2）压接点少于4点扣5分。（3）连接管表面未打磨扣5分。		
11	绕包半导体带做好安装记号	用半导体带将铜屏蔽口包住，并向下覆盖热缩管；在热缩管上用自黏胶带做好应力锥安装记号	5	（1）绕包半导体带不连续、不光滑扣2分。（2）未做应力锥安装记号扣3分。		
12	安装预制式终端	将硅脂涂在绝缘表面和预制式终端内，把预制式终端套进电缆并将其推至所做记号处	5	（1）预制式终端推不到位扣5分。（2）未涂硅脂扣3分		
13	安全文明生产	文明操作，禁止违章操作，不损坏工器具，清理施工现场，不发生安全生产事故	10	（1）有不安全行为扣3分。（2）没清理现场扣4分。（3）损坏元件、工器具扣5分。		
考试开始时间			考试结束时间			合计

考生栏	编号：	姓名：	所在岗位：	单位：	日期：
考评员栏	成绩：	考评员：		考评组长：	

DL415 (DL301) 电桥法测量电力电缆单相低阻接地故障

一、施工

（一）工器具、材料、设备

（1）工器具：万用表一块。

（2）设备：QF1-A 型惠斯登电桥一台。

（3）材料：短路用线一段，导线若干。

（二）施工的安全要求

测试端设置安全隔离，对端有安全隔离并有专人监护。

（三）施工步骤与要求

1. 施工要求

（1）对端跨接线截面积不小于被测电缆导体截面积。

（2）作为测试回路线的电缆要求绝缘良好。

（3）若测试回路线的截面积、导体材质与故障相不同，则需要进行等效直流电阻换算。

（4）需要进行正接法和反接法两次测试，并计算平均值。

（5）作业前应了解掌握被测电缆的详细资料，包括截面积、长度等。

2. 操作步骤

（1）电桥法测量原理。电桥法主要用于电力电缆单相接地、相间短路或短路接地的故障距离测试，根据电缆故障短路接地电阻值的不同，可分别选用高压电桥法和低压电桥法。这种测距方法是基于电缆沿线均匀时，电缆长度与缆芯电阻成正比的特点，并根据惠斯登电桥的原理，将电缆短路接地故障点两侧的环线电阻引入电桥回路，测量其比值。由测得的比值和已知的电缆全长，计算出测量端到故障点的距离。其测量原理及等效电路如图 DL415-1 所示。

（2）作业前应了解掌握被测电缆的详细资料，包括截面积、长度等。在被测电缆的对端用不小于被测电缆导体截面积的跨接线短接。用万用表检查电缆是否断线。

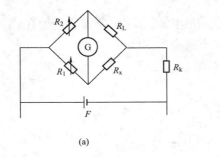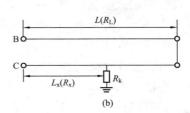

(a)   (b)

图 DL415 - 1   电桥测量原理

R_L—电缆全长的单芯电阻；R_x—始端到故障点的电阻；R_k—电缆故障接地电阻

（3）在测试端用 QF1 - A 型惠斯登电桥测试两侧线芯导体的直流电阻，分别用正接法和反接法进行两次测试，记录每次的测量数据。使用电桥法测量电缆单相接地故障的原理接线如图 DL415 - 2 所示。按图将电桥的测量端子 X1 和 X2 分别接往电缆的故障相（C）和完好相（B），B、C 相的另一端用跨接线短接构成环线。于是电桥本身有 R_1、R_2 两个桥臂，故障点（k）两侧的环线电阻构成电桥的另两个桥臂。

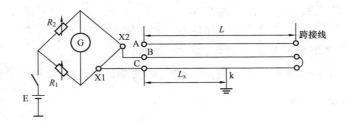

图 DL415 - 2   电桥法测量电缆单相接地故障的原理接线

若设电缆长度为 L，故障点 k 到测试端的距离为 L_x，电缆的全部芯线截面积和导体材料相同。调节 R_1、R_2，当电桥平衡时，$R_2/R_1 = (2_L - L_x)/L_x$，根据公式可计算出 L_x 的值。

二、考核

（一）考核所需用的工器具、材料、设备与场地

（1）工器具：万用表一块。

（2）设备：QF1 - A 型惠斯登电桥一台。

（3）材料：短路用线一段，导线若干。

（4）场地：

1）应能容纳 4 人以上，且备有通电试验用的电源 1 处以上，地面应铺有绝缘垫。

2）设置单相低阻故障电缆一条，长度不宜小于 300m。

3）室内场地应有照明、通风或降温设施。

4）室内场地有 220V 电源插座，有自然通风条件。

5）设置 2 套评判桌椅和计时秒表。

（二）考核要点

（1）能掌握电桥法测量单相低阻接地故障的测量原理及过程。

（2）熟练操作万用表及电桥测试设备。

（3）能根据测量数据正确计算故障点距离。

（4）本项目适合三级工、四级工两个级别的考核。其中三级工要求简述电桥法测量故障的原理和注意事项，四级工不做简述要求。

（5）发生安全事故，本项考核不及格。

（三）考核时间

（1）考核时间为 25min。

（2）选用工器具、设备、材料时间 5min，时间到停止选用，节约用时不纳入考核时间。

（3）许可开工后记录考核开始时间。

（4）现场清理完毕后，汇报工作终结，记录考核结束时间。

（四）对应技能鉴定级别考核内容

三级工除应完成操作外，还应能简述电桥法测量故障的原理和注意事项。

三、评分参考标准

行业：电力工程　　　　　　　工种：电力电缆工　　　　　　　等级：四

编号	DL415（DL301）	行为领域	e	鉴定范围	
考核时间	25min	题型	A	含权题分	25
试题名称	电桥法测量电力电缆单相低阻接地故障				
考核要点及要求	（1）已知某电缆三相中的一相绝缘损坏，并且对地电阻稳定在一个低值上，而其他两相绝缘完好。 （2）电缆是否有不同截面积、不同导体连接，地理位置等情况事先告之清楚。 （3）电缆全长应事先告知清楚				
现场工器具、材料	（1）工器具：万用表一块。 （2）材料：短路用线一段，导线若干。 （3）设备：QF1-A 型惠斯登电桥一台				
备注					

		评分标准				
序号	作业名称	质量要求	分值	扣分标准	扣分原因	得分
1	着装	正确佩戴安全帽，穿工作服，穿绝缘鞋	5	（1）没穿戴工作服（鞋）、安全帽扣5分。（2）帽带松弛及衣、袖没扣，鞋带不系扣3分		
2	工器具、材料准备	工器具、仪表、材料选用准确、齐全	5	（1）未进行检查扣5分。（2）工器具、材料漏选或有缺陷扣3分		
3	判断电缆是否断线	题中只说明低阻接地，并未说明是否断线，故需事先判断故障电缆线芯完好性（一般用万用表即可）	15	（1）未判断线芯完好性扣10分。（2）判断方法不正确扣5分		
4	测量	正确判断无断线情况后，可开始测量				
4.1	电缆对端相间短接的要求	将故障相和完好相的其中一相在另一端用导线或其他方法短接	15	（1）跨接线截面积小于被测电缆导体截面积扣10分。（2）跨接接触不好扣5分		
4.2	接线	仪器所用测量线应尽可能短而粗，以减少测量误差	10	（1）接线不正确扣7分。（2）接触不好扣3分		
4.3	故障测试	测试前应先打开检流计的锁，调零	5	未调零扣1分		
		测试时应先按下电源按钮对电缆充电，再转动桥臂	10	（1）未先充电扣5分。（2）不会调节比率臂和测量臂扣5分		
		在电桥未平衡前只能轻按检流计按钮，不得使简流计猛烈撞针	5	3次以上猛烈撞针扣5分		
5	反接法再测一次	符合以上规定，用反接法再测一次	10	未进行反接法测量扣3分		
6	计算	记下反接法所得数据，取两次测得的平均值进行计算	10	（1）不会计算扣10分。（2）计算结果不正确扣4分		
7	安全文明生产	文明操作，禁止违章操作，不损坏工器具，不发生安全生产事故	10	（1）发生安全生产事故扣5分。（2）有不安全行为扣3分。（3）损坏仪表、工器具扣2分		
考试开始时间			考试结束时间		合计	
考生栏	编号：	姓名：	所在岗位：	单位：	日期：	
考评员栏	成绩：	考评员：		考评组长：		

115

行业：电力工程　　　　　　　工种：电力电缆工　　　　　　　等级：三

编号	DL301（DL415）	行为领域	e	鉴定范围	
考核时间	25min	题型	A	含权题分	25
试题名称	电桥法测量电力电缆单相低阻接地故障				
考核要点及要求	（1）已知某电缆三相中的一相绝缘损坏，并且对地电阻稳定在一个低值上，而其他两相绝缘完好。 （2）电缆是否有不同截面积、不同导体连接，地理位置等情况事先告之清楚。 （3）电缆全长应事先告知清楚				
现场工器具、材料	（1）工器具：万用表一块。 （2）材料：短路用线一段，导线若干。 （3）设备：QF1－A型惠斯登电桥一台				
备注					

评分标准

序号	作业名称	质量要求	分值	扣分标准	扣分原因	得分
1	着装	正确佩戴安全帽，穿工作服，穿绝缘鞋	5	（1）没穿戴工作服（鞋）、安全帽扣5分。 （2）帽带松弛及衣、袖没扣，鞋带不系扣3分		
2	工器具、材料准备	工器具、仪表、材料选用准确、齐全	5	（1）未进行检查扣5分。 （2）工器具、材料漏选或有缺陷扣3分		
3	简述原理	简述电桥法测量故障的原理和注意事项	10	未正确说明扣10分		
4	判断电缆是否断线	题中只说明低阻接地，并未说明是否断线，故需事先判断故障电缆线芯完好性（一般用万用表即可）	5	（1）未判断线芯完好性扣3分。 （2）判断方法不正确扣2分		
5	测量	正确判断无断线情况后，可开始测量				
5.1	电缆对端相间短接的要求	将故障相和完好相的其中一相在另一端用导线或其他方法短接	15	（1）跨接线截面积小于被测电缆导体截面积扣10分。 （2）跨接接触不好扣5分		
5.2	接线	仪器所用测量线应尽可能短而粗，以减少测量误差	10	（1）接线不正确扣7分。 （2）接触不好扣3分		
5.3	故障测试	测试前应先打开检流计的锁，调零	5	未调零扣1分		
		测试时应先按下电源按钮对电缆充电，再转动桥臂	10	（1）未先充电扣5分。 （2）不会调节比率臂和测量臂扣5分		
		在电桥未平衡前只能轻按检流计按钮，不得使简流计猛烈撞针	5	3次以上猛烈撞针扣5分		

		评分标准				
序号	作业名称	质量要求	分值	扣分标准	扣分原因	得分
6	反接法再测一次	符合以上规定,用反接法再测一次	10	未进行反接法测量扣3分		
7	计算	记下反接法所得数据,取两次测得的平均值进行计算	10	计算结果不正确扣4分		
8	安全文明生产	文明操作,禁止违章操作,不损坏工器具,不发生安全生产事故	10	(1)发生安全生产事故扣5分。(2)有不安全行为扣3分。(3)损坏仪表、工器具扣2分		
考试开始时间			考试结束时间		合计	
考生栏	编号:	姓名:	所在岗位:	单位:	日期:	
考评员栏	成绩:	考评员:		考评组长:		

10kV-XLPE电力电缆热缩户外终端头制作并吊装

一、施工

（一）工器具、材料、设备

（1）工器具：电缆支架、钢锯、锯条、铁皮剪刀、裁纸刀、电缆刀、钢丝钳、尖嘴钳、钢尺、平锉、平口起子、燃气喷枪、常用电工工具、脚扣、踩板、安全帽、安全带、标示牌、工具包、手套、绳索、滑车、安全围栏。

（2）材料：砂纸120号/240号、电缆清洁纸、电缆附件、端子（与电缆截面积相符）、自黏胶带、焊锡丝、焊锡膏。

（3）设备：液压钳及模具、电烙铁。

（二）施工的安全要求

（1）防使用燃气喷枪时烫伤。使用燃气喷枪时，喷嘴不准对着人体及设备。燃气喷枪使用完毕，放置在安全地点。

（2）防刀具伤人。用刀时刀口向外，不准对着人体。工作过程中，注意轻接轻放。

（3）防高空坠落。登杆前要检查登高工具合格证及其外观，对脚扣和安全带做冲击试验。高空作业中安全带应系在牢固的构件上，并系好后备绳，确保双重保护。转向移位穿越时不得失去一重保护。作业时不得失去监护。

（4）防坠物伤人。作业现场人员必须戴好安全帽，严禁在作业点正下方逗留。杆上作业要用传递绳索传递工具材料，严禁抛掷。

（三）施工步骤与要求

1. 操作步骤

（1）准备工作。

1）着装规范。

2）选择工器具。

3）选择材料。

（2）工作过程。

1）剥切外护套及钢铠。按电缆附件所示尺寸剥除外护套，自外护套切口处保留 25mm（去漆），用铜绑线绑扎固定后其余剥除。注意切割深度不得超过铠装厚度的 2/3，切口应平齐，不应有尖角、锐边，切割时勿伤内层结构。

2）绑扎钢铠接地，用铜扎线将地线扎紧在钢铠上。

3）剥切内护套。

4）绑扎铜屏蔽接地，用铜扎线将地线扎紧在铜屏蔽上。

5）两接地分开包绕填充胶，套入热缩三指手套，固定三指手套。

6）剥除铜屏蔽层，注意切口应平齐，不得留有尖角。

7）剥除外半导电层，注意切口应平齐，不得留有残迹，切勿伤及主绝缘层。

8）固定应力控制管，注意位置正确。

9）剥切主绝缘层，注意不得伤及线芯。

10）切削反应力锥，自主绝缘断口处量 40mm，削成 35mm 锥体，留 5mm 内半导电层。注意椎体要圆整。

11）压接导体端子，压接后应除尖角、毛刺，并清洗干净。

12）绝缘表面处理，用清洁剂清洁电缆绝缘层表面。如主绝缘表面有划伤、凹坑或残留半导电颗粒，可用砂纸打磨。

13）绕包密封胶，注意绕包表面应连续、光滑。

14）固定绝缘管，注意火焰朝收缩方向，加热收缩时火焰应不断旋转、移动。

15）固定密封管，注意火焰朝收缩方向，加热收缩时火焰应不断旋转、移动。

16）固定相色管，注意火焰朝收缩方向，加热收缩时火焰应不断旋转、移动。

17）固定防雨裙，注意火焰朝收缩方向，加热收缩时火焰应不断旋转、移动。

18）电缆吊装。

19）夹具固定电缆。

20）连接电缆接地线。

2. 施工要求

（1）剥切铠装的切割深度不得超过铠装厚度的 2/3，切口应平齐不应有尖角、锐边，切割时勿伤内层结构。

（2）剥切铜屏蔽，切口应平齐，不得留有尖角。

（3）剥切外半导，切口应平齐。

（4）剥切内衬层不得伤及铜屏蔽层。

（5）剥切外半导不得伤及主绝缘层。

（6）剥切主绝缘层不得伤及线芯。

（7）用电缆清洁纸清洁绝缘层表面。

（8）填充胶包绕应成形（橄榄状或苹果状）。

（9）导体端子压接后除尖角、毛刺。

（10）绕包密封胶连续、光滑，并搭接端子 10mm。

（11）应力控制管应小火烘烤。

（12）热缩管外表无灼伤痕迹。

（13）钢铠接地与铜屏蔽接地之间应绝缘。

（14）电缆吊装到位且吊点正确。

3. 工作终结

清理现场杂物，清点工器具，工器具归位，退场。

二、考核

（一）考核所需用的工器具、材料、设备与场地

（1）工器具：电缆支架、钢锯、锯条、铁皮剪刀、裁纸刀、电缆刀、钢丝钳、尖嘴钳、钢尺、锉刀、平口起子、燃气喷枪、常用电工工具、脚扣、踩板、安全帽、安全带、标示牌、工具包、手套、绳索、滑车。

（2）材料：砂纸 120 号/240 号、电缆清洁纸、电缆附件（备 3 套终端头，不同规格各一套）、端子（与电缆截面积相符）、自黏胶带。

（3）设备：液压钳及模具、电烙铁。

（4）场地：

1）场地面积能同时满足多个工位的需求，并保证工位间的距离合适，不应影响制作或试验时各方的人身安全。

2）室内场地应有照明、通风或降温设施。

3）室内场地有 220V 电源插座，除照明、通风或降温设施外，另有不少于 4 个工位数。地面应铺有绝缘垫。

4）工器具按同时开设工位数确定，并有备用。

5）设置 2 套评判桌椅和计时秒表。

（二）考核要点

（1）本操作由两人辅助实施。考生就位，经许可后开始工作，工作服、工作鞋、安全帽等穿戴规范。

（2）易燃用具单独放置；会正确使用，摆放整齐。

（3）剥切尺寸应正确。

（4）剥切上一层不得伤及下一层。

（5）绝缘处理应干净。

（6）应力管安装位置应正确。

（7）应力控制管应小火烘烤。

（8）热缩三指手套、应力管、绝缘管外表无灼伤痕迹。

（9）导体端子压接后除尖角、毛刺。

（10）绕包密封胶连续、光滑，并搭接端子 10mm。

（11）钢铠接地与铜屏蔽接地之间有绝缘要求。

（12）电缆吊装到位且吊点正确。

（13）安全文明生产，规定时间内完成。时间到后停止操作，按所完成的内容计分，未完成部分均不得分。工器具、材料不随意乱放。

（14）发生安全事故，本项考核不及格。

（三）考核时间

（1）考核时间为 90min。

（2）选用工器具、设备、材料时间 5min，时间到停止选用。

（3）许可开工后记录考核开始时间。

（4）现场清理完毕后，汇报工作终结，记录考核结束时间。

（四）对应技能鉴定级别考核内容

（1）三级工应完成：全套操作（钢铠接地与铜屏蔽接地之间有绝缘要求）。

（2）四级工应完成：全套操作。

三、评分参考标准

行业：电力工程　　　　　　工种：电力电缆工　　　　　　等级：四

编号	DL416（DL302）	行为领域	e	鉴定范围	
考核时间	90min	题型	B	含权题分	25
试题名称	10kV-XLPE 电力电缆热缩户外终端头安装并吊装				
考核要点及要求	（1）工作环境：现场操作场地及设备材料已完备。 （2）剥切尺寸正确。 （3）剥切绝缘不得损伤缆芯。 （4）绝缘表面处理应干净、光滑。 （5）剥除铜屏蔽层及半导电层不得伤及下一层。 （6）戴安全帽、穿工作服、穿绝缘鞋、带个人工具。 （7）易燃用具单独放置；会正确使用，摆放整齐。 （8）电缆吊装到位。 （9）吊点正确				
现场工器具、材料、设备	（1）工器具：电缆支架、钢锯、锯条、铁皮剪刀、裁纸刀、电缆刀、钢丝钳、尖嘴钳、钢尺、锉刀、平口起子、燃气喷枪、常用电工工具、脚扣、踩板、安全帽、安全带、标示牌、工具包、手套、绳索、滑车。 （2）材料：砂纸120号/240号、电缆清洁纸、电缆附件（备3套终端头，不同规格各一套）、端子（与电缆截面积相符）、自黏胶带。 （3）设备：液压钳及模具、电烙铁				
备注					

		评分标准				
序号	作业名称	质量要求	分值	扣分标准	扣分原因	得分
1	着装、穿戴	工作服、工作鞋、安全帽等穿戴正确	5	（1）没穿戴工作服（鞋）、安全帽扣5分。（2）帽带松弛及衣、袖没扣，鞋带不系扣3分		
2	支撑、校直、外护套擦拭	为了便于操作，选好位置，将要进行施工的部分支架好，同时校直，擦去外护套上的污迹	2	一项工作未做扣1分		
3	将电缆断切面锯平	如果电缆三相线芯锯口不在同一平面上或导体切面凸凹不平应锯平	3	未按要求做扣3分		
4	校对施工尺寸	根据附件供应商提供的图纸，确定施工尺寸	5	尺寸与图纸不符扣2～5分		
5	操作程序控制	操作程序应按图纸进行	5	（1）程序错误扣5分。（2）遗漏工序扣3分		
6	剥出外护套、铠装、内护层、内衬、铜屏蔽及外半导电层等	剥切时切口不平，金属切口有毛刺或伤及其下一层结构，应视为缺陷；绝缘表面干净、光滑、无残质，均匀涂上硅脂	20	（1）尺寸不对扣2～5分。（2）剥时伤及绝缘扣5分。（3）剥口没处理成小斜坡、有毛刺扣2～5分。（4）绝缘表面没处理干净扣2～5分。（5）未均匀涂上硅脂扣2～5分		
7	绑扎和焊接	绑扎铠装及接地线；固定铜屏蔽要平整，不能松带；焊点应平滑、牢固，焊点厚度不大于4mm	5	（1）焊点不牢固扣2分。（2）焊点厚度大于4mm扣1分。（3）铜屏蔽不平整、松带扣1分。（4）接地线绑扎不紧扣1分		
8	铠装接地与铜屏蔽接地	两个接地应分开制作，相互之间有绝缘要求		不考核		
9	包绕填充胶和热缩三叉套管、应力管、绝缘管	填充胶包绕应成形（橄榄状或苹果状）；三叉套管、应力管、绝缘管套入皆应到位，收缩紧密，管外表无灼伤痕迹；三叉套管由根部向两端加热，绝缘管由三叉根部向上加热	15	（1）应力管位置不对扣5分。（2）内外次序错误扣5分。（3）管外表有灼伤痕迹扣2～5分		

<table>
<tr><td colspan="8" align="center">评分标准</td></tr>
<tr><th>序号</th><th>作业名称</th><th>质量要求</th><th>分值</th><th>扣分标准</th><th>扣分原因</th><th>得分</th></tr>
<tr>
<td>10</td>
<td>剥削绝缘和压接端子</td>
<td>剥去绝缘处应削成铅笔状；压接端子既不可过度也不能不紧；以阴阳模接触为宜，压接后端子表面应打磨光滑</td>
<td>5</td>
<td>(1) 未削成铅笔状扣1分。
(2) 压接点少于4点扣2分。
(3) 连接管表面未打磨扣2分</td>
<td></td>
<td></td>
</tr>
<tr>
<td>11</td>
<td>固定防雨裙</td>
<td>将三孔防雨裙和单孔防雨裙套进电缆芯线，收缩固定</td>
<td>3</td>
<td>(1) 收缩不均匀扣23分。
(2) 管外表有灼伤痕迹扣1分</td>
<td></td>
<td></td>
</tr>
<tr>
<td>12</td>
<td>固定相色密封管</td>
<td>相位相符</td>
<td>2</td>
<td>未包色相或色相不正确扣2分</td>
<td></td>
<td></td>
</tr>
<tr>
<td>13</td>
<td>电缆吊装的安全工具准备</td>
<td>高空作业应戴安全帽；上杆作业应有登杆工具，系安全带，并备有必要的个人工具；所用绳索应经检验合格方能使用</td>
<td>5</td>
<td>(1) 未对登杆工具检查合格证及外观扣2分。
(2) 未进行冲击试验扣2分。
(3) 安全带系绑错误扣1分</td>
<td></td>
<td></td>
</tr>
<tr>
<td>14</td>
<td>夹具安装</td>
<td>抱箍、电缆夹具安装应牢固，上下夹具对齐</td>
<td>3</td>
<td>(1) 安装不牢固扣分。
(2) 上下夹具不对齐扣分。
(3) 没用垫片1分/处</td>
<td></td>
<td></td>
</tr>
<tr>
<td>15</td>
<td>电缆吊装</td>
<td>绳扣要牢固，且易解；吊点要合适，不影响终端固定；滑轮安装位置正确</td>
<td>10</td>
<td>(1) 吊装不到位扣3分。
(2) 绳扣不牢固扣2分。
(3) 吊点不合适扣2分。
(4) 滑轮安装位置不正确扣3分</td>
<td></td>
<td></td>
</tr>
<tr>
<td>16</td>
<td>接地线连接</td>
<td>电缆终端的接地线与接地装置引出的接地线连接，接地线截面积不小于25mm²，不允许用缠绕的方式连接</td>
<td>2</td>
<td>(1) 连接不牢固扣1分。
(2) 没用垫片扣1分</td>
<td></td>
<td></td>
</tr>
<tr>
<td>17</td>
<td>安全文明生产</td>
<td>文明操作，禁止违章操作，不损坏工器具，不发生安全生产事故</td>
<td>10</td>
<td>(1) 有不安全行为扣2～5分。
(2) 损坏元件、工器具扣2～5分</td>
<td></td>
<td></td>
</tr>
<tr>
<td colspan="2">考试开始时间</td>
<td></td>
<td colspan="2">考试结束时间</td>
<td>合计</td>
<td></td>
</tr>
<tr>
<td colspan="2">考生栏</td>
<td colspan="5">编号：　　姓名：　　　　所在岗位：　　　　单位：　　　　日期：</td>
</tr>
<tr>
<td colspan="2">考评员栏</td>
<td colspan="5">成绩：　　考评员：　　　　　　　　　　考评组长：</td>
</tr>
</table>

行业：电力工程　　　　工种：电力电缆工　　　　等级：三

编号	DL302（DL416）	行为领域	e	鉴定范围	
考核时间	90min	题型	B	含权题分	50
试题名称	10kV－XLPE电力电缆热缩户外终端头制作并吊装				
考核要点及要求	(1) 工作环境：现场操作场地及设备材料已完备。 (2) 剥切尺寸正确。 (3) 剥切绝缘不得损伤缆芯。 (4) 绝缘表面处理应干净、光滑。 (5) 剥除铜屏蔽层及半导电层不得伤及下一层。 (6) 戴安全帽、穿工作服、穿绝缘鞋、带个人工具。 (7) 易燃用具单独放置；会正确使用，摆放整齐。 (8) 电缆吊装到位。 (9) 吊点正确				
现场工器具、材料、设备	(1) 工器具：电缆支架、钢锯、锯条、铁皮剪刀、裁纸刀、电缆刀、钢丝钳、尖嘴钳、钢尺、锉刀、平口起子、燃气喷枪、常用电工工具、脚扣、踩板、安全帽、安全带、标示牌、工具包、手套、绳索、滑车。 (2) 材料：砂纸120号/240号、电缆清洁纸、电缆附件（备3套终端头，不同规格各一套）、端子（与电缆截面积相符）、自黏胶带。 (3) 设备：液压钳及模具、电烙铁				
备注					

评分标准

序号	作业名称	质量要求	分值	扣分标准	扣分原因	得分
1	着装、穿戴	工作服、工作鞋、安全帽等穿戴正确	5	(1) 没穿戴工作服（鞋）、安全帽扣5分。 (2) 帽带松弛及衣、袖没扣，鞋带不系扣3分		
2	支撑、校直、外护套擦拭	为了便于操作，选好位置，将要进行施工的部分支架好，同时校直，擦去外护套上的污迹	2	一项工作未做扣1分		
3	将电缆断切面锯平	如果电缆三相线芯锯口不在同一平面上或导体切面凸凹不平应锯平	3	未按要求做扣3分		
4	校对施工尺寸	根据附件供应商提供的图纸，确定施工尺寸	5	尺寸与图纸不符扣2～5分		
5	操作程序控制	操作程序应按图纸进行	5	(1) 程序错误扣3分。 (2) 遗漏工序扣2分		

序号	作业名称	质量要求	分值	扣分标准	扣分原因	得分
6	剥切外护套、铠装、内护层、内衬、铜屏蔽及外半导电层等	剥切时切口不平，金属切口有毛刺或伤及其下一层结构，应视为缺陷；绝缘表面干净、光滑、无残质，均匀涂上硅脂	20	(1) 尺寸不对扣2~5分。 (2) 剥时伤及绝缘扣5分。 (3) 剥口没处理成小斜坡、有毛刺扣2~5分。 (4) 绝缘表面没处理干净扣2~5分。 (5) 未均匀涂上硅脂扣2~5分		
7	绑扎和焊接	绑扎铠装及接地线；固定铜屏蔽要平整，不能松带；焊点应平滑、牢固，焊点厚度不大于4mm	5	(1) 焊点不牢固扣2分。 (2) 焊点厚度大于4mm扣1分。 (3) 铜屏蔽不平整、松带扣1分。 (4) 接地线绑扎不紧扣1分		
8	铠装接地与铜屏蔽接地	两个接地应分开制作，相互之间有绝缘要求	5	未分开制作扣5分		
9	包绕填充胶和热缩三叉套管、应力管、绝缘管	填充胶包绕应成形（橄榄状或苹果状）；三叉套管、应力管、绝缘管套入皆应到位，收缩紧密，管外表无灼伤痕迹；三叉套管由根部向两端加热，绝缘管由三叉根部向上加热	10	(1) 应力管位置不对扣3分。 (2) 内外次序错误扣4分。 (3) 管外表有灼伤痕迹扣2~5分		
10	剥削绝缘和导体压接端子	剥去绝缘处应削成铅笔状；压接端子既不可过度也不能不紧；以阴阳模接触为宜，压接后端子表面应打磨光滑	5	(1) 未削成铅笔状扣1分。 (2) 压接点少于4点扣2分。 (3) 连接管表面未打磨扣2分		
11	固定防雨裙	将三孔防雨裙和单孔防雨裙套进电缆芯线，收缩固定	3	(1) 收缩不均匀扣2分。 (2) 管外表有灼伤痕迹扣1分		
12	固定相色密封管	相位相符	2	未包色相或色相不正确扣2分		
13	电缆吊装的安全工具准备	高空作业应戴安全帽；上杆作业应有登杆工具，系安全带，并备有必要的个人工具；所用绳索应经检验合格方能所用	5	(1) 未对登杆工具检查合格证及外观扣2分。 (2) 未进行冲击试验扣2分。 (3) 安全带系绑错误扣1分		

		评分标准				
序号	作业名称	质量要求	分值	扣分标准	扣分原因	得分
14	夹具安装	抱箍、电缆夹具安装应牢固，上下夹具对齐	3	（1）安装不牢固扣1分。 （2）上下夹具不对齐扣1分。 （3）没用垫片1分		
15	电缆吊装	绳扣要牢固，且易解；吊点要合适，不影响终端固定；滑轮安装位置正确	10	（1）吊装不到位扣3分。 （2）绳扣不牢固扣2分。 （3）吊点不合适扣2分。 （4）滑轮安装位置不正确扣3分		
16	接地线连接	电缆终端的接地线与接地装置引出的接地线连接，接地线截面积不小于25mm²，不允许用缠绕的方式连接	2	（1）连接不牢固扣1分。 （2）不用垫片扣1分		
17	安全文明生产	文明操作，禁止违章操作，不损坏工器具，不发生安全生产事故	10	（1）有不安全行为扣2～5分。 （2）损坏元件、工器具扣2～5分		
考试开始时间			考试结束时间		合计	
考生栏	编号： 姓名：		所在岗位：	单位：	日期：	
考评员栏	成绩： 考评员：			考评组长：		

10kV-XLPE电力电缆冷缩户外终端头制作并吊装

一、施工

（一）工器具、材料、设备

（1）工器具：电缆支架、钢锯、锯条、铁皮剪刀、裁纸刀、电缆刀、平锉、电工个人组合工具、脚扣、踩板、安全帽、安全带、标示牌、工具包、手套、绳索、滑车、安全围栏。

（2）材料：砂纸120号/240号、电缆清洁纸、电缆附件（备3套终端头，不同规格各一套）端子（与电缆截面积相符）、自黏胶带、硅脂膏、PVC胶带、电缆若干米。

（3）设备：液压钳及模具。

（二）施工的安全要求

（1）防刀具伤人。用刀时刀口向外，不准对着人体。工作过程中，注意轻接轻放。

（2）防高空坠落。登杆前要检查登高工具合格证及其外观，对脚扣和安全带做冲击试验。高空作业中安全带应系在牢固的构件上，并系好后背保护绳，确保双重保护。转向移位穿越时不得失去后背保护绳保护。作业时不得失去监护。

（3）防坠物伤人。作业现场人员必须戴好安全帽，严禁在作业点正下方逗留。杆上作业要用传递绳索传递工具材料，严禁抛掷。

（三）施工步骤与要求

1. 操作步骤

（1）准备工作。

1）着装规范。

2）选择工器具。

3）选择材料。

（2）工作过程。

1）剥切外护套及钢铠。按电缆附件所示尺寸剥除外护套，自外护套切口处保留 25mm（去漆），用铜绑线绑扎固定后其余剥除。注意切割深度不得超过铠装厚度的 2/3，切口应平齐，不应有尖角、锐边，切割时勿伤内层结构。

2）剥切内护套。自铠装切口处保留 10mm 内护套，其余剥除。注意不得伤及铜屏蔽层。

3）剥除内护套内填充物。

4）用锉刀打磨钢铠层。

5）用恒力弹簧固定钢铠接地，如图 DL514-1 所示。用恒力弹簧将接地线固定在去漆的钢铠上。注意地线端头应处理平整，不应留有尖角、毛刺。

6）绕包自黏胶带，如图 DL514-2 所示。用 J20 自黏胶带半叠绕将钢铠、恒力弹簧及内护套包覆住。注意绕包表面应连续、光滑。

7）用恒力弹簧固定铜屏蔽接地，如图 DL514-3 所示。用恒力弹簧将接地线固定在铜屏蔽上。注意接地线方向与钢铠接地相背，地线端头应处理平整，不应留有尖角、毛刺。

8）绕包自黏胶带，如图 DL514-4 所示。用自黏胶带半叠绕将恒力弹簧包覆住。注意绕包表面应连续、光滑。

9）防水处理先绕包防水带，再绕包 PVC 胶带，如图 DL514-5 所示。

10）套入冷缩三叉套管，逆时针抽芯绳，使其收缩固定三指手套，如图 DL514-6 所示。注意三叉套管应尽量靠近根部。

11）固定接地线，如图 DL514-7 所示。用 PCV 胶带将两接地固定在电缆护套上。

12）剥切铜屏蔽层，如图 DL514-8 所示。注意切口应平齐、不得留有尖角。

13）剥切外半导电层，如图 DL514-8 所示。注意切口应平齐，不得留有残迹，切勿伤及主绝缘层。

14）剥切主绝缘层，如图 DL514-8 所示。注意勿伤及导电线芯。

15）绕包半导电胶带，如图 DL514-9 所示。注意绕包表面应连续、光滑。

16）导体压接端子，如图 DL514-10 所示。装上接线端子，对称压接，每个端子压 2 道，压接后应除尖角、毛刺，并清洗干净。

17）绝缘表面处理。切勿使清洁剂碰到半导电胶带，不能用擦过接线端子的布擦拭绝缘。

18）涂抹硅脂。

19）套入绝缘管，逆时针抽芯绳，使其收缩固定绝缘管。

20）套入密封管，逆时针抽芯绳，使其收缩固定密封管。

21）电缆吊装。

22）夹具固定电缆。

23）连接电缆接地线。

2. 施工要求

（1）剥切铠装的切割深度不得超过铠装厚度的 2/3，切口应平齐不应有尖角、锐边，切割时勿伤内层结构。

（2）剥切铜屏蔽，切口应平齐，不得留有尖角。

（3）剥切外半导，切口应平齐，不得留有残迹。

（4）剥切内衬层不得伤及铜屏蔽层。

（5）剥切外半导不得伤及主绝缘层。

（6）剥切主绝缘层不得伤及线芯。

（7）用电缆清洁纸清洁绝缘层表面。

（8）填充胶包绕应成形（橄榄状或苹果状）。

（9）导体端子压接后除尖角、毛刺。

（10）绕包密封胶连续、光滑，并搭接端子 10mm。

（11）钢铠接地与铜屏蔽接地之间有绝缘要求。

（12）电缆吊装到位且吊点正确。

（13）电缆夹具安装应牢固，上下夹具对齐。

二、考核

（一）考核所需用的工器具、材料、设备与场地

（1）工器具：电缆支架、钢锯、锯条、铁皮剪刀、裁纸刀、电缆刀、钢丝钳、尖嘴钳、钢尺、锉刀、平口起子、常用电工工具、脚扣、踩板、安全帽、安全带、标示牌、工具包、手套、绳索、滑车。

（2）材料：砂纸 120 号/240 号、电缆清洁纸、电缆附件（备 3 套终端头，不同规格各一套）、端子（与电缆截面积相符）、自黏胶带、PVC 胶带、硅脂膏、电缆若干米。

（3）设备：液压钳及模具。

（4）场地：

1）场地面积能同时满足多个工位的需求，并保证工位间的距离合适，不应影响电缆制作时各方的人身安全。

2）室内场地应有照明、通风或降温设施。

3）工器具按同时开设工位数确定，并有备用。

4）设置 2 套评判桌椅和计时秒表。

（二）考核要点

（1）本操作可由两人辅助实施。考生就位，经许可后开始工作，工作服、工作鞋、安全帽等穿戴规范。

（2）易燃用具单独放置；会正确使用，摆放整齐。

（3）剥切尺寸应正确。

（4）剥切上一层不得伤及下一层。

（5）绝缘处理应干净。

（6）导体端子压接后除尖角、毛刺。

（7）绕包密封胶连续、光滑，并搭接端子 10mm。

（8）钢铠接地与铜屏蔽接地之间应绝缘。

（9）电缆吊装到位且吊点正确。

（10）电缆夹具安装应牢固，上下夹具对齐。

（11）安全文明生产，规定时间内完成。时间到后停止操作，按所完成的内容计分，工具材料不随意乱放。

（12）发生安全事故，本项考核不及格。

（三）考核时间

（1）考核时间为 90min。

（2）选用工器具、设备、材料时间 5min，时间到停止选用，节约用时不纳入考核时间。

（3）许可开工后记录考核开始时间。

（4）现场清理完毕后，汇报工作终结，记录考核结束时间。

（四）对应技能鉴定级别考核内容

（1）三级工应完成：全套操作（说明为什么铠装接地与铜屏蔽接地要分开）。

（2）四级工应完成：全套操作。

三、评分参考标准

行业：电力工程　　　　　　工种：电力电缆工　　　　　　等级：四

编号	DL417（DL303）	行为领域	e	鉴定范围	
考核时间	90min	题型	B	含权题分	50
试题名称	10kV-XLPE 电力电缆冷缩户外终端头安装并吊装				

考核要点及要求	(1) 工作环境：现场操作场地及设备材料已完备。 (2) 戴安全帽、穿工作服、穿绝缘鞋、带个人工具。 (3) 剥切尺寸正确。 (4) 剥切绝缘不得损伤缆芯。 (5) 绝缘表面处理应干净、光滑。 (6) 剥除铜屏蔽层及半导电层不得伤及下一层。 (7) 绕包半导电胶带的起点和终点都要求在铜带上。 (8) 电缆吊装到位。 (9) 吊点正确
现场工器具、材料、设备	(1) 工器具：电缆支架、液压钳及模具、钢锯、锯条、铁皮剪刀、裁纸刀、电缆刀、钢丝钳、尖嘴钳、钢尺、锉刀、平口起子、常用个人电工工具、脚扣、踩板、安全帽、安全带、标示牌、工具包、手套、绳索、滑车。 (2) 材料：端子（与电缆截面积相符）、电缆附件（备3套终端头，不同规格各一套）、砂纸120号/240号、电缆清洁纸、自黏胶带、硅脂膏、PVC胶带、电缆若干米
备注	

评分标准

序号	作业名称	质量要求	分值	扣分标准	扣分原因	得分
1	着装、穿戴	工作服、工作鞋、安全帽等穿戴正确	5	（1）没穿戴工作服（鞋）、安全帽扣5分。 （2）帽带松弛及衣、袖没扣，鞋带不系扣3分		
2	支撑、校直、外护套擦拭	为了便于操作，选好位置，将要进行施工的部分支架好，同时校直，擦去外护套上的污迹	2	一项工作未做扣1分		
3	将电缆断切面锯平	如果电缆三相线芯锯口不在同一平面上或导体切面凸凹不平应锯平	3	未按要求做扣3分		
4	校对施工尺寸	根据附件供应商提供的图纸，确定施工尺寸	5	尺寸与图纸不符扣2～5分		
5	操作程序控制	操作程序应按图纸进行	5	（1）程序错误扣5分。 （2）遗漏工序扣3分		
6	剥出外护套、铠装、内护层、内衬、铜屏蔽及外半导电层等	剥切时切口不平，金属切口有毛刺或伤及其下一层结构，应视为缺陷；绝缘表面干净、光滑、无残质	20	（1）尺寸不对扣2～5分。 （2）剥时伤及绝缘扣2～5分。 （3）剥口没处理成小斜坡、有毛刺扣2～5分。 （4）绝缘表面没处理干净扣2～5分		

评分标准						
序号	作业名称	质量要求	分值	扣分标准	扣分原因	得分
7	钢铠接地及铜屏蔽接地分开	固定应牢靠、美观。恒力弹簧接地上包绕填充胶，填充胶包绕应成形（橄榄状或苹果状）；再包绕绝缘自黏胶带，两接地之间有绝缘要求	5	（1）不牢固扣 1 分。 （2）两接地之间无绝缘扣 2 分。 （3）填充胶包绕不成形扣 2 分		
8	半导电胶带的绕包	在铜屏蔽和绝缘交接处用半导电胶带半搭盖方式紧密绕包，且起始与终点都在铜带上	5	（1）绕包位置不对扣 3 分。 （2）起始与终点不在铜带上扣 2 分		
9	冷缩三叉套管及绝缘管	清洁绝缘表面，并涂少许硅脂，三叉套管套于电缆根部，逆时针抽芯绳，先缩根部，后缩三叉。绝缘管与三叉套管有搭盖	5	（1）未均匀涂上硅脂扣 2 分。 （2）先缩三叉，后缩根部扣 1 分。 （3）绝缘管与三叉套管无搭盖扣 2 分		
10	剥削绝缘和导体压接端子	剥去绝缘处应削成铅笔状；压接端子既不可过度也不能不紧，以阴阳模接触为宜；压接后端子表面应打磨光滑	10	（1）未削成铅笔状扣 3 分。 （2）压接端子过度扣 3 分。 （3）端子表面未打磨扣 4 分		
11	端部密封	将绝缘端部与端子之间的空隙密封成锥形	5	不正确扣 5 分		
12	电缆吊装的安全工具准备	高空作业应戴安全帽；上杆作业应有登杆工具，系安全带，并备有必要的个人工具；所用绳索应经检验合格方能所用	5	（1）未对登杆工具进行冲击试验扣 2 分。 （2）安全带系绑错误扣 3 分		
13	夹具安装	抱箍、电缆夹具安装应牢固，上下夹具对齐	3	（1）安装不牢固扣 1 分。 （2）上下夹具不对齐扣 1 分。 （3）没用垫片 1 分		
14	电缆吊装	绳扣要牢固，且易解；吊点要合适，不影响终端固定；滑轮安装位置正确	10	（1）吊装不到位扣 3 分。 （2）绳扣不牢固扣 2 分。 （3）吊点不合适扣 2 分。 （4）滑轮安装位置不正确扣 3 分		

序号	作业名称	质量要求	分值	扣分标准	扣分原因	得分
		评分标准				
15	接地线连接	电缆终端的接地线与接地装置引出的接地连接，接地线截面积不小于25mm²，不允许用缠绕的方式连接	2	（1）连接不牢固扣1分。 （2）没用垫片扣1分		
16	安全文明生产	文明操作，禁止违章操作，不损坏工器具，清理施工现场，不发生安全生产事故	10	（1）有不安全行为扣3分。 （2）没清理现场扣4分。 （3）损坏元件、工器具扣3分		
考试开始时间			考试结束时间		合计	
考生栏	编号：	姓名：	所在岗位：	单位：	日期：	
考评员栏	成绩：	考评员：		考评组长：		

行业：电力工程　　　　　　工种：电力电缆工　　　　　　等级：三

编号	DL303（DL417）	行为领域	e	鉴定范围	
考核时间	90min	题型	B	含权题分	50
试题名称	10kV-XLPE电力电缆冷缩户外终端头制作并吊装				
考核要点及要求	（1）工作环境：现场操作场地及设备材料已完备。 （2）戴安全帽、穿工作服、穿绝缘鞋、带个人工具。 （3）剥切尺寸正确。 （4）剥切绝缘不得损伤缆芯。 （5）绝缘表面处理应干净、光滑。 （6）剥除铜屏蔽层及半导电层不得伤及下一层。 （7）绕包半导电胶带的起点和终点都要求在铜带上。 （8）电缆吊装到位。 （9）吊点正确				
现场工器具、材料、设备	（1）工器具：电缆支架、常用电工工具、脚扣、踩板、安全帽、安全带、标示牌、工具包、手套、绳索、滑车、液压钳及模具、钢锯、锯条、铁皮剪刀、裁纸刀、电缆刀、钢丝钳、尖嘴钳、钢尺、锉刀。 （2）材料：电缆附件（备3套终端头，不同规格各一套）、端子（与电缆截面积相符）、砂纸120号/240号、电缆清洁纸、自黏胶带、硅脂膏、PVC胶带、电缆若干米				
备注					

序号	作业名称	质量要求	分值	扣分标准	扣分原因	得分
			评分标准			
1	着装、穿戴	工作服、工作鞋、安全帽等穿戴正确	5	（1）没穿戴工作服（鞋）、安全帽扣5分。（2）帽带松弛及衣、袖没扣，鞋带不系扣3分		
2	支撑、校直、外护套擦拭	为了便于操作，选好位置，将要进行施工的部分支架好，同时校直，擦去外护套上的污迹	2	一项工作未做扣1分		
3	将电缆断切面锯平	如果电缆三相线芯锯口不在同一平面上或导体切面凸凹不平应锯平	3	未按要求做扣3分		
4	校对施工尺寸	根据附件供应商提供的图纸，确定施工尺寸	5	尺寸与图纸不符扣2～5分		
5	操作程序控制	操作程序应按图纸进行	5	（1）程序错误扣3分。（2）遗漏工序扣2分		
6	剥出外护套、铠装、内护层、内衬、铜屏蔽及外半导电层等	剥切时切口不平，金属切口有毛刺或伤及其下一层结构，应视为缺陷；绝缘表面干净、光滑、无残质	20	（1）尺寸不对扣2～5分。（2）剥时伤及绝缘扣2～5分。（3）剥口没处理成小斜坡、有毛刺扣2～5分。（4）绝缘表面没处理干净扣2～5分		
7	钢铠接地及铜屏蔽接地分开	固定应牢靠、美观。恒力弹簧接地上绕包填充胶，填充胶包绕应成形（橄榄状或苹果状）；再包绕J20绝缘自黏胶带，两接地之间有绝缘要求。应讲明接地为什么要分开	5	（1）不牢固扣1分。（2）两接地之间无绝缘扣1分。（3）填充胶包绕不成形扣1分。（4）不能讲明接地分开原理扣2分		
8	半导电胶带的绕包	在铜屏蔽和绝缘交接处用半导电胶带半搭盖方式紧密绕包，且起始与终点都在铜带上	5	（1）绕包位置不对扣3分。（2）起始与终点不在铜带上扣2分		
9	冷缩三叉套管及绝缘管	清洁绝缘表面，并用少许硅脂，三叉套管套于电缆根部，逆时针抽芯绳，先缩根部，后缩三叉。绝缘套管与三叉套管有搭盖	5	（1）未均匀涂上硅脂扣2分。（2）先缩三叉，后缩根部扣1分。（3）绝缘管与三叉套管无搭盖扣2分		

134

序号	作业名称	质量要求	分值	扣分标准	扣分原因	得分
		评分标准				
10	剥削绝缘和导体压接端子	剥去绝缘处应削成铅笔状；压接端子既不可过度也不能不紧，以阴阳模接触为宜；压接后端子表面应打磨光滑	10	(1) 未削成铅笔状扣3分。 (2) 压接端子过度扣3分。 (3) 端子表面未打磨扣4分		
11	端部密封	将绝缘端部与端子之间的空隙密封成锥形	5	(1) 未密封扣5分。 (2) 密封不正确扣3分		
12	电缆吊装的安全工具准备	高空作业应戴安全帽；上杆作业应有登杆工具，系安全带，并备有必要的个人工具；所用绳索应经检验合格方能所用	5	(1) 未对登杆工具进行外观检查和合格证检查扣2分。 (2) 没对登杆工具做冲击试验扣2分。 (3) 安全带系绑错误扣1分		
13	夹具安装	抱箍、电缆夹具安装应牢固，上下夹具对齐	3	(1) 安装不牢固扣1分。 (2) 上下夹具不对齐扣1分。 (3) 没用垫片1分		
14	电缆吊装	绳扣要牢固，且易解；吊点要合适，不影响终端固定；滑轮安装位置正确	10	(1) 吊装不到位扣3分。 (2) 绳扣不牢固扣2分。 (3) 吊点不合适扣2分。 (4) 滑轮安装位置不正确扣3分		
15	接地线连接	电缆终端的接地线与接地装置引出的接地连接，接地线截面积不小于25mm²，不允许用缠绕的方式连接	2	(1) 连接不牢固扣1分。 (2) 没用垫片扣1分		
16	安全文明生产	文明操作，禁止违章操作，不损坏工器具，不发生安全生产事故	10	(1) 有不安全行为扣5分。 (2) 损坏元件、工器具扣5分		

考试开始时间			考试结束时间		合计	

考生栏	编号：	姓名：	所在岗位：	单位：	日期：
考评员栏	成绩：	考评员：		考评组长：	

DL418 (DL304) 外护套故障修复处理

一、施工

(一)工器具、材料

(1)工器具：2500V 绝缘电阻表一块；直流耐压试验装置一套；玻璃片若干；燃气喷枪。

(2)材料：YJLW$_{02}$-64/110kV-1×400 交联聚乙烯绝缘电力电缆 3m 以上（设置故障点，两端剥切）；阻水带、绝缘自黏胶带、PVC 胶带、半导电胶带、热缩拉链管。

(二)施工的安全要求

(1)人员着装规范。

(2)动火作业、电气试验及操作遵循相关工作规程。

(3)使用玻璃片时注意划手。

(三)施工步骤与要求

1. 施工要求

(1)考核主要内容：故障点的处理，各种带材的选择和使用，带材的拉伸及搭接要求，收缩热缩管的操作，绝缘电阻试验，直流耐压试验。

(2)电缆型号：YJLW$_{02}$-64/110kV-1×400 交联聚乙烯绝缘电力电缆。

(3)要求考生能正确对电缆外护套故障进行修补，达到外护套绝缘水平要求；能正确操作使用设备仪器。

(4)带材的选择和使用方法正确。

(5)该项目由 2 名考生配合完成。

2. 操作步骤

(1)故障点的进潮判断和预处理。将故障点处理干净，确认外护套内没有进潮。用玻璃片将电缆外护套故障点周围 10cm 的石墨层去除。将故障点两侧各 60cm 的电缆本体清理干净。

(2)绕包阻水带。取一小段绝缘自黏胶带，处理成一小团，填充在故障点的凹处填平。绕包 4 层阻水带，以故障点为中点，向两侧各延伸 10cm。

（3）绕包绝缘自黏胶带。绕包 8 层绝缘自黏胶带，以故障点为中点，向两侧各延伸 20cm。拉伸 100％，搭接 50％。

（4）绕包半导电胶带。绕包 2 层半导电胶带，以故障点为中点，向两侧各延伸 30cm。

（5）绕包 PVC 胶带。绕包 2 层 PVC 胶带，以故障点为中点，向两侧各延伸 40cm。

（6）热缩拉链管。在两侧 PVC 胶带断口处分别再绕包 4 层阻水带。套上热缩拉链管，用燃气喷枪加热缩紧。注意局部温度不宜太高，均匀加热，使热缩拉链管收缩充分。

（7）绝缘试验。对处理完的电缆外护套做绝缘电阻试验和直流耐压试验，直流耐压标准为 DC 5000V/1min。

（8）清理现场。清理现场，清点工器具仪表，汇报完工。

二、考核

（一）考核所需用的工器具、材料、设备与场地

（1）工器具：2500V 绝缘电阻表一块；直流耐压试验装置一套；玻璃片若干；燃气喷枪。

（2）材料：$YJLW_{02}$-64/110kV-1×400 交联聚乙烯绝缘电力电缆 3m 以上（设置故障点，两端剥切）；阻水带、绝缘自黏胶带、PVC 胶带、半导电胶带、热缩拉链管。

（3）场地：

1）场地需有 4 个工位，每个工位有 $YJLW_{02}$-64/110kV-1×400 交联聚乙烯绝缘电力电缆模拟线路至少 3m 以上，设置故障点，两端剥切。

2）室内场地应有照明、通风、消防措施及 220V 电源。

3）室内场地有良好的电气接地极。

4）设置 2 套评判桌椅和计时秒表。

（二）考核要点

（1）考核主要内容：故障点的处理、各种带材的选择和使用、带材的拉伸及搭接要求、收缩热缩管的操作、绝缘电阻试验、直流耐压试验。

（2）电缆型号：$YJLW_{02}$-64/110kV-1×400 交联聚乙烯绝缘电力电缆。

（3）要求考生能正确对电缆外护套故障进行修补，达到外护套绝缘水平要求；能正确操作使用设备仪器。

（4）带材的选择和使用方法正确。

（5）该项目由 2 名考生配合完成。

（6）发生安全事故，本项考核不及格。

（三）考核时间

（1）考核时间为 60min。

（2）选用工器具、设备、材料时间 5min，时间到停止选用，节约用时不纳入考核时间。

（3）许可开工后记录考核开始时间。

（4）现场清理完毕后，汇报工作终结，记录考核结束时间。

（四）对应技能鉴定级别考核内容

该项目适合三级工和四级工两个级别的考核。其中三级工要求热缩拉链管，四级工不需要进行此环节。

三、评分参考标准

行业：电力工程　　　　　　　工种：电力电缆工　　　　　　　等级：四

编号	DL418（DL304）	行为领域	e	鉴定范围	
考核时间	60min	题型	A	含权题分	50
试题名称	外护套故障修复处理				
考核要点及要求	（1）考核主要内容：故障点的处理、各种带材的选择和使用、带材的拉伸及搭接要求、收缩热缩管的操作、绝缘电阻试验、直流耐压试验。 （2）电缆型号：$YJLW_{02}$ - 64/110kV - 1×400 交联聚乙烯绝缘电力电缆。 （3）要求考生能正确对电缆外护套故障进行修补，达到外护套绝缘水平要求；能正确操作使用设备仪器。 （4）带材的选择和使用方法正确。 （5）该项目由 2 名考生配合完成				
现场工器具、材料	（1）工器具：2500V 绝缘电阻表一块；直流耐压试验装置一套；玻璃片若干；燃气喷枪。 （2）材料：$YJLW_{02}$ - 64/110kV - 1×400 交联聚乙烯绝缘电力电缆 3m 以上（设置故障点，两端剥切）；阻水带、绝缘自黏胶带、PVC胶带、半导电胶带、热缩拉链管				
备注					

评分标准							
序号	作业名称	质量要求	分值	扣分标准		扣分原因	得分
1	着装	正确佩戴安全帽，穿工作服，穿绝缘鞋	5	（1）没穿戴工作服（鞋）、安全帽扣5分。 （2）帽带松弛及衣、袖没扣、鞋带不系扣3分			

<table>
<tr><td colspan="8" align="center">评分标准</td></tr>
<tr>
<td>序号</td>
<td>作业名称</td>
<td>质量要求</td>
<td>分值</td>
<td>扣分标准</td>
<td>扣分原因</td>
<td>得分</td>
</tr>
<tr>
<td>2</td>
<td>工器具、材料准备</td>
<td>工器具、仪表、材料选用准确、齐全</td>
<td>5</td>
<td>（1）未进行工器具检查扣2分。
（2）工器具、材料漏选或有缺陷扣3分</td>
<td></td>
<td></td>
</tr>
<tr>
<td>3</td>
<td colspan="6">故障点的进潮判断和预处理</td>
</tr>
<tr>
<td>3.1</td>
<td>判断进潮</td>
<td>将故障点处理干净，确认外护套内没有进潮</td>
<td>8</td>
<td>未正确验证是否进潮扣5分</td>
<td></td>
<td></td>
</tr>
<tr>
<td>3.2</td>
<td>石墨层去除</td>
<td>使用玻璃片将电缆外护套故障点周围10cm的石墨层去除</td>
<td>10</td>
<td>未完全除去石墨层扣8分</td>
<td></td>
<td></td>
</tr>
<tr>
<td>3.3</td>
<td>电缆本体清理</td>
<td>将故障点两侧各60cm的电缆本体清理干净</td>
<td>7</td>
<td>（1）清理不彻底扣4分。
（2）未清理扣7分</td>
<td></td>
<td></td>
</tr>
<tr>
<td>4</td>
<td>填充故障点</td>
<td>取一小段绝缘自黏胶带，处理成一小团，填充在故障点的凹处填平</td>
<td>5</td>
<td>（1）未填充扣5分。
（2）填充不平整扣2分</td>
<td></td>
<td></td>
</tr>
<tr>
<td>5</td>
<td>绕包阻水带</td>
<td>绕包4层阻水带，以故障点为中点，向两侧各延伸10cm</td>
<td>5</td>
<td>（1）绕包手法不熟练扣2分。
（2）层数不达标扣2分。
（3）延伸距离不达标扣1分</td>
<td></td>
<td></td>
</tr>
<tr>
<td rowspan="2">6</td>
<td rowspan="2">绕包绝缘自黏胶带</td>
<td>绕包8层绝缘自黏胶带，以故障点为中点，向两侧各延伸20cm</td>
<td>10</td>
<td>（1）绕包手法不熟练扣4分。
（2）层数不达标扣3分。
（3）延伸距离不达标扣3分</td>
<td></td>
<td></td>
</tr>
<tr>
<td>拉伸100%，搭接50%</td>
<td>5</td>
<td>拉伸率和搭接程度不达标扣5分</td>
<td></td>
<td></td>
</tr>
<tr>
<td>7</td>
<td>绕包半导电胶带</td>
<td>绕包2层半导电胶带，以故障点为中点，向两侧各延伸30cm</td>
<td>10</td>
<td>（1）绕包手法不熟练扣4分。
（2）层数不达标扣3分。
（3）延伸距离不达标扣3分</td>
<td></td>
<td></td>
</tr>
<tr>
<td>8</td>
<td>绕包PVC胶带</td>
<td>绕包2层PVC胶带，以故障点为中点，向两侧各延伸40cm</td>
<td>10</td>
<td>（1）绕包手法不熟练扣4分。
（2）层数不达标扣3分。
（3）延伸距离不达标扣3分</td>
<td></td>
<td></td>
</tr>
<tr>
<td>9</td>
<td>绝缘试验</td>
<td></td>
<td></td>
<td></td>
<td></td>
<td></td>
</tr>
</table>

	评分标准					
序号	作业名称	质量要求	分值	扣分标准	扣分原因	得分
9.1	绝缘电阻试验	对处理完工的电缆外护套做绝缘电阻试验	5	方法不正确扣3分		
9.2	直流耐压试验	直流耐压试验,标准为DC 5000V/1min	10	(1)接线错误扣5分。 (2)未按照规范值进行耐压扣5分		
10	清理现场	清理现场,清点工器具仪表,汇报完工	5	(1)清理不完全扣3分。 (2)未汇报完工扣2分		
考试开始时间				考试结束时间		合计
考生栏	编号:	姓名:		所在岗位:	单位:	日期:
考评员栏	成绩:	考评员:			考评组长:	

行业:电力工程　　　　　　工种:电力电缆工　　　　　　等级:三

编号	DL304(DL418)	行为领域	e	鉴定范围	
考核时间	60min	题型	A	含权题分	50
试题名称	外护套故障修复处理				
考核要点及要求	(1)考核主要内容:故障点的处理、各种带材的选择和使用、带材的拉伸及搭接要求、收缩热缩管的操作、绝缘电阻试验、直流耐压试验。 (2)电缆型号:YJLW$_{02}$-64/110kV-1×400交联聚乙烯绝缘电力电缆。 (3)要求考生能正确对电缆外护套故障进行修补,达到外护套绝缘水平要求;能正确操作使用设备仪器。 (4)带材的选择和使用方法正确。 (5)该项目由2名考生配合完成				
现场工器具、材料	(1)设备、工器具:2500V绝缘电阻表一块;直流耐压试验装置一套;玻璃片若干;燃气喷枪。 (2)材料:YJLW$_{02}$-64/110kV-1×400交联聚乙烯绝缘电力电缆3m以上(设置故障点,两端剥切);阻水带、绝缘自黏胶带、PVC胶带、半导电胶带、热缩拉链管				
备注					

	评分标准					
序号	作业名称	质量要求	分值	扣分标准	扣分原因	得分
1	着装	正确佩戴安全帽,穿工作服,穿绝缘鞋	5	(1)没穿戴工作服(鞋)、安全帽扣5分。 (2)帽带松弛及衣、袖没扣,鞋带不系扣3分		

序号	作业名称	质量要求	分值	扣分标准	扣分原因	得分
		评分标准				
2	工器具、材料准备	工器具、仪表、材料选用准确、齐全	5	（1）未进行工器具检查扣5分。 （2）工器具、材料漏选或有缺陷扣3分		
3	故障点的进潮判断和预处理					
3.1	判断进潮	将故障点处理干净，确认外护套内没有进潮	3	未正确验证是否进潮扣3分		
3.2	石墨层去除	使用玻璃片将电缆外护套故障点周围10cm的石墨层去除	5	未完全除去石墨层扣5分		
3.3	电缆本体清理	将故障点两侧各60cm的电缆本体清理干净	2	（1）清理不彻底扣1分。 （2）未清理扣2分		
4	填充故障点	取一小段绝缘自黏带，处理成一小团，填充在故障点的凹处填平	5	（1）未填充扣5分。 （2）填充不平整扣2分		
5	绕包阻水带	绕包4层阻水带，以故障点为中点，向两侧各延伸10cm	5	（1）绕包手法不熟练扣2分。 （2）层数不达标扣2分。 （3）延伸距离不达标扣1分		
6	绕包绝缘自黏胶带	绕包8层绝缘自黏胶带，以故障点为中点，向两侧各延伸20cm	10	（1）绕包手法不熟练扣4分。 （2）层数不达标扣3分。 （3）延伸距离不达标扣3分		
		拉伸100%，搭接50%	5	拉伸率和搭接程度不达标扣5分		
7	绕包半导电胶带	绕包2层半导电胶带，以故障点为中点，向两侧各延伸30cm	10	（1）层数不达标扣5分。 （2）延伸距离不达标扣5分		
8	绕包PVC胶带	绕包2层PVC胶带，以故障点为中点，向两侧各延伸40cm	10	（1）绕包手法不熟练扣4分。 （2）层数不达标扣3分。 （3）延伸距离不达标扣3分		
9	绕包阻水带	在两侧PVC胶带断口处分别再绕包4层阻水带	5	（1）层数不达标扣3分。 （2）延伸距离不达标扣2分		

				评分标准			
序号	作业名称	质量要求	分值	扣分标准		扣分原因	得分
10	热缩拉链管	套上热缩拉链管，使用燃气喷枪加热缩紧	5	燃气喷枪使用不安全扣5分			
11	温度控制	注意局部温度不宜太高，均匀加热，使热缩拉链管收缩充分	5	收缩不均匀扣5分			
12	绝缘试验						
12.1	绝缘电阻试验	对处理完的电缆外护套做绝缘电阻试验	5	方法不正确扣5分			
12.2	直流耐压试验	直流耐压试验，标准为DC 5000V/1min	10	（1）接线错误扣5分。（2）未按照规范值耐压扣5分			
13	清理现场	清理现场、清点工器具仪表，汇报完工	5	（1）清理不完全扣3分。（2）未汇报完工扣2分			
考试开始时间				考试结束时间		合计	
考生栏	编号：	姓名：		所在岗位：	单位：	日期：	
考评员栏	成绩：	考评员：			考评组长：		

DL419 (DL305)　电缆路径及埋设深度探测，绘出直线图和单相埋设深度断面图

一、施工

（一）工器具、设备
（1）工器具：常用电工工具、安全帽、安全遮栏、标示牌、反光背心。
（2）设备：音频信号发生器、电缆路径探测仪、探棒、耳机、测试线。

（二）施工的安全要求
（1）需持工作票得到许可后方可开工。
（2）需设监护人一名，专职监护操作人的交通安全。
（3）需穿醒目的反光背心。
（4）在电缆两端设置围栏并挂上标示牌。

（三）施工要求与步骤
1．施工要求
（1）应用电缆路径探测仪进行电缆路径探测及埋深探测，电缆敷设路径至少有2个弯道，电缆深度探测3个点。
（2）电缆路径探测仪连接线安装正确，连接线与仪器之间的连接必须牢固。
（3）正确、规范地使用仪器仪表。
（4）使用结束后，必须立即对仪器仪表及被测设备进行放电。
（5）操作人员必须与带电设备保持足够安全距离。

2．操作步骤
（1）准备工作。
1）着装规范，需穿醒目的反光背心。
2）设置围栏并挂上警告标示牌。
3）检查仪器仪表。
（2）工作过程。
1）将电缆路径探测仪的测试线接在被测电缆上，开机。
2）探棒接于定点仪的输入，耳机接于定点仪的输出，定点仪工作于路径状态。

（3）路径探测。

1）探棒与地面垂直（音谷法），如图 DL419-1 所示。并左右移动。信号最小时，探棒下方即是电缆埋设位置；一边向前走，一边左右移动，寻找信号最小处，多点连线，即为路径。

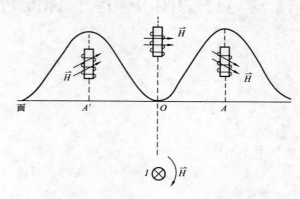

图 DL419-1　音谷法探路径

2）探棒与地面平行（音峰法），如图 DL419-2 所示。并左右移动。信号最大时，探棒下方即是电缆埋设位置；一边向前走，一边左右移动，寻找信号最大处，多点连线，即为路径。

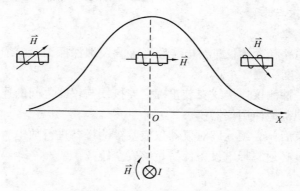

图 DL419-2　音峰法探路径

（4）埋深探测。埋深探测如图 DL419-3 所示，在已测准的电缆路径某一点，将探棒与地面倾斜 45°，垂直于该段电缆路径的走向，向左或右移动，信号最小时，探棒所平移的距离 BB，即为电缆的埋深。

（5）关机。

（6）绘制电缆路径图及埋深断面图。

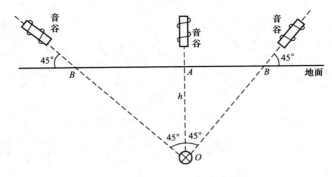

图 DL419-3　埋深探测

(7) 工作终结。清理仪器仪表，工器具归位，退场。

二、考核

（一）考核所需用的工器具、设备与场地

(1) 工器具：常用电工工具、安全帽、安全遮栏、标示牌、反光背心。

(2) 设备：音频信号发生器、定点仪、探棒、耳机、测试线。

(3) 场地：

1) 需在有多根不同型号电缆共处一处的场合。应能容纳 4 人以上，并保证工位间的距离合适，不应影响试验时各方的人身安全。

2) 室内场地应有照明、通风或降温设施。

3) 室内场地有 220V 电源插座。

4) 工器具按同时开设工位数确定，并有备用。

5) 设置 2 套评判桌椅和计时秒表。

（二）考核要点

(1) 工作服、工作鞋、安全帽、反光背心等穿戴正确。

(2) 必须正确、规范地使用仪器仪表。

(3) 路径探测正确。

(4) 埋深探测正确。

(5) 电缆路径图绘图正确。

(6) 电缆埋深断面图绘图正确。

(7) 发生安全事故，本项考核不及格。

（三）考核时间

(1) 四级工、三级工的考核时间分别为 50、40min。

(2) 选用工器具、设备、材料时间 5min，时间到停止选用，节约用时不纳入

考核时间。

    （3）许可开工后记录考核开始时间。

    （4）现场清理完毕后，汇报工作终结，记录考核结束时间。

三、评分参考标准

行业：电力工程　　　　　　　工种：电力电缆工　　　　　　　等级：四

编号	DL419（DL305）	行为领域	e	鉴定范围	
考核时间	50min	题型	B	含权题分	25
试题名称	电缆路径及埋设深度探测				
考核要点及要求	（1）用电缆路径探测仪进行电缆路径探测及埋深探测，电缆敷设路径至少有2个弯道，电缆深度探测3个点。 （2）必须正确、规范地使用仪器仪表。 （3）路径探测正确。 （4）埋深探测正确。 （5）工作服、工作鞋、安全帽、反光背心等穿戴正确				
现场工器具、设备	（1）工器具：常用电工工具、安全帽、安全遮栏、标示牌、反光背心。 （2）设备：音频信号发生器、定点仪、探棒、耳机、测试线				
备注					

		评分标准					
序号	作业名称	质量要求	分值	扣分标准	扣分原因	得分	
1	着装、穿戴	工作服、工作鞋、安全帽等穿戴正确	5	（1）没穿戴工作服（鞋）、安全帽扣5分。 （2）帽带松弛及衣、袖没扣，鞋带不系扣3分			
2	仪器接线	发射机与电缆接线方法正确；接收机与传感器接线方法正确	5	接线方法错误扣5分			
3	通信联络	工作前确定操作人员间的联络方式，确保通信畅通，提高工作效率	5	未能保持正常通信扣5分			
4	仪器使用	正确开关机，会使用仪器菜单选项	10	（1）仪器使用不熟练扣5分。 （2）不会使用扣10分			
5	路径探测	（1）路径探测正确。 （2）电缆路径图绘图正确	25	（1）探测错误扣5～15分。 （2）绘图不明确，未标定参照物扣5分。 （3）绘图错误扣5分			

			评分标准				
序号	作业名称	质量要求	分值	扣分标准		扣分原因	得分
6	埋深探测	（1）对设定的3个点埋深探测正确。 （2）电缆埋深断面图绘图正确	35	（1）探测错误，每个点扣10～25分。 （2）绘图不明确，未标定参照物扣5分。 （3）绘图错误扣5分			
7	工作终结	（1）仪器仪表归位和整理各种临时用线。 （2）工作现场清理干净，报告工作全部完成	5	（1）仪器未归位，连接线未整理扣3分。 （2）现场清理不干净，未报告完工扣2分			
8	安全文明生产	文明操作，禁止违章操作，不损坏工器具，不发生安全生产事故	10	（1）有不安全行为每次扣5分。 （2）损坏元件、工器具扣5分			
考试开始时间				考试结束时间		合计	
考生栏		编号：　　姓名：		所在岗位：　　　单位：　　　日期：			
考评员栏		成绩：　　考评员：		考评组长：			

行业：电力工程　　　　　　工种：电力电缆工　　　　　　等级：三

编号	DL305 (DL419)	行为领域	e	鉴定范围	
考核时间	40min	题型	B	含权题分	25
试题名称	电缆路径及埋设深度探测				
考核要点及要求	（1）用电缆路径探测仪进行电缆路径探测及埋深探测，电缆敷设路径至少有2个弯道，电缆深度探测3个点。 （2）必须正确、规范地使用仪器仪表。 （3）路径探测正确。 （4）埋深探测正确。 （5）工作服、工作鞋、安全帽、反光背心等穿戴正确				
现场工器具、设备	（1）工器具：常用电工工具、安全帽、安全遮栏、标示牌、反光背心。 （2）设备：音频信号发生器、定点仪、探棒、耳机、测试线				
备注					

			评分标准				
序号	作业名称	质量要求	分值	扣分标准		扣分原因	得分
1	着装、穿戴	工作服、工作鞋、安全帽等穿戴正确	5	（1）没穿戴工作服（鞋）、安全帽扣5分。 （2）帽带松弛及衣、袖没扣，鞋带不系扣3分			

		评分标准					
序号	作业名称	质量要求	分值	扣分标准		扣分原因	得分
2	仪器接线	发射机与电缆接线方法正确；接收机与传感器接线方法正确	5	接线方法错误扣 5 分			
3	通信联络	工作前确定操作人员间的联络方式，确保通信畅通，提高工作效率	5	未能保持正常通信扣 5 分			
4	仪器使用	正确开关机，会使用仪器菜单选项	10	（1）仪器使用不熟练扣 5 分。 （2）不会使用扣 10 分			
5	路径探测	（1）路径探测正确。 （2）电缆路径图绘图正确	25	（1）探测错误扣 15 分。 （2）绘图不明确，未标定参照物扣 5 分。 （3）绘图错误扣 5 分			
6	埋深探测	（1）对设定的 3 个点埋深探测正确。 （2）电缆埋深断面图绘图正确	35	（1）探测错误扣 10~25 分。 （2）绘图不明确，未标定参照物扣 5 分。 （3）绘图错误扣 5 分			
7.	工作终结	（1）仪器仪表归位和整理各种临时用线。 （2）工作现场清理干净，报告工作全部完成	5	（1）仪器未归位，连接线未整理扣 3 分。 （2）现场清理不干净，未报告完工扣 2 分			
8	安全文明生产	文明操作，禁止违章操作，不损坏工器具，不发生安全生产事故	10	（1）有不安全行为每次扣 5 分。 （2）损坏元件、工器具扣 5 分			
考试开始时间			考试结束时间			合计	
考生栏		编号： 姓名： 所在岗位： 单位： 日期：					
考评员栏		成绩： 考评员： 考评组长：					

硅橡胶插入式T型电缆头制作

一、施工

（一）工器具、材料、设备

（1）工器具：电缆支架、常用电工工具、安全帽、安全带、标示牌、工具包、手套钢锯、锯条、铁皮剪子、裁纸刀、电缆刀、钢丝钳、尖嘴钳、钢尺、锉刀、平口起子、燃气喷枪、灭火器。

（2）材料：端子（与电缆截面积相符）、电缆附件、砂纸120号/240号、电缆清洁纸、自黏胶带、PVC胶带、硅脂。

（3）设备：液压钳及模具。

（二）施工的安全要求

（1）防刀具伤人。用刀时刀口向外，不准对着人体。工作过程中，注意轻接轻放。

（2）防使用燃气喷枪时烫伤。使用燃气喷枪时，喷嘴不准对着人体及设备。燃气喷枪使用完毕，放置在安全地点，冷却后装运。

（三）施工步骤与要求

1. 操作步骤

（1）准备工作。

1）着装规范。

2）选择工器具。

3）选择材料。

（2）工作过程。

1）剥切外护套及钢铠。按电缆附件所示尺寸剥除外护套，自外护套切口处保留25mm（去漆），用铜绑线绑扎固定后其余剥除。注意切割深度不得超过铠装厚度的2/3，切口应平齐，不应有尖角、锐边，切割时勿伤内层结构。

2）用锉刀打磨钢铠层。

3）用恒力弹簧将接地线固定在钢铠层上。

4）剥切内护套。

5）用恒力弹簧将接地线固定在铜屏蔽层上。

6）包绕填充胶，注意绕包表面应连续、光滑。

7）套入三叉套管及绝缘管，依次热缩固定。注意火焰朝收缩方向，加热时火焰应不断旋转、移动。

8）按附件厂家尺寸剥切多余绝缘管，注意不得伤及铜屏蔽层。

9）按附件厂家尺寸剥除铜屏蔽层，注意不得伤及下一层。

10）按附件厂家尺寸剥除外半导电屏蔽层，注意切口应平齐，不得留有残迹，切勿伤及主绝缘层。

11）按附件厂家尺寸剥切主绝缘层，注意不得伤及线芯。

12）绝缘表面清洁处理。用清洁剂清洁电缆绝缘层表面，如主绝缘表面有划伤、凹坑或残留半导电颗粒，可用砂纸打磨。

13）绕包半导电胶带，从铜屏蔽切断处包住，向下覆盖至绝缘管。

14）用 PVC 胶带在绝缘管上做好应力锥安装记号。

15）在应力锥内及绝缘层表面涂抹硅脂。

16）将应力锥推至所做记号处。

17）压接接线端子，压接后应除尖角、毛刺，并清洗干净。

18）装配 T 型插头。

19）连接电缆接地线。

（3）工作终结。清理现场杂物，清点工器具，工器具归位，退场。

2. 施工要求

（1）剥切铠装的切割深度不得超过铠装厚度的 2/3，切口应平齐不应有尖角、锐边，切割时勿伤内层结构。

（2）剥切铜屏蔽，切口应平齐，不得留有尖角。

（3）剥切外半导电层，切口应平齐，不得留有残迹。

（4）剥切内衬层不得伤及铜屏蔽层。

（5）剥切外半导不得伤及主绝缘层。

（6）剥切主绝缘层不得伤及线芯。

（7）用电缆清洁纸清洁绝缘层表面。

（8）填充胶包绕应成形（橄榄状或苹果状）。

（9）接线端子压接后除尖角、毛刺。

（10）绕包半导电胶带应连续、光滑。

（11）钢铠接地与铜屏蔽接地之间有绝缘要求。

（12）应力锥安装位置正确。

（13）T型插头装配正确。

二、考核

（一）考核所需用的工器具、材料、设备与场地

（1）工器具：电缆支架、常用电工个人工具、安全帽、安全带、标示牌、工具包、手套钢锯、锯条、铁皮剪子、裁纸刀、电缆刀、钢丝钳、尖嘴钳、钢尺、锉刀、平口起子、燃气喷枪、灭火器。

（2）材料：端子（与电缆截面积相符）、电缆附件、砂纸 120 号/240 号、电缆清洁纸、自黏胶带、PVC 胶带、硅脂。

（3）设备：液压钳及模具。

（4）场地：

1）场地面积能同时满足多个工位的需求，并保证工位间的距离合适，不应影响电缆制作时各方的人身安全。

2）室内场地应有照明、通风或降温设施。

3）室内场地有 220V 电源插座，除照明、通风或降温设施外，不少于 4 个工位数。地面应铺有绝缘垫。

4）工器具按同时开设工位数确定，并有备用。

5）设置 2 套评判桌椅和计时秒表。

（二）考核要点

（1）本操作可由一人辅助实施，但不得有提示性行为；考生就位，经许可后开始工作，工作服、工作鞋、安全帽等穿戴规范。

（2）易燃用具单独放置；会正确使用，摆放整齐。

（3）剥切尺寸应正确。

（4）剥切上一层不得伤及下一层。

（5）绝缘表面处理应干净、光滑。

（6）端子压接后除尖角、毛刺。

（7）应力锥安装位置正确。

（8）钢铠接地与铜屏蔽接地之间有绝缘要求。

（9）T型插头装配正确。

（10）安全文明生产，规定时间内完成，时间到后停止操作，按所完成的内容计分，未完成部分均不得分。工器具、材料不随意乱放。

（11）发生安全事故，本项考核不及格。

（三）考核时间

（1）考核时间为 150min。

（2）选用工器具、设备、材料时间 5min，时间到停止选用，节约用时不纳入考核时间。

（3）许可开工后记录考核开始时间。

（4）现场清理完毕后，汇报工作终结，记录考核结束时间。

（四）对应技能鉴定级别考核内容

（1）三级工应完成：全套操作并说明为什么铠装接地与铜屏蔽接地要分开。

（2）四级工应完成：全套操作。

三、评分参考标准

行业：电力工程　　　　　　　工种：电力电缆工　　　　　　　等级：四

编号	DL420（DL306）	行为领域	e	鉴定范围	
考核时间	150min	题型	A	含权题分	50
试题名称	硅橡胶插入式 T 型电缆头安装				
考核要点及要求	（1）工作环境：现场操作场地及设备材料已完备。 （2）剥切尺寸正确。 （3）剥切绝缘不得损伤缆芯。 （4）绝缘表面处理应干净、光滑。 （5）剥除铜屏蔽层及半导电层不得伤及下一层。 （6）绕包半导电胶带的起点和终点都要求在铜带上。 （7）戴安全帽、穿工作服、穿绝缘鞋、带个人工具。 （8）T 型插头装配正确				
现场工器具、材料、设备	（1）工器具：电缆支架、常用电工个人工具、安全帽、安全带、标示牌、工具包、手套、钢锯、锯条、铁皮剪子、裁纸刀、电缆刀、钢丝钳、尖嘴钳、钢尺、锉刀、平口起子、燃气喷枪、灭火器。 （2）材料：端子（与电缆截面积相符）、电缆附件、砂纸 120 号/240 号、电缆清洁纸、自黏胶带、PVC 胶带、硅脂。 （3）设备：液压钳及模具				
备注					

			评分标准				
序号	作业名称	质量要求	分值	扣分标准	扣分原因	得分	
1	着装、穿戴	工作服、工作鞋、安全帽等穿戴正确	5	（1）没穿戴工作服（鞋）、安全帽扣 5 分。 （2）帽带松弛及衣、袖没扣，鞋带不系扣 3 分			
2	支撑、校直、外护套擦拭	为了便于操作，选好位置，将要进行施工的部分支架好，同时校直，擦去外护套上的污迹	2	一项工作未做扣 1 分			

<table>
<tr><td colspan="7" align="center">评分标准</td></tr>
<tr><td>序号</td><td>作业名称</td><td>质量要求</td><td>分值</td><td>扣分标准</td><td>扣分原因</td><td>得分</td></tr>
<tr><td>3</td><td>将电缆断切面锯平</td><td>如果电缆三相线芯锯口不在同一平面上或导体切面凸凹不平应锯平</td><td>3</td><td>未按要求做扣3分</td><td></td><td></td></tr>
<tr><td>4</td><td>校对施工尺寸</td><td>根据附件供应商提供的图纸,确定施工尺寸</td><td>5</td><td>尺寸与图纸不符扣2~5分</td><td></td><td></td></tr>
<tr><td>5</td><td>操作程序控制</td><td>操作程序应按图纸进行</td><td>5</td><td>(1)程序错误扣2分。
(2)遗漏工序扣3分</td><td></td><td></td></tr>
<tr><td>6</td><td>剥出外护套、铠装、内护层、内衬、铜屏蔽及外半导电层等</td><td>剥切时切口不平,金属切口有毛刺或伤及其下一层结构,应视为缺陷;绝缘表面干净、光滑、无残质,均匀涂上硅脂</td><td>20</td><td>(1)尺寸不对扣2~5分。
(2)剥时伤及绝缘扣2~5分。
(3)剥口没处理成小斜坡、有毛刺扣2~5分。
(4)绝缘表面没处理干净扣2~5分。
(5)未均匀涂上硅脂扣2~5分</td><td></td><td></td></tr>
<tr><td>7</td><td>绑扎和焊接</td><td>绑扎铠装及接地线,固定铜屏蔽要平整,不能松带;焊点应平滑、牢固,焊点厚度不大于4mm</td><td>5</td><td>(1)焊点不牢固扣2分。
(2)焊点厚度大于4mm扣1分。
(3)铜屏蔽不平整、松带扣1分。
(4)接地线绑扎不紧扣1分</td><td></td><td></td></tr>
<tr><td>8</td><td>铠装接地及铜屏蔽接地分开</td><td>固定应牢靠、美观。恒力弹簧接地上包绕填充胶,填充胶包绕应成形(橄榄状或苹果状);再包绕J20绝缘自黏胶带,两接地之间有绝缘要求。应讲明接地为什么要分开</td><td>5</td><td>(1)不牢固扣1分。
(2)两接地之间无绝缘扣2分。
(3)填充胶包绕不成形扣2分</td><td></td><td></td></tr>
<tr><td>9</td><td>包绕填充胶和热缩三叉套管、绝缘管</td><td>填充胶包绕应成形(橄榄状或苹果状);三叉套管、绝缘管套入应到位,收缩紧密,管外表无灼伤痕迹;三叉套管由根部向两端加热,绝缘管由三叉根部向上加热</td><td>10</td><td>(1)填充胶包绕不成形扣3分。
(2)内外次序错误扣5分。
(3)管外表有灼伤痕迹扣2分</td><td></td><td></td></tr>
<tr><td>10</td><td>剥削绝缘和压接端子</td><td>绝缘切断处应平整;压接端子既不可过度也不能不紧,以阴阳模接触为宜;压接后端子表面应打磨光滑</td><td>5</td><td>(1)绝缘切断处不平整扣2~5分。
(2)压接端子过度扣2~5分。
(3)端子表面未打磨扣2~5分</td><td></td><td></td></tr>
</table>

序号	作业名称	质量要求	分值	扣分标准	扣分原因	得分
		评分标准				
11	绝缘表面外半导电层的处理及应力锥安装	半导电层与绝缘表面过渡整齐光滑，然后在界面过渡处绕包半导电胶带，并覆盖热缩管上端，将硅脂均匀涂于绝缘表面和应力锥内，但不能涂于半导电层上；将应力锥套于电缆上，推至正确位置	10	(1) 应力锥推不到位扣2～5分。 (2) 未涂硅脂扣3分。 (3) 半导电层与绝缘表面过渡不整齐光滑扣2～5分		
12	装配T型插头	用扳手将双头螺杆旋入插座，将压好端子应力锥的电缆推入T型套管；将T型头套入插座，旋上螺杆，套上端帽	10	(1) 安装不牢固扣2～5分。 (2) 装配错误扣10分		
13	接地线连接	电缆终端的接地线不允许用缠绕的方式连接	5	接地用缠绕的方式扣5分		
14	安全文明生产	文明操作，禁止违章操作，不损坏工器具，不发生安全生产事故	10	(1) 有不安全行为扣2～5分。 (2) 损坏元件、工器具扣2～5分		

考试开始时间			考试结束时间		合计	
考生栏	编号：	姓名：	所在岗位：	单位：	日期：	
考评员栏	成绩：	考评员：		考评组长：		

行业：电力工程　　　　　　　工种：电力电缆工　　　　　　等级：三

编号	DL306（DL420）	行为领域	e	鉴定范围	
考核时间	150min	题型	A	含权题分	50
试题名称	硅橡胶插入式T型电缆头制作				
考核要点及要求	(1) 工作环境：现场操作场地及设备材料已完备。 (2) 剥切尺寸正确。 (3) 剥切绝缘不得损伤缆芯。 (4) 绝缘表面处理应干净、光滑。 (5) 剥除铜屏蔽层及半导电层不得伤及下一层。 (6) 绕包半导电胶带的起点和终点都要求在铜带上。 (7) 戴安全帽、穿工作服、穿绝缘鞋、带个人工具。 (8) T型插头装配正确				

现场工器具、材料、设备		（1）工器具：电缆支架、常用电工个人工具、安全帽、安全带、标示牌、工具包、手套、钢锯、锯条、铁皮剪刀、裁纸刀、电缆刀、钢丝钳、尖嘴钳、钢尺、锉刀、平口起子、燃气喷枪、灭火器。 （2）材料：端子（与电缆截面积相符）、电缆附件、砂纸 120 号/240 号、电缆清洁纸、自黏胶带，PVC 带，硅脂。 （3）设备：液压钳及模具，电烙铁、焊锡丝、焊锡膏				
备注						
评分标准						
序号	作业名称	质量要求	分值	扣分标准	扣分原因	得分
1	着装、穿戴	工作服、工作鞋、安全帽等穿戴正确	5	（1）没穿戴工作服（鞋）、安全帽扣 5 分。 （2）帽带松弛及衣、袖没扣，鞋带不系扣 3 分		
2	支撑、校直、外护套擦拭	为了便于操作，选好位置，将要进行施工的部分支架好，同时校直，擦去外护套上的污迹	2	一项工作未做扣 1 分		
3	将电缆断切面锯平	如果电缆三相线芯锯口不在同一平面上或导体切面凸凹不平应锯平	3	未按要求做扣 3 分		
4	校对施工尺寸	根据附件供应商提供的图纸，确定施工尺寸	5	尺寸与图纸不符扣 2~5 分		
5	操作程序控制	操作程序应按图纸进行	5	（1）程序错误扣 2 分。 （2）遗漏工序扣 3 分		
6	剥出外护套、铠装、内护层、内衬、铜屏蔽及外半导电层等	剥切时切口不平，金属切口有毛刺或伤及其下一层结构，应视为缺陷；绝缘表面干净、光滑、无残质，均匀涂上硅脂	20	（1）尺寸不对扣 2~5 分。 （2）剥时伤及绝缘扣 2~5 分。 （3）剥口没处理成小斜坡、有毛刺扣 2~5 分。 （4）绝缘表面没处理干净扣 2~5 分。 （5）未均匀涂上硅脂扣 2~5 分		
7	绑扎和焊接	绑扎铠装及接地线，固定铜屏蔽要平整，不能松带；焊点应平滑、牢固，焊点厚度不大于 4mm	5	（1）焊点不牢固扣 2 分。 （2）焊点厚度大于 4mm 扣 1 分。 （3）铜屏蔽不平整、松带扣 1 分。 （4）接地线绑扎不紧扣 1 分		

続表

序号	作业名称	质量要求	分值	扣分标准	扣分原因	得分
		评分标准				
8	铠装接地及铜屏蔽接地分开	固定应牢靠、美观。恒力弹簧接地上包绕填充胶，填充胶包绕应成形（橄榄状或苹果状）；再包绕 J20 绝缘自黏胶带，两接地之间有绝缘要求。应讲明接地为什么要分开	5	（1）不牢固扣1分。（2）两接地之间无绝缘扣1分。（3）填充胶包绕不成形扣1分。（4）不能讲明接地分开原理扣2分		
9	包绕填充胶和热缩三叉套管、绝缘管	填充胶包绕应成形（橄榄状或苹果状）；三叉套管、绝缘管套入皆应到位，收缩紧密，管外表无灼伤痕迹；三叉套管由根部向两端加热，绝缘管由三叉根部向上加热	10	（1）填充胶包绕不成形扣2～5分。（2）内外次序错误扣5分。（3）管外表有灼伤痕迹扣2～5分		
10	剥削绝缘和压接端子	绝缘切断处应平整；压接端子既不可过度也不能不紧，以阴阳模接触为宜；压接后端子表面应打磨光滑	5	（1）绝缘切断处不平整扣2～5分。（2）压接端子过度扣2～5分。（3）端子表面未打磨扣2～5分		
11	绝缘表面外半导电层的处理及应力锥安装	半导电层与绝缘表面过渡整齐光滑，然后在界面过渡处绕包半导电胶带，并覆盖热缩管上端，将硅脂均匀涂于绝缘表面和应力锥内，但不能涂于半导电层上；将应力锥套于电缆上，推至正确位置位	10	（1）应力锥推不到位扣2～5分。（2）未涂硅脂扣3分。（3）半导电层与绝缘表面过渡不整齐光滑扣2～5分		
12	装配 T 型插头	用扳手将双头螺杆旋入插座，将压好端子应力锥的电缆推入 T 型套管；将 T 型头套入插座，旋上螺杆，套上端帽	10	（1）安装不牢固扣2～5分。（2）装配错误扣10分		
13	接地线连接	电缆终端的接地线不允许用缠绕的方式连接	5	接地用缠绕的方式扣5分		
14	安全文明生产	文明操作，禁止违章操作，不损坏工器具，不发生安全生产事故	10	（1）有不安全行为扣2～5分。（2）损坏元件、工器具扣2～5分		

| 考试开始时间 | | | | 考试结束时间 | | 合计 | |

| 考生栏 | 编号： 姓名： | 所在岗位： 单位： | 日期： |
| 考评员栏 | 成绩： 考评员： | 考评组长： | |

交叉互联系统试验检查

一、施工

（一）工器具

（1）个人电工工具一套，包括扳手、钢丝钳、起子。

（2）个人安全用具，包括绝缘鞋、绝缘手套、安全帽、工作服。

（3）记录用纸和笔。

（二）设备

（1）直流耐压试验成套装置。

（2）2500V 绝缘电阻表。

（3）1000V 绝缘电阻表。

（三）材料

110kV 电缆线路一个完整的交叉互联段。

（四）施工的安全要求

（1）做直流耐压试验时，遵循《国家电网公司安全工作规程（线路部分）》及《电气设备预防性试验规程》的相关要求。

（2）使用绝缘电阻表检查电缆外护套电阻时，需注意对电缆进行充分放电，防止残余电荷伤人。

（3）工器具和材料有序摆放。

（4）施工场地周围设置安全围栏。

（五）施工步骤与要求

1. 施工要求

（1）考核主要内容：电缆外护套直流耐压试验、护层保护器试验、交叉互联箱检查、接线正确性检查等，考察学员的电气试验技能及对电缆交叉互联接地系统的理解和掌握。

（2）该项目由 2 名考生配合完成。

2. 操作步骤

（1）直流耐压试验。主要包括电缆外护套、绝缘接头绝缘法兰、同轴电缆的直流耐压试验。对交叉互联接地系统中的三段电缆，分别使用 2500V 绝缘电阻表测量金属护套对地绝缘，记录下 60s 和 15s 的值，做好记录。然后使用直流耐压试验成套装置，分别对每段电缆外护套做直流耐压试验，逐步升压至 DC 5000V，记录泄漏电流。试验时须将护层保护器断开，在互联箱中将另一侧的三相电缆全部接地。

（2）护层保护器试验。使用 1000V 绝缘电阻表，测量护层保护器的绝缘电阻不低于 10MΩ。

（3）交叉互联箱检查。检查接地箱内污垢情况、积水情况，检查接地箱密封情况。

（4）接线正确性检查。首先通过绝缘接头的接地箱引出方向观察同轴电缆线芯和屏蔽层的连接方向，再检查接地箱中连接铜排的接线顺序、同轴电缆的进线相序，绘制交叉互联接线图。最后，通过绝缘电阻表再逐一核相，鉴别交叉互联接线图是否正确。

二、考核

（一）考核所需用的工器具、材料、设备与场地

1. 工器具

（1）电工个人工具一套。

（2）个人安全用具，包括绝缘鞋、绝缘手套、安全帽、工作服。

（3）记录用纸和笔。

2. 设备

（1）直流耐压试验成套装置。

（2）2500V 绝缘电阻表。

（3）1000V 绝缘电阻表。

3. 材料

110kV 电缆线路一个完整的交叉互联段。

4. 场地

（1）考核场地需有 110kV 电缆线路一个完整的交叉互联段，以及一段模拟线路为好。

（2）考核按照 2 人一个小组进行，外加配合人员 2 人。

（3）设置 2 套评判桌椅和计时秒表。

（二）考核要点

（1）考核主要内容：电缆外护套直流耐压试验、护层保护器试验、交叉互联箱检查、接线正确性检查等，考察学员的电气试验技能及对电缆交叉互联接地系统

的理解和掌握。

（2）该项目由 2 名考生配合完成。

（3）要求考生按提供各种试验记录和绘制的交叉互联接线图。

（4）该项目适合四级工和三级工的考核。其中三级工需要判断同轴电缆线芯和屏蔽层的连接方向。四级工可以直接查阅资料。

（5）发生安全事故，本项考核不及格。

（三）考核时间

（1）考核时间为 45min。

（2）选用工器具、设备、材料时间 15min，时间到停止选用。

（3）许可开工后记录考核开始时间。

（4）现场清理完毕后，汇报工作终结，记录考核结束时间。

三、评分参考标准

行业：电力工程　　　　　　工种：电力电缆工　　　　　　　　　等级：四

编号	DL421（DL307）	行为领域	e	鉴定范围	
考核时间	45min	题型	A	含权题分	25
试题名称	交叉互联系统试验检查				
考核要点及要求	考核主要内容：电缆外护套直流耐压试验、护层保护器试验、交叉互联箱检查、接线正确性检查等，考察学员的电气试验技能及对电缆交叉互联接地系统的理解和掌握				
现场设备、工器具、材料	个人安全用具，包括绝缘鞋、绝缘手套、安全帽、工作服；个人电工工具一套，包括扳手、钢丝钳、起子；直流耐压试验成套装置；2500V 绝缘电阻表；1000V 绝缘电阻表；110kV 电缆线路一个完整的交叉互联段；记录用纸和笔				
备注					

评分标准

序号	作业名称	质量要求	分值	扣分标准	扣分原因	得分
1	直流耐压试验					
1.1	个人着装、安全措施	穿好工作服，戴好安全帽，使用绝缘手套作业；试验现场设置安全围栏	5	（1）未着装扣 5 分。（2）着装不规范扣 3 分		
1.2	绝缘电阻试验	用 2500V 绝缘电阻表测量金属护套对地绝缘，记录下 60s 和 15s 的值，做好记录	5	（1）绝缘摇测接线错误扣 3 分。（2）没有达到时间扣 3 分		

序号	作业名称	质量要求	分值	扣分标准	扣分原因	得分
1.3	直流耐压试验	使用直流耐压试验成套装置，分别对每段电缆外护套做直流耐压试验，逐步升压至DC 5000V，记录泄漏电流。试验时须将护层保护器断开，在互联箱中将另一侧的三相电缆全部接地	10	（1）非试验相未接地扣5分。（2）接线错误扣5分。（3）升压速度过快扣2分。（4）未记录泄漏电流扣5分		
2	护层保护器试验	使用1000V绝缘电阻表，测量护层保护器的绝缘电阻不低于10MΩ	20	（1）绝缘表选择错误扣10分。（2）方法不正确扣5分		
3	交叉互联箱检查	检查接地箱内污垢情况、积水情况，检查接地箱密封情况	20	（1）检查不到位扣15分。（2）未检查扣20分		
4	接线正确性检查					
4.1	绘制交叉互联接线图	检查接地箱中连接铜排的接线顺序、同轴电缆的进线相序，绘制交叉互联接线图	10	绘制不正确扣8分		
4.2	核相确认	通过绝缘电阻表再逐一核相	10	核相方法不正确扣5分		
5	填报整理记录	绝缘电阻记录、直流耐压记录、绘制交叉互联接线图	15	三相记录差一项扣5分		
6	清理现场	清理现场、清点工器具仪表，汇报完工	5	（1）清理不完全扣3分。（2）未汇报完工扣2分		
考试开始时间			考试结束时间		合计	
考生栏	编号： 姓名：		所在岗位：	单位：	日期：	
考评员栏	成绩： 考评员：			考评组长：		

行业：电力工程　　　　　　　　工种：电力电缆工　　　　　　　等级：三

编号	DL307（DL421）	行为领域	e	鉴定范围	
考核时间	45min	题型	A	含权题分	25
试题名称	交叉互联系统试验检查				
考核要点及要求	考核主要内容：电缆外护套直流耐压试验、护层保护器试验、交叉互联箱检查、接线正确性检查等，考察学员的电气试验技能及对电缆交叉互联接地系统的理解和掌握				
现场设备、工具、材料	个人安全用具，包括绝缘鞋、绝缘手套、安全帽、工作服；个人电工工具一套，包括扳手、钢丝钳、起子；直流耐压试验成套装置；2500V绝缘电阻表；1000V绝缘电阻表；110kV电缆线路一个完整的交叉互联段；记录用纸和笔				
备注					

序号	作业名称	质量要求	分值	扣分标准	扣分原因	得分
		评分标准				
1	直流耐压试验					
1.1	个人着装、安全措施	穿好工作服，戴好安全帽，使用绝缘手套作业；试验现场设置安全围栏	5	（1）未着装扣5分。（2）着装不规范扣3分		
1.2	绝缘电阻试验	用2500V绝缘电阻表测量金属护套对地绝缘，记录下60s和15s的值，做好记录	5	（1）绝缘摇测接线错误扣3分。（2）没有达到时间扣3分		
1.3	直流耐压试验	使用直流耐压试验成套装置，分别对每段电缆外护套做直流耐压试验，逐步升压至DC 5000V，记录泄漏电流。试验时须将护层保护器断开，在互联箱中将另一侧的三相电缆全部接地	10	（1）非试验相未接地扣5分。（2）接线错误扣5分。（3）升压速度过快扣2分。（4）未记录泄漏电流扣5分		
2	护层保护器试验	使用1000V绝缘电阻表，测量护层保护器的绝缘电阻不低于10MΩ	20	（1）绝缘表选择错误扣10分。（2）方法不正确扣5分		
3	交叉互联箱检查	检查接地箱内污垢情况、积水情况，检查接地箱密封情况	20	（1）检查不到位扣15分。（2）未检查扣20分		
4	接线正确性检查					
4.1	判断同轴电缆线芯和屏蔽层的连接方向	要求判断正确	5	判断不正确扣5分		
4.2	绘制交叉互联接线图	检查接地箱中连接铜排的接线顺序、同轴电缆的进线相序，绘制交叉互联接线图	8	绘制不正确扣8分		
4.3	核相确认	通过绝缘电阻表再逐一核相	7	核相方法不正确扣5分		
5	填报整理记录	绝缘电阻记录、直流耐压记录、绘制交叉互联接线图	15	三相记录差一项扣5分		
6	清理现场	清理现场、清点工器具仪表，汇报完工	5	（1）清理不完全扣3分。（2）未汇报完工扣2分		
考试开始时间			考试结束时间		合计	
考生栏	编号： 姓名： 所在岗位： 单位： 日期：					
考评员栏	成绩： 考评员： 考评组长：					

一、施工

（一）工器具、材料、设备

（1）工器具：电锯、绝缘手套、绝缘垫、接地线、木柄榔头、铁钉、铁钉套、燃气罐、燃气喷枪、灭火器、安全遮栏、标示牌。

（2）材料：热缩封端、相色标识带、待测电缆。

（3）设备：8898A 型电缆识别仪、试验线包。

（二）施工的安全要求

（1）工作地点四周装设安全遮栏，并挂上标示牌。

（2）防触电伤人。裁截电缆前，务必确定被裁截电缆为已识别出的电缆。操作时戴好绝缘手套，并站在绝缘垫上，用带木柄的榔头，将带地线的铁钉打进缆芯后，方可裁截电缆。

（3）工作服、工作鞋、安全帽等穿戴规范。

（4）需持有电缆线路第一种工作票。

（三）施工步骤与要求

（1）施工要求：文明施工，施工中不得伤及其他运行带电电缆。

（2）施工方法：因不同厂家产品使用方法各异，以湖北省电力公司统一配备的 8898A 型电缆识别仪为例进行介绍。

1）ID GPS 相位同步法电缆识别法。GPS 相位同步法的检测原理如图 DL422 - 1 所示，该方法采用 GPS 同步时钟信号控制，使功率信号发生器的输出信号相位与 GPS 秒脉冲同步。选择目标电缆的方法为目标电缆检测出的交流信号相位与 GPS 同步，非目标电缆不同步。若被识别电缆信号与 GPS 同步则显示"PPP"，若不同步则无显示。

ID GPS 相位同步法电缆识别法操作步骤：

a. 将发送器从仪器箱中取出，检查其外观是否完好，并放置平稳。发送器如图 DL422 - 2 所示。

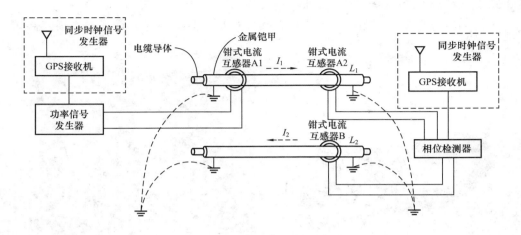

图 DL422 - 1　GPS 相位同步法的检测原理

b. 将发送器 GPS 天线取出连接至天线插座，并将另一侧的蘑菇探头放置在空旷开阔的地方。GPS 天线如图 DL422 - 3 所示。

图 DL422 - 2　发送器

图 DL422 - 3　GPS 天线

c. 将发送器发送钳夹在目标电缆的外皮上。特别注意发送钳箭头方向，为了养成良好工作习惯，建议箭头指向目标方向（此方向指电缆电气上的走向）。发送钳如图 DL422 - 4 所示。

d. 按下发送器电源按钮。

e. 按下发送器模式 MODE 按钮，将模式切换到 GPS 模式。等待 PPS 指示灯闪烁。注意：插上 GPS 天线后大约 3～8min 才能有 PPS 秒脉冲信号，如果超过

8min，应检查 GPS 天线放的位置是否空旷。

f. 将接收器从仪器箱中取出，检查其外观是否完好，并放置平稳。接收器如图 DL422-5 所示。

图 DL422-4　发送钳　　　　　　　　图 DL422-5　接收器

g. 将接收器 GPS 天线取出连接至天线插座，并将另一侧的蘑菇探头放置空旷开阔的地方。

h. 将接收器接收钳夹在待识别的电缆上。保证接收钳箭头方向与发送钳箭头方向在电气上一致。

i. 按下接收器电源按钮，等待接收器 PPS 指示灯闪烁。

j. 确定发送器、接收器两端 PPS 指示灯闪烁（通信联络）。

k. 按下发送器端输出按钮输出信号。

l. 接收器端识别电缆。若被识别电缆信号与 GPS 同步则显示"PPP"，若不同步则无显示。

2）mA 信号幅度比较法电缆识别法。比较法基本原理如图 DL422-6 所示，该方法要求至少同时有 3 根以上电缆。工作过程：将功率信号发生器产生的交流信号用发送钳从目标电缆的源端耦合进目标电缆；在该组电缆的目的端用接收钳检测各电缆的交流信号幅值；目标电缆的信号幅度大于其他电缆信号幅度，据此可检测出目标电缆。

mA 信号幅度比较法电缆识别法操作步骤：

a. 将 3 根电缆首尾如图 DL422-6 所示短接。

b. 将发送器从仪器箱中取出，检查其外观是否完好，并放置平稳。

c. 将发送钳夹在目标电缆的外皮上。

d. 按下发送器电源按钮，NO_GPS 灯亮，选择工作模式为信号幅度比较法模式。

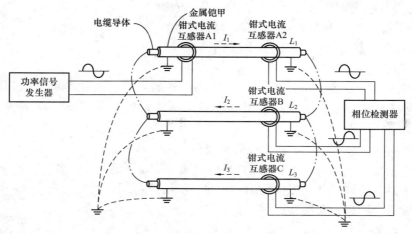

图 DL422 - 6　信号幅度比较法的工作原理

e. 将接收器从仪器箱中取出，检查其外观是否完好，并放置平稳。

f. 将接收钳夹在待识别的电缆上。

g. 按下电源按钮。

h. 按 M 模式选择键选择 mA 信号幅度模式。

i. 通信联络确定两端已准备完毕。

j. 按下发送器端输出按钮输出信号。

k. 接收器端识别电缆，目标电缆的信号幅度大于其他电缆信号幅度，$I_1 = I_2 + I_3$。

3）裁截电缆操作步骤：

a. 确定被裁截电缆为已识别出的电缆。

b. 戴好绝缘手套。

c. 站在绝缘垫上。

d. 用带木柄的榔头，将带地线的铁钉打进缆芯。

e. 锯断电缆。

f. 封端处理。

（3）工作终结。

1）拆除试验接线，清理现场。

2）汇报完工，退场。

二、考核

（一）考核所需用的工器具、材料、设备与场地

（1）工器具：电锯、绝缘手套、绝缘垫、接地线、木柄榔头、铁钉、铁钉套、

燃气罐、燃气喷枪、灭火器、安全遮栏、警告标示牌。

（2）设备：8898A 型电缆识别仪、试验线包。

（3）材料：热缩封端、相色标识、待测电缆。

（4）场地：

1）场地需在有多根不同型号电缆共处一处的场合。应能容纳 4 人以上，地面应铺有绝缘垫。保证工位间的距离合适，不应影响制作或试验时各方的人身安全。

2）室内场地应有照明、通风或降温设施。

3）室内场地有 220V 电源插座，且备有通电试验用的电源 2 处以上。

4）工器具按同时开设工位数确定，并有备用。

5）设置 2 套评判桌椅和计时秒表。

（二）考核要点

（1）一人操作，一人监护。

（2）工作服、工作鞋、安全帽等穿戴规范。

（3）履行工作票制度、工作许可制度。

（4）工器具选用满足施工需要，对工器具进行外观检查。

（5）接线正确。

（6）操作正确。

（7）正确识别电缆。

（8）裁截电缆时，戴绝缘手套，站绝缘垫，铁钉打进缆芯时不用人扶。

（9）工具材料不随意乱放，爱护仪器仪表，轻拿轻放。

（10）安全文明生产，规定时间内完成。

（11）发生安全事故，本项考核不及格。

（三）考核时间

（1）考核时间为 45min。

（2）选用工器具、材料、设备时间 5min，时间到停止选用，选用工器具及材料用时不纳入考核时间。

（3）许可开工后记录考核开始时间。

（4）现场清理完毕后，汇报工作终结，记录考核结束时间。

（四）对应技能鉴定级别考核内容

（1）三级工应完成：ID GPS 相位同步法电缆识别；mA 信号幅度比较法电缆识别及裁截电缆。

（2）四级工应完成：ID GPS 相位同步法电缆识别及裁截电缆。

三、评分参考标准

行业：电力工程　　　　　　　工种：电力电缆工　　　　　　　等级：四

编号	DL422（DL308）	行为领域	e	鉴定范围	
考核时间	45min	题型	B	含权题分	25
试题名称	停电电缆的判别和裁截				
考核要点及要求	(1) 要求一人操作，一人监护。 (2) 工作服、工作鞋、安全帽等穿戴规范。 (3) 履行工作票制度、工作许可制度。 (4) 工器具选用满足施工需要，对工器具进行外观检查。 (5) 接线正确。 (6) 操作正确。 (7) 正确识别电缆。 (8) 裁截电缆时，戴绝缘手套，站绝缘垫，铁钉打进缆芯时不用人扶。 (9) 工器具、材料不随意乱放，爱护仪器仪表，轻拿轻放。 (10) 安全文明生产，规定时间内完成				
现场工器具、材料、设备	(1) 工器具：电锯、绝缘手套、绝缘垫、接地线、木柄榔头、铁钉、铁钉套、燃气罐、燃气喷枪、灭火器、安全遮栏、标示牌。 (2) 设备：8898A型电缆识别仪、试验线包。 (3) 材料：热缩封端、相色标识带、待测电缆				
备注	场地需在有多根不同型号电缆共处一处的场合				

评分标准

序号	作业名称	质量要求	分值	扣分标准	扣分原因	得分
1	完成工作的许可手续	履行工作许可手续	5	未履行工作许可手续扣2~5分		
2	着装、穿戴	工作服、工作鞋、安全帽等穿戴正确	5	(1) 没穿戴工作服（鞋）、安全帽扣5分。 (2) 帽带松弛及衣、袖没扣，鞋带不系扣3分		
3	排除其他型号电缆	通过观察和电缆外径测量，排除其他型号电缆，缩小鉴定范围	5	识别不准扣2~5分		
4	ID GPS相位同步法电缆识别	试验接线正确；操作正确	25	(1) 试验接线不正确扣2~10分。 (2) 接收钳方向与发送钳方向不一致扣5分。 (3) 操作不正确扣2~10分		

评分标准

序号	作业名称	质量要求	分值	扣分标准	扣分原因	得分
5	发送信号	以仪器说明为根据,将信号源接至电缆芯线发送信号	5	操作不正确扣2~5分		
6	通信联络	与发收端保持通信联络	5	无通信联络准备的扣5分		
7	信号比较	用接收器检测所有同型号电缆,进行信号比较	5	不进行比较扣5分		
8	精确鉴别和判断	根据设备指示进行判断	5	(1) 不会识别扣5分。 (2) 判断不准扣3分		
9	电缆裁截	对已识别的电缆做好记号,并将其放在好操作的位置上,并将信号源撤去。操作时戴好绝缘手套,并站在绝缘垫上,用带木柄的榔头,将带地线的铁钉打进缆芯(不用人扶)。确定被检电缆无电压后方可进行剪切	20	(1) 未对已识别的电缆做好记号扣5分。 (2) 操作时未戴绝缘手套扣5分。 (3) 未站在绝缘垫上扣5分。 (4) 手扶铁钉扣5分		
10	封端处理	对被锯断的电缆进行封端处理	5	未进行封端处理扣5分		
11	清理现场	清点仪器,清理现场	5	未进行扣2~5分		
12	安全文明生产	文明操作,禁止违章操作,不损坏工器具,不发生安全生产事故	10	(1) 有不安全行为扣2~5分。 (2) 损坏仪器、工器具扣2~5分		
考试开始时间			考试结束时间		合计	
考生栏	编号:	姓名:	所在岗位:	单位:	日期:	
考评员栏	成绩:	考评员:		考评组长:		

行业:电力工程　　　　　　　工种:电力电缆工　　　　　　　等级:三

编号	DL308(DL422)	行为领域	e	鉴定范围	
考核时间	45min	题型	B	含权题分	25
试题名称	停电电缆的判别和裁截				
考核要点及要求	(1) 要求一人操作,一人监护。 (2) 工作服、工作鞋、安全帽等穿戴规范。 (3) 履行工作票制度、工作许可制度。 (4) 工器具选用满足施工需要,对工器具进行外观检查。 (5) 接线正确。				

考核要点 及要求	（6）操作正确。 （7）正确识别电缆。 （8）裁截电缆时，戴绝缘手套，站绝缘垫，铁钉打进缆芯时不用人扶。 （9）工器具、材料不随意乱放，爱护仪器仪表，轻拿轻放。 （10）安全文明生产，规定时间完成
现场工器具、 材料、设备	（1）工器具：电锯、绝缘手套、绝缘垫、接地线、木柄榔头、铁钉、铁钉套、燃气罐、 燃气喷枪、灭火器、安全遮栏、标示牌。 （2）设备：8898A 型电缆识别仪、试验线包。 （3）材料：热缩封端、相色标识带、待测电缆
备注	场地需在有多根不同型号电缆共处一处的场合

评分标准

序号	作业名称	质量要求	分值	扣分标准	扣分原因	得分
1	完成工作的许可手续	履行工作许可手续	5	未履行工作许可手续扣2～5分		
2	着装、穿戴	工作服、工作鞋、安全帽等穿戴正确	5	（1）没穿戴工作服（鞋）、安全帽扣5分。 （2）帽带松弛及衣、袖没扣，鞋带不系扣3分		
3	排除其他型号电缆	通过观察和电缆外径测量，排除其他型号电缆，缩小鉴定范围	5	识别不准扣2～5分		
4	检查铠装及屏蔽的连续性	应连续，无开路	5	此工作不做扣5分		
5	mA 信号幅度比较法电缆识别	试验接线正确，操作正确	10	（1）试验接线不正确扣2～5分。 （2）操作不正确扣2～5分		
6	ID GPS 相位同步法电缆识别	试验接线正确；操作正确	10	（1）试验接线不正确扣2～5分。 （2）接收钳方向与发送钳方向不一致扣5分		
7	发送信号	以仪器说明为根据，将信号源接至电缆芯线发送信号	5	操作不正确扣2～5分		
8	通信联络	与发收端保持通信联络	5	无通信联络准备的扣5分		
9	信号比较	用接收器检测所有同型号电缆，进行信号比较	5	不进行比较扣5分		

序号	作业名称	质量要求	分值	扣分标准	扣分原因	得分
				评分标准		
10	精确鉴别和判断	根据设备指示进行判断	5	(1) 不会识别扣2~5分。 (2) 判断不准扣3分,扣完为止		
11	电缆裁截	对已识别的电缆做好记号,并将其放在好操作的位置上,并将信号源撤去。操作时戴好绝缘手套,并站在绝缘垫上,用带木柄的榔头,将带地线的铁钉打进缆芯(不用人扶)。确定被检电缆无电压后方可进行剪切	20	(1) 未对已识别的电缆做好记号扣5分。 (2) 操作时未戴绝缘手套扣5分。 (3) 未站在绝缘垫上扣5分。 (4) 手扶铁钉扣5分		
12	封端处理	对被锯断的电缆进行封端处理	5	未进行封端处理扣5分		
13	清理现场	清点仪器,清理现场	5	未进行扣2~5分		
14	安全文明生产	文明操作,禁止违章操作,不损坏工器具,不发生安全生产事故	10	(1) 有不安全行为扣2~5分。 (2) 损坏仪器、工器具扣2~5分		
考试开始时间				考试结束时间	合计	
考生栏	编号:	姓名:		所在岗位:	单位:	日期:
考评员栏	成绩:	考评员:			考评组长:	

指挥用机械方式在排管内敷设长线
电缆的工作

一、施工

(一) 工器具及材料

(1) 工器具:牵引机、输送机、放线架、(电缆) 拉力表穿管器、钢丝绳、钢丝绳放线架、钢丝退扭器具;通信设备 (对讲机);地滑轮、转角地滑轮;管道疏通棒,管口用喇叭口;电源集控箱;电缆波纹导管。

(2) 材料:排管方式电缆通道50m、工作井2座;YJV_{22}-8.7/10-3×240电力电缆100m,装盘。

(二) 施工的安全要求

(1) 现场施工电源采用绝缘导线,并在开关箱首端安装合格的剩余电流动作保护器。

(2) 电缆盘运输、敷设过程中应设专人监护,防止倾倒。

(3) 滑轮敷设电缆时,在滑轮滚动过程中不得用人手去搬动。

(4) 牵引钢丝绳应有足够的机械强度,工作人员不得站在钢丝绳内侧。

(5) 工作地段应装设安全围栏,挂标志牌。

(三) 施工要求与步骤

1. 施工要求

(1) 考核内容:电缆敷设施工工器具的使用、排管方式敷设的现场布置和人员调配、排管敷设的质量控制等。

(2) 电缆型号:YJV_{22}-8.7/10-3×240电缆。

(3) 要求考生遵守安全文明施工规定,正确指挥排管方式的电缆敷设;能合理使用电缆牵引设备和输送设备;能合理指挥工作现场人员;能有效把握电缆施放的质量。

(4) 该项目由1名考生独立完成指挥任务,配合施工人员若干。

2. 操作步骤

(1) 工作前准备。检查电缆排管内是否有水泥结块或其他残留物,管内是否积水、堵塞。检查工作井内是否积水、井内是否有影响施工的异物、管口是否平滑。如果管内堵塞，需要进行排管疏通。

（2）电缆盘定位和牵引机定位。将现场人员分为两组，一组架起电缆盘，进行电缆外护套试验，拉出电缆并安装牵引头；另一组将钢丝绳穿入排管中，沿线设置滚轮和管口滑车，将牵引机放置好并固定，安装防捻器。当线路较长时，在通道中间设置输送机。在电缆进、出工井处设置电缆波纹保护管。

（3）电缆牵引敷设。将牵引头与钢丝绳连接，收紧钢丝绳，启动牵引机。电缆移动的过程中，沿线工作井、管口、直线段每隔10m均应安排人观察，如有紧急情况，及时停止牵引。

（4）电缆的固定及保护。电缆敷设完成后，再次对电缆外护套做电气试验，确保电缆施放后电缆完好。所有管口应严密封堵，工作井内电缆落实防火措施。

（5）质量标准及注意事项。排管内径不小于电缆外径的1.5倍，管壁内光滑；排管埋深不小于0.7m；敷设时电缆转弯半径不小于20倍电缆直径，牵引力不大于68.6N/mm²。

二、考核

（一）考核所需用的工器具、材料与场地

（1）工器具：牵引机、输送机、放线架、（电缆）拉力表穿管器、钢丝绳、钢丝绳放线架、钢丝退扭器具；通信设备（对讲机）；地滑轮、转角地滑轮；管道疏通棒，管口用喇叭口；电源集控箱；电缆波纹导管。

（2）材料：排管方式电缆通道50m、工作井2座；YJV_{22}-8.7/10-3×240电力电缆100m，装盘。

（3）场地：

1）场地建设有不少于50m的电缆排管方式通道，两侧各1座工作井。通道周围平整，便于车辆进出，装卸货物。

2）场地周围设置安全围栏。

3）室内场地有灭火设施。

4）设置2套评判桌椅和计时秒表。

（二）考核要点

（1）考核内容：电缆敷设施工工器具的使用、排管方式敷设的现场布置和人员调配、排管敷设的质量控制等。

（2）电缆型号：YJV_{22}-8.7/10-3×240电缆。

（3）要求考生遵守安全文明施工规定，正确指挥排管方式的电缆敷设；能合理使用电缆牵引设备和输送设备；能合理指挥工作现场人员；能有效把握电缆施放

的质量。

（4）该项目由 1 名考生独立完成指挥任务，配合施工人员若干。

（5）发生安全事故，本项考核不及格。

（三）考核时间

（1）考核时间 150min。

（2）选用工器具、设备、材料时间 10min，时间到停止选用，节约用时不纳入考核时间。

（3）许可开工后记录考核开始时间。

（4）现场清理完毕后，汇报工作终结，记录考核结束时间。

三、评分参考标准

行业：电力工程　　　　　　工种：电力电缆工　　　　　　等级：三

编号	DL309	行为领域	e	鉴定范围	
考核时间	150min	题型	C	含权题分	50
试题名称	指挥用机械方式在排管内敷设长线电缆的工作				
考核要点及要求	（1）考核内容：电缆敷设施工工器具的使用、排管方式敷设的现场布置和人员调配、排管敷设的质量控制等。 （2）电缆型号：YJV$_{22}$-8.7/10-3×240 电缆。 （3）要求考生遵守安全文明施工规定，正确指挥排管方式的电缆敷设；能合理使用电缆牵引设备和输送设备；能合理指挥工作现场人员；能有效把握电缆施放的质量。 （4）该项目由 1 名考生独立完成指挥任务，配合施工人员若干				
现场工器具、材料	（1）工器具：牵引机、输送机、放线架（电缆）拉力表；穿管器、钢丝绳、钢丝绳放线架、钢丝退扭器具；通信设备；地滑轮、转角地滑轮；管道疏通棒；管口用喇叭口；电源集控箱；电缆波纹导管。 （2）材料：排管方式电缆通道 50m、工作井 2 座；VJV$_{22}$-8.7/10-3×240 电力电缆 100m，装盘				
备注					
评分标准					

序号	作业名称	质量要求	分值	扣分标准	扣分原因	得分
1	着装	正确佩戴安全帽，穿工作服，穿绝缘鞋	5	（1）没穿戴工作服（鞋）、安全帽扣 5 分。 （2）帽带松弛及衣、袖没扣，鞋带不系扣 3 分		

		评分标准				
序号	作业名称	质量要求	分值	扣分标准	扣分原因	得分
2	敷设施工的准备					
2.1	疏通管道	全线疏通管道，管道中不能有砂、石或其他障碍物	5	不符要求扣5分		
2.2	人井抽水、排气	抽水、排气以保证人身和设备安全	5	不符合要求扣5分		
2.3	装施工器具	为输送机、牵引机、放线机架、地滑轮等设备施工器具选好位置，并将电缆、钢丝绳盘支架好	10	（1）设备位置选择不当扣3分。（2）线缆置放不稳扣3分。（3）电缆施放方向不对称扣4分		
2.4	接通电源	接通电源，无安全隐患	10	（1）电源不通扣5分。（2）安全上有问题扣5分		
2.5	校试通信设备	始终保持施工全过程通信联络	5	（1）通信工具未准备好扣2分。（2）通信不畅通扣3分		
2.6	准备工具材料，检验设备运转情况	未进行敷设前应空试设备，检查是否便于控制（或集中控制），工器具、材料齐备	5	未按"要求"进行扣3分，工器具、材料每少一样扣2分		
2.7	人员配置	所选监控设备人员是否足够和是否合适	5	人员安排有失责者扣5分		
2.8	采取相关的安全措施	采取防止事故发生的措施，在交通设备和人员等方面做到既不伤害他人，也不伤害施工人员	5	无安全措施或发生问题后不能很快采取措施扣5分		
3	电缆敷设					
3.1	牵引头制作	牵引头制作应牢固、灵动	5	牵引头制作不好扣5分		
3.2	电缆弯曲半径	电缆弯曲半径应严格控制在规定范围内	10	弯曲半径超过规定扣5~10分		
3.3	对拉力和摩擦力的监控	应对电缆敷设全过程进行牵引监控	5	不能准确判断牵引力过大的原因扣5分		
3.4	防止外护层受损	如对管壁摩擦力太大，应及时查明原因，容易引起外护层受损的地方应加以注意，并在通过该段时进行检查	10	发现一处超时1/2外护层厚度的伤痕扣5~10分		
3.5	电缆防线时应有制动措施	制动与通信联络要同时进行	5	（1）无制动工具扣5分。（2）制动控制不好扣2分		

174

评分标准						
序号	作业名称	质量要求	分值	扣分标准	扣分原因	得分
4	敷设记录	敷设前应有记录	5	无记录扣 5 分		
5	清理现场	清理现场、清点工器具仪表	5	(1) 没清理扣 5 分。 (2) 清理不完全扣 2 分		
考试开始时间			考试结束时间		合计	
考生栏	编号:	姓名:	所在岗位:	单位:	日期:	
考评员栏	成绩:	考评员:			考评组长:	

10kV电力电缆0.1Hz交流耐压试验

一、施工

（一）工器具、材料、设备

（1）工器具：电工组合工具、验电器、标示牌若干、安全围栏、高压接地线一套。

（2）材料：10kV被试电力电缆、试验记录。

（3）设备：万用表、5000V绝缘电阻表、0.1Hz电压发生器、连接电缆（柔性连接电缆的线芯对地的工频耐受电压值不小于120kV，长度不小于30m）、保护电阻（保护电阻的阻值不小于100kΩ，功率不小于800W）、保护球隙、高压分压器、放电棒、试验用线包；0~100℃温度计。

（二）施工的安全要求

（1）试验工作由两人进行，一人操作，一人监护。需持工作票并得到许可后方可开工。

（2）电缆耐压试验前，加压端应做好安全措施，防止人员误入试验场所。另一端应设置围栏并挂上标示牌，并派人看守。

（三）施工步骤与要求

1. 施工要求

（1）电缆耐压试验前后，应使被试品充分放电。

（2）更换引线时，应使被试品充分放电，作业人员应戴好绝缘手套。

2. 操作步骤

（1）试验前，工作负责人要根据《国家电网公司安全工作规程（线路部分）》的工作票许可制度得到工作许可人的许可。到工作现场后要核对电缆线路名称和工作票所列出的各项安全措施均正确无误后才能开工。在试验地点周围要做好防止外人接近的措施，另一端应设置围栏并挂上标示牌，并派人看守。

（2）根据电缆线路的电压等级和试验规程的试验标准，确定试验电压并选择相应的试验设备。试验电压峰值为 $3U_0$，试验时间为 60min。

（3）按图 DL310 所示试验接线连接好试验设备，试验负责人在试验前要检查试验接线是否正确、试验设备和试品电缆的接地极全部采用裸铜线可靠接地、仪表指针是否在零位，记录试验环境条件。

（4）采用绝缘电阻表对试品电缆各相分别进行绝缘电阻试验，记录试验值。

（5）用柔性连接电缆将试验设备与试品电缆相连接，合上电源，开始升压进行试验。升压过程中应密切监视高压回路，监听试品电缆是否有异常响声。升至试验电压时，即开始记录试验时间并读取试验电压值。

（6）在升压和耐压过程中，如发现电压表指针摆动较大，电流表指示急剧增加，调压器继续升压电压值基本不变甚至显下降趋势，而电流增加幅度较大，试品电缆发出异味、烟雾或异常响声或闪络等现象，应立即停止升压。降压停电后查明原因，如查明是试品电缆绝缘部分薄弱引起的，则认为耐压试验不合格。如确定是试品电缆由于空气湿度或表面脏污等原因所致，应将试品电缆清洁干燥处理后，再进行试验。

（7）试验过程中，如果遇非试品电缆绝缘缺陷但失去电源，使试验中断，在查明原因恢复电源后，应重新进行全时间连续耐压试验，不得只进行补足时间试验。

（8）试品电缆的电容量在试验设备负载电容能力范围内时，可以将试品电缆三芯并联后，同时对地进行耐压试验。

（9）试验时间到后，先将电压降至零位，然后切断电源，连接接地线。试验中若无破坏性放电发生，则认为通过耐压试验。

（10）试验结束，设备恢复原状，清理接线，清理现场。

（四）注意事项

（1）容升效应和电压谐振。由于试品电缆为容性负载，在超低频（0.1Hz）耐压试验时，容性电流在电压发生器绕组上产生频抗压降，造成实际作用在试品电缆上的电压值较高，超过按变比计算的高压侧所输出的电压值，产生容升效应。试品电缆电容量及电压发生器的阻抗越大，则容升效应越明显。因此，要求在试品电缆端侧进行试验电压值测量，以免试品电缆承受过高的电压作用而损伤。

由于试品电缆电容与电压发生器端抗形成串联回路，当试品电缆电容与电压发生器的漏抗相等或接近时，极易发生串联谐振，造成试品电缆端电压显著升高，危及试验设备和试品电缆绝缘。因此，需在电压输出端接适当阻值的阻尼电阻，削弱阻尼电阻的谐频程度。

（2）测量仪器。现场使用较多的电压表所测得试验电压值是电压有效值，应改用峰值电压表进行超低频（0.1Hz）耐压试验电压值测量。

（3）低压保护回路。为保护测量仪表和控制回路元件，可在测量仪器的输出端上并联适当的电压的放电管或氧化锌压敏电阻器、浪涌吸收器等。控制电源和测量仪器用电源应采取良好的隔离措施和接地措施，防止试品电缆闪络或击穿时，在被接地线上产生的较高的暂态地电位，使仪器和控制回路元件反击损坏。

（4）所有人体将触及带电设备的操作，均应在接地线经确认连接良好后进行。

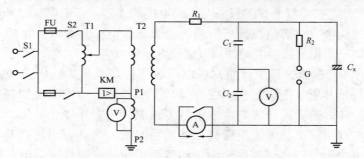

图 DL310　电缆交流耐压试验原理接线

二、考核

（一）考核所需用的工器具、设备、材料与场地

（1）工器具：电工个人组合工具、验电器、标示牌若干、安全围栏、高压接地线一套。

（2）设备：万用表、5000V 绝缘电阻表、0.1Hz 电压发生器、连接电缆（柔性连接电缆的线芯对地的工频耐受电压值不小于 120kV，长度不小于 30m）、保护电阻（保护电阻的阻值不小于 100kΩ，功率不小于 800W）、保护球隙、高压分压器、放电棒、试验用线包、0～100℃温度计。

（3）材料：10kV 被试电力电缆、试验记录。

（4）场地

1）场地面积能同时满足 4 个工位的需求，地面应铺有绝缘垫，并有备用。保证工位间的距离合适，不应影响制作或试验时各方的人身安全。

2）室内场地应有照明、通风或降温设施。

3）室内场地有 220V 电源插座，通电试验用的电源 2 处以上。

4）工器具按同时开设工位数确定，并有备用。

5）设置 2 套评判桌椅和计时秒表。

（二）考核要点

（1）要求一人操作，一人监护。考生就位，经许可后开始工作，工作服、工作鞋、安全帽等穿戴规范。

（2）试验正确接线。

（3）电缆接地与试验设备接地应全部采用裸铜线可靠接地。

（4）在试品电缆端侧进行试验电压值测量。

（5）加压呼唱。

（6）放电及换试验接线动作规范。

（7）安全文明生产，规定时间内完成，时间到后停止操作，按所完成的内容计分，未完成部分均不得分。工器具、材料不随意乱放。

（8）发生安全事故，本项考核不及格。

（9）电缆试验需办理的相关手续（停电申请、电力电缆第一种工作票、危险点分析控制卡）和其他应采取的安全措施（检修前办理许可手续、验电、挂接地线、悬挂标示牌和装设围栏、召开班前会，工作结束后撤除地线、召开班后会、办理终结手续），适当时可以通过口述作为附加内容。

（三）考核时间

（1）考核时间为 60min。

（2）选用工器具、设备、材料时间 5min，时间到停止选用，选用工器具及材料用时不纳入考核时间。

（3）许可开工后记录考核开始时间。

（4）现场清理完毕后，汇报工作终结，记录考核结束时间。

三、评分参考标准

行业：电力工程　　　　　　工种：电力电缆工　　　　　　等级：三

编号	DL310	行为领域	e	鉴定范围	
考核时间	60min	题型	A	含权题分	35
试题名称	10kV 电力电缆 0.1Hz 交流耐压试验				
考核要点及要求	（1）试验正确接线，电缆接地与试验设备接地应全部采用裸铜线可靠接地。 （2）试品电缆端侧进行试验电压值测量。 （3）加压是否呼唱。 （4）放电及换试验接线动作是否规范。 （5）给定电缆线路上安全措施已完成，配有一定区域的安全围栏及标识。 （6）电缆对端需派人看守。 （7）安全文明生产				
现场工器具、设备、材料	（1）工器具：电工组合工具、验电器、标示牌若干、安全围栏、高压接地线一套。 （2）设备：万用表、5000V 绝缘电阻表、0.1Hz 电压发生器、连接电缆（柔性连接电缆的线芯对地的工频耐受电压值不小于 120kV，长度不小于 30m）、保护电阻（保护电阻的阻值不小于 100kΩ，功率不小于 800W）、保护球隙、高压分压器、放电棒、试验用线包、0～100℃ 温度计 1 个。 （3）材料：10kV 被试电力电缆、试验记录。 （4）考生自备工作服、绝缘鞋				
备注	只试一相				

序号	作业名称	质量要求	分值	扣分标准	扣分原因	得分
1	着装、穿戴	工作服、工作鞋、安全帽等穿戴正确	5	（1）没穿戴工作服（鞋）、安全帽扣5分。 （2）帽带松弛及衣、袖没扣，鞋带不系扣3分		
2	现场准备	试验场地围好围栏	2	未做扣2分		
3	挂标示牌	电缆另一端挂好标示牌或派人看守	3	未做扣3分		
4	确定试验电压及时间	确定试验电压 $3U_0$/60min	5	不正确扣5分		
5	摇测绝缘电阻	不考评，但必须完成这一过程	5	未做扣5分		
6	检查电源	检查电源电压（交流220V）	2	未做扣2分		
7	试验接线	试验接线应正确	10	不正确扣10分		
8	高压引线对地的绝缘距离	高压引线对地的绝缘距离足够	3	不正确扣3分		
9	接地线	连接牢靠	5	接地不牢扣5分		
10	试验接地	试验一相时，其他两相接地正确	5	不正确扣5分		
11	合闸升压	接到监护人指令并大声复诵后方可合闸	10	（1）未接到监护人指令合闸扣10分。 （2）未大声复诵扣5分		
12	升高试验电压的呼唱	加压过程应呼唱	5	未呼唱扣5分		
13	升压速度控制	根据充电电流的大小，调整升压速度	5	操作不正确扣5分		
14	电压测量	在试品电缆端侧进行试验电压值测量	5	操作不正确扣1分/次		
15	试验完毕时放电	试验完毕对电缆充分放电，直至电缆无残留电荷	10	操作不正确扣10分		
16	试验结果的判断	耐压过程中无异味、烟雾或异常响声或闪络等现象，耐压试验通过	10	结果不正确扣10分		

评分标准

		评分标准				
序号	作业名称	质量要求	分值	扣分标准	扣分原因	得分
17	安全文明生产	文明操作，禁止违章操作，不损坏工器具，不发生安全生产事故	10	（1）有不安全行为扣 5 分。（2）损坏元件、工器具扣 5 分		
考试开始时间			考试结束时间		合计	
考生栏	编号：	姓名：	所在岗位：	单位：	日期：	
考评员栏	成绩：	考评员：		考评组长：		

附表

10kV 电力电缆试验记录

天气：　　　气温：　　　℃　湿度：　　　%

单　　　位＿＿＿＿＿＿　　试验日期＿＿＿＿＿＿　　试验性质＿＿＿＿＿

运行编号＿＿＿＿＿＿　　型　　号＿＿＿＿＿＿　　额定电压＿＿＿＿＿kV

长　　　度＿＿＿＿＿m　厂　　家＿＿＿＿＿＿

电缆头个数：　户外：＿＿＿个　　户内：＿＿＿个　　中间头：＿＿＿个

试验位置		A-B、C-地	B-A、C-地	C-A、B-地
主绝缘电阻	耐压前（MΩ）			
	耐压后（MΩ）			
外护套绝缘电阻（MΩ）				
交流耐压	试验电压（kV）			
	试验频率（Hz）			
	泄漏电流（A）			
	试验时间（min）			
	结果			
备注				
结论				

工作负责人：　　　　　　　　记录人：　　　　　　试验人员：

DL311　电缆导体压接连接工艺操作

一、施工

（一）工器具、材料

（1）工器具：液压机一台、平锉、游标卡尺、钢尺、绝缘切割刀、电缆刀、砂纸。

（2）材料：YJV$_{22}$ 8.7/15kV－3×120 铜芯交联聚乙烯绝缘电缆两段，对应截面的连接管一根、压模一套。

（二）施工的安全要求

（1）施工区域设置安全围栏。

（2）工器具和材料有序摆放。

（3）正确操作使用液压机。

（三）施工步骤与要求

1. 施工要求

（1）考核主要内容包括导体连接管的选择和压接工艺的操作。

（2）电缆型号：YJV$_{22}$ 8.7/15kV－3×120 铜芯交联聚乙烯绝缘电力电缆。

（3）该项目由 2 名考生配合完成；考核时间要求 25min。

2. 操作步骤

（1）绝缘剥切和导体表面处理。压接前，按连接需要的长度剥切绝缘，按连接端子孔深加 5mm 或者连接管长度的一半加 5mm。用砂纸清除导体表面的油污或氧化膜。

（2）套连接管。将电缆导体端部处理圆整后插入连接管内，要充分顶牢。

（3）压接。在压接部位，围压的成形边或者坑压中心线应各自同在一个平面上，按照先中间后两边的顺序压接。对于 120mm² 的铜芯导体，压痕间距 5mm，离端部距离 3mm。压模每压接一次，在压模合拢到位后停留 10～15s，使压接部位金属塑性变形达到基本稳定后，才能消除压力。

（4）压接后的处理。压接后，使用平锉将压接部位表面的毛刺清除，表面应光滑，不得有裂纹或者毛刺，边缘处不得有尖端。

（5）清理现场。清理现场、清点工器具。

二、考核

（一）考核所需用的工器具、材料、设备与场地

（1）工器具：液压机一台、平锉、游标卡尺、钢尺、绝缘切割刀、电缆刀、砂纸。

（2）材料：YJV_{22} 8.7/15kV－3×120 铜芯交联聚乙烯绝缘电缆两段，对应截面的连接管一根、压模一套。

（3）场地：

1）场地面积能同时满足多个工位，并保证工位间的距离合适，不应影响操作或对各方的人身安全。

2）室内场地应有照明、通风、电源、降温设施。

3）设置 2 套评判桌椅和计时秒表。

（二）考核要点

（1）考核主要内容包括导体连接管的选择和压接工艺的操作。

（2）YJV_{22} 8.7/15kV－3×120 铜芯交联聚乙烯绝缘电力电缆。

（3）该项目由 2 名考生配合完成；考核时间要求 25min。

（三）考核时间

（1）考核时间为 25min。

（2）选用工器具、设备、材料时间 5min，时间到停止选用，节约用时不纳入考核时间。

（3）许可开工后记录考核开始时间。

（4）现场清理完毕后，汇报工作终结，记录考核结束时间。

（四）对应技能鉴定级别考核内容

本项目适用于四级工和三级工两个级别的考核，其中对四级工的考核增加了连接管的正确选择这一子项，五级工是指定型号的连接管。

三、评分参考标准

行业：电力工程　　　　　　　工种：电力电缆工　　　　　　　等级：三

编号	DL311	行为领域	e	鉴定范围	
考核时间	25min	题型	A	含权题分	25
试题名称	电缆导体压接连接工艺操作				
考核要点及其要求	（1）考核主要内容包括导体连接管的选择和压接工艺的操作。 （2）电缆型号：YJV_{22} 8.7/15kV－3×120 铜芯交联聚乙烯绝缘电力电缆。 （3）该项目由 2 名考生配合完成，考核时间要求 25min。				

现场设备、工具、材料	(1) 工器具：液压机一台、平锉、游标卡尺、钢尺、绝缘切割刀、电缆刀、砂纸。 (2) 材料：YJV$_{22}$ 8.7/15kV-3×120铜芯交联聚乙烯绝缘电缆两段，对应截面的连接管一根、压模一套。
备注	

评分标准

序号	作业名称	质量要求	分值	扣分标准	扣分原因	得分
1	着装	正确佩戴安全帽，穿工作服，穿绝缘鞋	5	(1) 没穿戴工作服（鞋）、安全帽扣5分。 (2) 帽带松弛及衣、袖没扣、鞋带不系扣3分		
2	工器具、材料准备	工器具、材料选用准确、齐全，导体连接管的选择	5	(1) 未正确进行导体连接管的选择扣5分。 (2) 工具、材料漏选或有缺陷扣3分		
3	绝缘剥切和导体表面处理					
3.1	量取尺寸	按连接需要的长度剥切绝缘，按连接端子孔深加5mm或者连接管长度的一半加5mm	5	尺寸量取不正确扣5分		
3.2	表面处理	用砂纸清除导体表面的油污或氧化膜	5	未进行清除氧化层扣5分		
4	套连接管	将电缆导体端部处理圆整后插入连接管内，要充分顶牢	5	两端未顶牢扣5分		
5	压接					
5.1	外观要求	在压接部位，围压的成形边或者坑压中心线应各自同在一个平面上，按照先中间后两边的顺序压接	20	(1) 压痕不统一扣10分。 (2) 压接顺序不对扣10分		
5.2	尺寸要求	对于120mm² 的铜芯导体，压痕间距5mm，离端部距离3mm	20	距离不对扣10～20分		
5.3	工艺要求	压模每压接一次，在压模合拢到位后停留10～15s，使压接部位金属塑性变形达到基本稳定后，才能消除压力	20	未停留规定时间扣10～20分		

序号	作业名称	质量要求	分值	扣分标准	扣分原因	得分
		评分标准				
6	压接后的处理	压接后，使用平锉将压接部位表面的毛刺清除，表面应光滑，不得有裂纹或者毛刺，边缘处不得有尖端	10	未清除干净扣5~10分		
7	清理现场	清理现场、清点工器具	5	(1) 清理不完全扣3分。(2) 未汇报完工扣2分		
考试开始时间			考试结束时间		合计	
考生栏	编号：	姓名：	所在岗位：	单位：	日期：	
考评员栏	成绩：	考评员：		考评组长：		

110kV电缆外护套故障查找

一、施工

（一）工器具、材料

（1）工器具：万用表一块、2500V绝缘电阻表一块、QF1－A型惠斯登电桥一台、短路用线一段、跨步电压法电缆故障仪一套、声磁同步定点仪一套、直流冲击电压发生器一套。

（2）材料：记录用纸和笔、$YJLW_{02}-64/110kV-1\times400$交联聚乙烯绝缘电力电缆模拟线路一条。

（二）施工的安全要求

（1）测试端设置安全隔离，对端有安全隔离并有专人监护。

（2）对端跨接线截面积不小于被测电缆导体截面积。

（3）作为测试回路线的电缆要求绝缘良好。

（4）电气试验及操作遵循《国家电网公司安全工作规程（线路部分）》。

（5）作业人员需穿戴工作服、安全帽、绝缘手套、绝缘鞋。

（三）施工要求与步骤

1. 施工要求

（1）考核主要内容：绝缘电阻试验、电桥法测量故障、跨步电压法和声磁同步法的故障定点。

（2）电缆型号：$YJLW_{02}-64/110kV-1\times400$交联聚乙烯绝缘电力电缆模拟线路一条。

（3）要求考生能正确对电缆外护套故障进行故障初测和精确定点，能正确操作使用设备仪器。

（4）故障测量的过程清晰、原理掌握；该项目由2名考生配合完成。

2. 操作步骤

（1）外护套绝缘电阻试验。使用2500V绝缘电阻表和万用表测量三相外护套绝缘电阻，正确判断故障相和故障性质，做好记录。

（2）故障相外护套的故障距离初测。使用 QF1－A 型惠斯登电桥对外护套故障进行故障距离初测。

（3）故障点精确测量。配合跨步电压法电缆故障仪的信号发生器，使用跨步电压法在初测故障点前后 50m 范围内进行精确测量。

（4）故障点定点。在跨步电压法精确测量故障点的基础上，使用直流冲击电压使故障点放电。用声磁同步定点仪进行精确定点。

（5）故障点的正确性与唯一性确认（二级工进行此项考核）。对故障点处进行处理，用玻璃片去除故障点周围 5cm 范围内的石墨层，将故障点电缆悬吊使其悬空，保证故障点处干燥且无其他地电位接触。此时再对电缆外护套进行绝缘试验，如果合格，证明该处故障点的正确性与唯一性。

（6）清理现场，清点工器具仪表，汇报完工。

二、考核

（一）考核所需用的工器具、材料、设备与场地

（1）工器具：万用表一块、2500V 绝缘电阻表一块、QF1－A 型惠斯登电桥一台、短路用线一段、跨步电压法电缆故障仪一套、声磁同步定点仪一套、直流冲击电压发生器一套。

（2）材料：记录用纸和笔、$YJLW_{02}$－64/110kV－1×400 交联聚乙烯绝缘电力电缆模拟线路一条。

（3）场地：

1）场地设有 4 个工位，每个工位需有 $YJLW_{02}$－64/110kV－1×400 交联聚乙烯绝缘电力电缆模拟线路一条，并设置故障点。

2）室内场地应有照明和 220V 电源。

3）室内场地有良好的电气接地极。

4）设置 2 套评判桌椅和计时秒表。

（二）考核要点

（1）考核主要内容：绝缘电阻试验、电桥法测量故障、跨步电压法和声磁同步法的故障定点。

（2）电缆型号：$YJLW_{02}$－64/110kV－1×400 交联聚乙烯绝缘电力电缆模拟线路一条。

（3）要求考生能正确对电缆外护套故障进行故障初测和精确定点，能正确操作使用设备仪器。

（4）故障测量的过程清晰、原理掌握；该项目由 2 名考生配合完成。

（5）发生安全事故，本项考核不及格。

（三）考核时间

（1）考核时间为 45min。

（2）选用工器具、材料时间 5min，时间到停止选用，节约用时不纳入考核时间。

（3）许可开工后记录考核开始时间。

（4）现场清理完毕后，汇报工作终结，记录考核结束时间。

（四）对应技能鉴定级别考核内容

本项目适合二级工和三级工两个级别考核。二级工要求对故障点的正确性与唯一性进行确认，三级工不要求。

三、评分参考标准

行业：电力工程　　　　　工种：电力电缆工　　　　　等级：三

编号	DL312（DL201）	行为领域	e	鉴定范围	
考核时间	45min	题型	A	含权题分	25
试题名称	10kV 电缆外护套故障查找				
考核要点及要求	（1）绝缘电阻试验、电桥法测量故障、跨步电压法和声磁同步法的故障定点。 （2）要求考生能正确对电缆外护套故障进行故障初测和精确定点，能正确操作使用设备仪器。 （3）故障测量的过程清晰、原理掌握；该项目由 2 名考生配合完成				
现场工器具、材料	（1）工器具：万用表一块、2500V 绝缘电阻表一块、QF1-A 型惠斯登电桥一台、短路用线一段、跨步电压法电缆故障仪一套、声磁同步定点仪一套、直流冲击电压发生器一套。 （2）材料：记录用纸和笔、YJLW$_{02}$-64/110kV-1×400 交联聚乙烯绝缘电力电缆模拟线路一条				
备注					

			评分标准				
序号	作业名称	质量要求	分值	扣分标准		扣分原因	得分
1	着装	正确佩戴安全帽，穿工作服，穿绝缘鞋	5	（1）没穿戴工作服（鞋）、安全帽扣 5 分。 （2）帽带松弛及衣、袖没扣，鞋带不系扣 3 分			
2	工器具、材料准备	工器具、仪表、材料选用准确、齐全	5	（1）未进行工器具检查扣 2 分。 （2）工器具、材料漏选或有缺陷扣 2 分			

	评分标准					
序号	作业名称	质量要求	分值	扣分标准	扣分原因	得分
3	外护套绝缘电阻试验	使用2500V绝缘电阻表和万用表测量三相外护套绝缘电阻,正确判断故障相和故障性质。做好记录	10	(1)仪表使用不正确扣5分。 (2)绝缘试验结果不正确扣5分		
4	故障相外护套的故障距离初测	使用QF1-A型惠斯登电桥对外护套故障进行故障距离初测				
4.1	远端跨接	将故障相与完好相的其中一相在另一端用导线或其他方法短接	5	(1)跨接线截面积小于被测电缆导体截面扣3分。 (2)跨接接触不好扣2分		
4.2	正反接法两次测量	测试前应先打开检流计的锁,调零	5	未调零扣5分		
		测试时应先按下电源按钮对电缆充电,再转动桥臂	10	(1)未先充电扣5分。 (2)不会调节比率臂和测量臂扣5分		
		在电桥未平衡前只能轻按检流计按钮,不得使检流计猛烈撞针	5	3次以上猛烈撞针扣2分		
4.3	计算	记下反接法所得数据,取其平均值进行计算	5	(1)不会计算扣5分。 (2)计算结果不正确扣3分		
5	故障点精确测量					
5.1	使用跨步电压法电缆故障仪的信号发生器	要求信号发生器接线正确,脉冲电流峰值选择合理	10	(1)信号发生器接线不正确扣6分。 (2)脉冲电流峰值选择不合理扣4分		
5.2	精确测量	在初测故障点前后50m范围内,进行精确测量	10	(1)信号接收器使用不正确扣5分。 (2)无法精确定点扣5分		
6	故障点定点					
6.1	使用直流冲击电压	在跨步电压法精确测量故障点的基础上,使用直流冲击电压使故障点放电。冲击电压不超过5000V	10	(1)直流冲击试验接线不正确扣5分。 (2)电压峰值超过标准扣5分		

评分标准

序号	作业名称	质量要求	分值	扣分标准	扣分原因	得分
6.2	精确定点	用声磁同步定点仪进行精确定点	15	(1) 设备操作不熟练扣 5 分。 (2) 增益调节不适当扣 4 分。 (3) 无法精确定点扣 6 分		
7	清理现场	清理现场、清点工器具仪表，汇报完工	5	(1) 清理不完全扣 3 分。 (2) 未汇报完工扣 2 分		
考试开始时间			考试结束时间		合计	
考生栏		编号：　　姓名：		所在岗位：　　单位：　　日期：		
考评员栏		成绩：　　考评员：		考评组长：		

行业：电力工程　　　　　工种：电力电缆工　　　　　等级：二

编号	DL201（DL312）	行为领域	e	鉴定范围	
考核时间	45min	题型	A	含权题分	25
试题名称	10kV 电缆外护套故障查找				
考核要点及要求	(1) 绝缘电阻试验、电桥法测量故障、跨步电压法和声磁同步法的故障定点。 (2) 要求考生能正确对电缆外护套故障进行故障初测和精确定点；能正确操作使用设备仪器。 (3) 故障测量的过程清晰、原理掌握；该项目由 2 名考生配合完成				
现场工器具、材料	(1) 工器具：万用表一块、2500V 绝缘电阻表一块、QF1-A 型惠斯登电桥一台、短路用线一段、跨步电压法电缆故障仪一套、声磁同步定点仪一套、直流冲击电压发生器一套。 (2) 材料：记录用纸和笔、YJLW$_{02}$-64/110kV-1×400 交联聚乙烯绝缘电力电缆模拟线路一条				
备注					

评分标准

序号	作业名称	质量要求	分值	扣分标准	扣分原因	得分
1	着装	正确佩戴安全帽，穿工作服，穿绝缘鞋	5	(1) 没穿戴工作服（鞋）、安全帽扣 5 分。 (2) 帽带松弛及衣、袖没扣，鞋带不系扣 3 分		
2	工器具、材料准备	工器具、仪表、材料选用准确、齐全	5	(1) 未进行工器具检查扣 5 分。 (2) 工器具、材料漏选或有缺陷扣 3 分		

		评分标准				
序号	作业名称	质量要求	分值	扣分标准	扣分原因	得分
3	外护套绝缘电阻试验	使用2500V绝缘电阻表和万用表测量三相外护套绝缘电阻，正确判断故障相和故障性质。做好记录	5	（1）仪表使用不正确扣2分。 （2）绝缘试验结果不正确扣5分		
4	故障相外护套的故障距离初测	使用QF1－A型惠斯登电桥对外护套故障进行故障距离初测				
4.1	远端跨接	将故障相与完好相的其中一相在另一端用导线或其他方法短接	5	（1）跨接线截面积小于被测电缆导体截面积扣3分。 （2）跨接接触不好扣2分		
4.2	正反接法两次测量	测试前应先打开检流计的锁，调零	5	未调零扣1分		
		测试时应先按下电源按钮对电缆充电，再转动桥臂	5	（1）未先充电扣3分。 （2）不会调节比率臂和测量臂扣2分		
		在电桥未平衡前只能轻按检流计按钮，不得使检流计猛烈撞针	3	3次以上猛烈撞针扣2分		
4.3	计算	记下反接法所得数据，取其平均值进行计算	7	（1）不会计算扣7分。 （2）计算结果不正确扣4分		
5	故障点精确测量					
5.1	使用跨步电压法电缆故障仪的信号发生器	要求信号发生器接线正确，脉冲电流峰值选择合理。	5	（1）信号发生器接线不正确扣3分。 （2）脉冲电流峰值选择合理扣2分		
5.2	精确测量	在初测故障点前后50m范围内，进行精确测量。	10	（1）信号接收器使用不正确扣5分。 （2）无法精确定点扣5分		
6	故障点定点					
6.1	使用直流冲击电压	在跨步电压法精确测量故障点的基础上，使用直流冲击电压使故障点放电。冲击电压不超过5000V	5	（1）直流冲击试验接线不正确扣5分。 （2）电压峰值超过标准扣3分		

		评分标准				
序号	作业名称	质量要求	分值	扣分标准	扣分原因	得分
6.2	精确定点	用声磁同步定点仪进行精确定点	10	（1）设备操作不熟练扣3分。 （2）增益调节不适当扣3分。 （3）无法精确定点扣4分		
7	故障点的正确性与唯一性确认					
7.1	去除石墨层	对故障点处进行处理，用玻璃片去除故障点周围5cm范围内的石墨层	10	未除去石墨层扣10分		
7.2	故障点悬空	将故障点电缆悬吊使其悬空，保证故障点处干燥并无其他地电位接触	5	未对故障点进行绝缘处理扣5分		
7.3	绝缘试验	对电缆外护套进行绝缘试验，如果合格，证明该处故障点的正确性与唯一性	10	（1）试验方法不正确扣5分。 （2）结果判断不正确扣5分		
8	清理现场	清理现场、清点工器具仪表，汇报完工	5	（1）清理不完全扣3分。 （2）未汇报完工扣2分		
考试开始时间			考试结束时间		合计	
考生栏	编号：	姓名：	所在岗位：	单位：	日期：	
考评员栏	成绩：	考评员：		考评组长：		

一、施工

(一) 工器具、设备

(1) 工器具：电工组合工具、安全用具。

(2) 设备：模拟电缆故障箱、T905 测距仪、T303 高压发生器、电容、柔性连接电缆、接地线、放电棒、试验线包。

(二) 施工的安全要求

(1) 试验时防触电，工作场地做好安全措施。

(2) 加压时，工作人员与带电部位保持足够的安全距离。

(3) 试验后，对测试电缆和电容器充分放电。

(4) 测试过程应统一指挥，精心操作。

(三) 施工步骤与要求

1. 施工要求

(1) 测试仪器连接线安装正确，连接线与仪器之间的连接必须牢固。

(2) 必须正确、规范地使用仪器仪表。

(3) 使用结束后，必须立即对仪器仪表及被测设备进行放电。

(4) 操作人员必须与带电设备保持足够安全距离。

(5) 设置监护人及辅助人员各一名。

2. 操作步骤

(1) 准备工作。

1) 着装规范。

2) 设置围栏并挂上标示牌。

3) 检查仪器仪表。

(2) 工作过程。

1) 仪器接线如图 DL313-1 所示。

2) 低压脉冲法测全长的波形如图 DL313-2 所示。

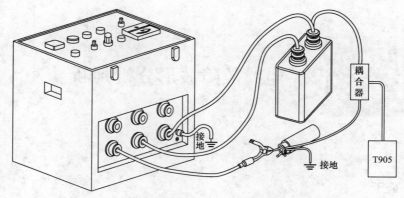

图 DL313 - 1　仪器接线

3）低压脉冲法测断线故障的波形如图 DL313 - 3 所示。

图 DL313 - 2　低压脉冲法测全长的波形

4）低压脉冲法测低阻故障的波形如图 DL313 - 4 所示。

5）直闪法测高阻闪络型故障的波形如图 DL313 - 5 所示。

6）冲闪法测高阻泄漏型故障的波形如图 DL313 - 6 所示。

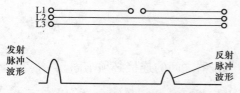

图 DL313 - 3　低压脉冲法测断线故障的波形

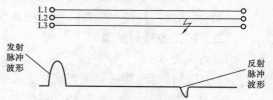

图 DL313 - 4　低压脉冲法测低阻故障的波形

7）冲闪法测故障点靠近测试端的波形如图 DL313 - 7 所示。

8）冲闪法测远端反射击穿型的波形如图 DL313 - 8 所示。

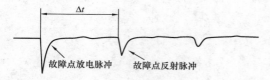

图 DL313 - 5　直闪法测高阻
闪络型故障的波形

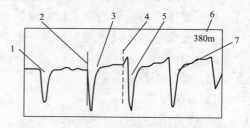

图 DL313 - 6　冲闪法测高阻泄漏型故障的波形
1—高压发生器的发射脉冲波形；2—零点实光标；
3—故障点的放电脉冲波形；4—虚光标；
5—放电脉冲的一次反射波形；6—故障距离；
7—放电脉冲的二次反射波形

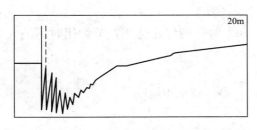
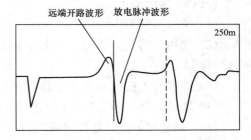

图 DL313 - 7　冲闪法测故障点靠近测试端的波形　　图 DL313 - 8　冲闪法测远端反射击穿型的波形

（3）工作终结。

1）放电，短接电容。

2）清理仪器仪表，工器具归位，退场。

二、考核

（一）考核所需用的工器具、设备与场地

（1）工器具：电工组合工具、安全用具。

（2）设备：模拟电缆故障箱、T905 测距仪、T303 高压发生器、电容、柔性连接电缆、接地线、放电棒、试验线包。

（3）场地：

1）场地应能容纳 4 人以上，地面应铺有绝缘垫。保证工位间的距离合适，不应影响试验时各方的人身安全。

2）室内场地应有照明、通风或降温设施。

3）室内场地有 220V 电源插座，除照明、通风或降温设施外，不少于 4 个工位数。

4）工器具按同时开设工位数确定，并有备用。

5）设置 2 套评判桌椅和计时秒表。

（二）考核要点

（1）试验接线正确。

（2）仪器使用熟练。

（3）低压脉冲法的波形识别。

（4）直闪法的波形识别。

（5）冲闪法的波形识别。

（6）放电及换试验接线动作规范。

（7）发生安全事故，本项考核不及格。

（三）考核时间

（1）考核时间为 40min。

（2）选用工器具、设备、材料时间 5min，时间到停止选用，节约用时不纳入考核时间。

（3）许可开工后记录考核开始时间。

（4）现场清理完毕后，汇报工作终结，记录考核结束时间。

（四）对应技能鉴定级别考核内容

（1）二级工应完成：测全长，测断线，测低阻，测高阻闪络，测高阻泄漏，测故障点靠近测试端，测远端反射击穿型。

（2）三级工应完成：测全长，测断线，测低阻，测高阻闪络，测高阻泄漏。

三、评分参考标准

行业：电力工程　　　　　　　　工种：电力电缆工　　　　　　　　等级：三

编号	DL313（DL202）	行为领域	e	鉴定范围	
考核时间	40min	题型	A	含权题分	25
试题名称	电缆故障波形分析判断				
考核要点及要求	（1）试验正确接线。 （2）低压脉冲法的波形识别。 （3）直闪法的波形识别。 （4）冲闪法的波形识别。 （5）放电及换试验接线动作规范。 （6）配有一定区域的安全围栏及标识				
现场工器具、设备	（1）工器具：电工组合工具、安全用具。 （2）设备：模拟电缆故障箱、T905 测距仪、T303 高压发生器、电容、柔性连接电缆、接地线、放电棒、试验线包				
备注					

评分标准							
序号	作业名称	质量要求	分值	扣分标准	扣分原因	得分
1	着装、穿戴	工作服、工作鞋、安全帽等穿戴正确	5	（1）没穿戴工作服（鞋）、安全帽扣 5 分。 （2）帽带松弛及衣、袖没扣，鞋带不系扣 3 分		
2	现场准备	试验场地围好安全围栏，挂标示牌	5	未做扣 5 分		
3	试验接线	试验接线应正确	10	不正确扣 10 分		

评分标准							
序号	作业名称	质量要求	分值	扣分标准	扣分原因	得分
4	仪器使用	正确开关机,会使用仪器菜单选项	15	(1) 仪器使用不熟练扣 5 分。 (2) 不会使用扣 10 分		
5	低压脉冲法测全长的波形	会识波形并加以分析判断	5	不识波形扣 5 分		
6	低压脉冲法测断线故障的波形	会识波形并加以分析判断	5	不识波形扣 5 分		
7	低压脉冲法测低阻故障的波形	会识波形并加以分析判断	5	不识波形扣 5 分		
8	直闪法测高阻闪络型故障的波形	会识波形并加以分析判断	20	(1) 不识波形扣 10 分。 (2) 分析不对扣 5 分		
9	冲闪法测高阻泄漏型故障的波形	会识波形并加以分析判断	20	(1) 不识波形扣 10 分。 (2) 分析不对扣 5 分		
10	安全文明生产	文明操作,禁止违章操作,不损坏工器具,不发生安全生产事故	10	(1) 有不安全行为扣 5 分。 (2) 损坏元件、工器具扣 5 分		
考试开始时间			考试结束时间			合计	
考生栏	编号:	姓名:	所在岗位:	单位:		日期:	
考评员栏	成绩:	考评员:		考评组长:			

行业:电力工程   工种:电力电缆工   等级:二

编号	DL202(DL313)	行为领域	e	鉴定范围	
考核时间	40min	题型	A	含权题分	25
试题名称	电缆故障波形分析判断				
考核要点 及要求	(1) 试验正确接线。 (2) 低压脉冲法的波形识别。 (3) 直闪法的波形识别。 (4) 冲闪法的波形识别。 (5) 放电及换试验接线动作规范。 (6) 配有一定区域的安全围栏及标识				

现场工器具、设备	(1) 工器具：电工组合工具、安全用具。 (2) 设备：模拟电缆故障箱、T905 测距仪、T303 高压发生器、电容、柔性连接电缆、接地线、放电棒、试验线包
备注	

评分标准

序号	作业名称	质量要求	分值	扣分标准	扣分原因	得分
1	着装、穿戴	工作服、工作鞋、安全帽等穿戴正确。	5	（1）没穿戴工作服（鞋）、安全帽扣 5 分。 （2）帽带松弛及衣、袖没扣，鞋带不系扣 3 分		
2	现场准备	试验场地围好围栏，挂标识牌	5	未做扣 5 分		
3	试验接线	试验接线应正确	10	不正确扣 10 分		
4	仪器使用	正确开关机，会使用仪器菜单选项	15	（1）仪器使用不熟练扣 5 分。 （2）不会使用扣 10 分		
5	低压脉冲法测全长的波形	会识波形并加以分析判断	5	不识波形扣 5 分		
6	低压脉冲法测断线故障的波形	会识波形并加以分析判断	5	不识波形扣 5 分		
7	低压脉冲法测低阻故障的波形	会识波形并加以分析判断	5	不识波形扣 5 分		
8	直闪法测高阻闪络型故障的波形	会识波形并加以分析判断	10	（1）不识波形扣 10 分。 （2）分析不对扣 5 分		
9	冲闪法测高阻泄漏型故障的波形	会识波形并加以分析判断	10	（1）不识波形扣 10 分。 （2）分析不对扣 5 分		
10	冲闪法测故障点靠近测试端的波形	会识波形并加以分析判断	10	（1）不识波形扣 10 分。 （2）分析不对扣 5 分		
11	冲闪法测远端反射击穿型的波形	会识波形并加以分析判断	10	（1）不识波形扣 10 分。 （2）分析不对扣 5 分		

评分标准						
序号	作业名称	质量要求	分值	扣分标准	扣分原因	得分
12	安全文明生产	文明操作，禁止违章操作，不损坏工器具，不发生安全生产事故	10	（1）有不安全行为扣 5 分。 （2）损坏元件、工具扣 5 分		
考试开始时间			考试结束时间		合计	
考生栏	编号：	姓名：	所在岗位：	单位：	日期：	
考评员栏	成绩：	考评员：		考评组长：		

一、施工

(一) 工器具及材料

(1) 工器具：电锯、电缆剥削器、打磨机、吸尘器、电缆刀、手锤、游标卡尺、手动锯弓、卷尺、钢尺、液化气枪、鲤鱼钳、锉刀、剪刀、玻璃片、钢丝刷、平口起子、防护眼镜、燃气喷枪一套。

(2) 材料：砂纸、电缆清洁纸、手锯锯条、不起毛白布、无铅汽油、保鲜膜、PVC胶带、汽油、丙酮。

(二) 施工的安全要求

(1) 电缆剥切过程中，使用手锯、刀具时注意不得伤及自己和他人。

(2) 电缆的金属护套非常锋利尖锐，施工时注意不要伤及自己和他人。

(3) 工器具和材料有序摆放。

(4) 电缆剥切下来的多余废料及时收集并集中存放。

(5) 施工场地周围设置安全围栏。

(6) 严格按照电缆附件提供的尺寸图安装。

(三) 施工步骤与要求

1. 施工要求

(1) 考核内容：电缆非金属护套的剥切；电缆金属护套的剥切；电缆绝缘屏蔽层的剥切，屏蔽层端部锥度的加工；电缆绝缘表面处理。

(2) 电缆型号：$YJLW_{02}-64/110kV-1×630$ 铜芯导体皱纹铝护套电缆。

(3) 按如图 DL314 标注的尺寸进行电缆的非金属外护套、皱纹铝护套、半导

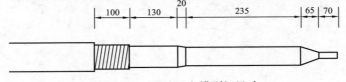

图 DL314　100kV 电缆剥切尺寸

电屏蔽的剥切以及电缆绝缘表面处理。

（4）该项目由 1 名考生独立完成。

（5）为避免环境因素影响，本项目可在室内进行。

2．操作步骤

（1）工作前准备。检查电缆，断口是否平整，是否受潮；工器具准备，安装的工器具是否齐全，是否完好；材料准备，附件材料是否齐全；阅读安装说明书，认真阅读，看清尺寸要求。

（2）安装环境。温度 15～30℃，当温度超出允许范围，应采取适当措施。相对湿度控制在 70％以下。无尘环境。

（3）去除石墨层。以安装尺寸规定的外护套断口为中心，向电缆两侧各 20cm 去除石墨层。使用玻璃片时，注意不要划伤手。石墨层去除干净。

（4）剥切外护套。在规定的安装尺寸处用 PVC 胶带做好记号，用电缆刀环切刀痕，再垂直向电缆断口方向切一道刀痕，深度不超过外护套厚度的 3/4。用平口起子配合电缆刀，去除外护套。注意不得损伤波纹铝护套。

（5）剥切波纹铝护套。用燃气喷枪稍稍加热波纹铝护套外面的沥青，注意温度不得过高，以免损伤电缆结构。用汽油将沥青清洗干净。在规定的安装尺寸处用 PVC 胶带做好记号，用手锯慢慢锯一圈环痕，深度不超过波纹铝护套厚度的 3/4。轻轻扳动波纹铝护套端头，使得环痕经历金属疲劳后断开。去除波纹铝护套后，将断口用鲤鱼钳向外扳成喇叭口，并将断口打磨光滑，去掉尖端。去除波纹铝护套不得损伤内部的半导电层和填充材料。

（6）电缆绝缘屏蔽层的剥切。用剪刀去除阻水及缓冲层后，使用玻璃片去除电缆绝缘屏蔽层。绝缘屏蔽层断口尺寸按照安装尺寸，断口应平齐，并与绝缘表面平滑过渡，绝缘表面没有遗留半导电材料。

（7）电缆绝缘层剥切。使用专用电缆剥削器去除绝缘层，露出电缆线芯。调节电缆剥削器深度时，应留有 2mm 厚度的绝缘层，以免损伤导体屏蔽层和导体线芯。最后用电缆刀去除 2mm 厚度的绝缘层。绝缘层断口尺寸以安装图要求为准。

（8）电缆反应力锥的制作。作业前一定要看清楚尺寸要求，使用电缆剥削器，逐渐减少剥切深度，控制好纵向位移和深度的关系，慢慢剥切至规定的锥长处。注意不要使用电缆剥削器一次剥切到位，留有一定余度，通过打磨达到要求的坡度和锥长。

（9）绝缘表面处理。110kV 及以上高压电缆附件安装中，电缆绝缘表面的处理是制约整个电缆附件电气性能的决定性因素。因此，电缆绝缘表面，尤其是绝缘屏蔽断口处，其光滑程度、圆整度是一道十分重要的工艺。至少使用 400 号及以上砂纸打磨，外半导电断口与绝缘表面的过度应进行精细处理，要求平滑过渡，不得形成凹陷或凸起。同时为保证界面压力，完工后的绝缘层外径尺寸应符合工艺和图纸要求，多点进行尺寸复核。电缆反应力锥通过打磨后，形成平滑的锥度，尺寸符合要求。

（10）清洁表面。使用无水溶剂，从绝缘部分向半导电方向擦干净。清洁纸不得来回反复使用。

（11）记录尺寸。对不同测量点、不同方位测得的绝缘厚度及各部分的剥切尺寸做详细记录。

二、考核

（一）考核所需用的工器具、材料与场地

（1）工器具：电锯、电缆剥削器、打磨机、吸尘器、电缆刀、手锤、游标卡尺、手动锯弓、卷尺、钢尺、液化气枪、鲤鱼钳、锉刀、剪刀、玻璃片、钢丝刷、平口起子、防护眼镜、燃气喷枪一套。

（2）材料：砂纸、电缆清洁纸、手锯锯条、不起毛白布、无铅汽油、保鲜膜、PVC胶带、无水酒精、丙酮。

（3）场地：

1）场地面积能同时满足多个工位，并保证工位间的距离合适，不应影响操作或对各方的人身安全。

2）室内场地应有照明、通风、电源、降温设施。温度 15～30℃，当温度超出允许范围，应采取适当措施。相对湿度控制在 70％以下。无尘环境。

3）室内场地有灭火设施。

4）工器具按同时开设工位数确定，并有备用。

5）设置 2 套评判桌椅和计时秒表。

（二）考核要点

（1）考核内容：电缆非金属护套的剥切；电缆金属护套的剥切；电缆绝缘屏蔽层的剥切，屏蔽层端部锥度的加工；电缆绝缘表面处理。

（2）电缆型号：YJLW$_{02}$-64/110kV-1×630 铜芯导体皱纹铝护套电缆。

（3）按图纸标注的尺寸进行电缆的非金属外护套、皱纹铝护套、半导电屏蔽的剥切以及电缆绝缘表面处理。

（4）该项目由 1 名考生独立完成。

（5）为避免环境因素影响，本项目可在室内进行。

（6）发生安全事故，本项考核不及格。

（三）考核时间

（1）考核时间：二级工考核时间为 120min，三级工考核时间为 140min。

（2）选用工器具、设备、材料时间 10min，时间到停止选用，节约用时不纳入考核时间。

（3）许可开工后记录考核开始时间。

（4）现场清理完毕后，汇报工作终结，记录考核结束时间。

三、评分参考标准

行业：电力工程　　　　　　　　工种：电力电缆工　　　　　　　　等级：三/二

编号	DL314（DL203）	行为领域	e		鉴定范围	
考核时间	120min/140min	题型	A		含权题分	50
试题名称	110kV 电力电缆剥切					
考核要点 及要求	（1）考核内容：电缆非金属护套的剥切；电缆金属护套的剥切；电缆绝缘屏蔽层的剥切；屏蔽层端部锥度的加工；电缆绝缘表面处理。 （2）电缆型号：YJLW$_{02}$-64/110kV-1×630 铜芯导体皱纹铝护套电缆。 （3）按图纸标注的尺寸进行电缆的非金属外护套、皱纹铝护套、半导电屏蔽的剥切以及电缆绝缘表面处理。 （4）该项目由 1 名考生独立完成。 （5）为避免环境因素影响，本项目可在室内进行					
现场工器具、材料	电锯、电缆剥削器、打磨机、吸尘器、电缆刀、手锤、游标卡尺、手动锯工、卷尺、钢尺、燃气喷枪一套、鲤鱼钳、锉刀、剪刀、玻璃片、钢丝刷、平口起子、防护眼镜、砂纸、电缆清洁纸、不起毛白布、无铅汽油、保鲜膜、PVC胶带、汽油、丙酮					
备注						

			评分标准				

序号	作业名称	质量要求	分值	扣分标准	扣分原因	得分
1	着装	正确佩戴安全帽，穿工作服，穿绝缘鞋	5	（1）没穿戴工作服（鞋）、安全帽扣 5 分。 （2）帽带松弛及衣、袖没扣，鞋带不系扣 3 分		
2	去除石墨层	以安装尺寸规定的外护套断口为中心，向电缆两侧各 20cm 去除石墨层。使用玻璃片时，注意不要划伤手。石墨层去除干净	5	（1）未去除扣 5 分。 （2）工艺不到位扣 2 分。		
3	剥切外护套	在规定的安装尺寸处用 PVC 胶带做好记号，用电缆刀环切刀痕，再垂直向电缆断口方向切一道刀痕，深度不超过外护套厚度的 3/4。用平口起子配合电缆刀，去除外护套。注意不得损伤波纹铝护套	8	（1）尺寸不对扣 5 分。 （2）伤及金属护套扣 3 分。		

		评分标准				
序号	作业名称	质量要求	分值	扣分标准	扣分原因	得分
4	剥切波纹铝护套					
4.1	沥青清洗	用燃气喷枪稍稍加热波纹铝护套外面的沥青，注意温度不得过高，以免损伤电缆结构。使用汽油将沥青清洗干净	2	未清洗干净扣2分		
4.2	波纹铝护套环痕	在规定的安装尺寸处用PVC胶带做好记号，用手锯慢慢锯一圈环痕，深度不超过波纹铝护套厚度的3/4	3	(1) 锯透扣1分。 (2) 尺寸不对扣2分		
4.3	波纹铝护套断开	轻轻扳动波纹铝护套端头，使得环痕经历金属疲劳后断开	2	操作不当扣2分		
4.4	断口处理	将断口用鲤鱼钳向外扳成喇叭口，并将断口打磨光滑，去掉尖端。去除波纹铝护套不得损伤内部的半导电层和填充材料	5	(1) 未扳成喇叭口扣3分。 (2) 未打磨扣2分		
5	电缆绝缘屏蔽层的剥切	用玻璃片去除电缆绝缘屏蔽层。绝缘屏蔽层断口尺寸按照安装尺寸，断口应平齐，并与绝缘表面平滑过渡，绝缘表面没有遗留半导电材料	15	(1) 断口尺寸不对扣8分。 (2) 有钝口扣2分。 (3) 过度铺平滑扣5分		
6	电缆绝缘层剥切	调节电缆剥削器深度时，应留有2mm厚度的绝缘层，以免损伤导体屏蔽层和导体线芯。最后用电缆刀去除2mm厚度的绝缘层。绝缘层断口尺寸以安装图要求为准	10	(1) 尺寸不对扣7分。 (2) 伤及内半导电或线芯扣3分		
7	电缆反应力锥的制作	使用电缆剥削器，逐渐减少剥切深度，控制好纵向位移和深度的关系，慢慢剥切至规定的锥长处。注意不要使用电缆剥削器一次剥切到位，留有一定余度，通过打磨达到要求的坡度和锥长	10	(1) 没有正确操作使用绝缘剥削器扣5分。 (2) 坡度不恰当扣5分		

序号	作业名称	质量要求	分值	扣分标准	扣分原因	得分
		评分标准				
8	绝缘表面处理	至少使用400号以上砂纸打磨，外半导电断口与绝缘表面的过度应进行精细处理，要求平滑过渡，不得形成凹陷或凸起。完工后的绝缘层外径尺寸应符合工艺和图纸要求，多点进行尺寸复核。电缆反应力锥通过打磨后，形成平滑的锥度，并且尺寸符合要求	20	（1）绝缘表面不光滑扣5分。 （2）外半断口过度不平滑扣5分。 （3）反应力锥尺寸不对扣5分。 （4）圆整度误差超过0.2mm扣5分		
9	清洁表面	使用无水溶剂，从绝缘部分向半导电方向擦干净。清洁纸不得来回反复使用	5	方向不对扣5分		
10	记录尺寸	对不同测量点、不同方位测得的绝缘厚度及各部分的剥切尺寸做详细记录	5	记录不详细扣4分		
11	清理现场	清理现场、清点工器具仪表，汇报完工	5	（1）清理不完全扣3分。 （2）未汇报完工扣2分		
考试开始时间			考试结束时间		合计	
考生栏	编号：	姓名：	所在岗位：	单位：	日期：	
考评员栏	成绩：	考评员：		考评组长：		

DL315 (DL204) 10kV-XLPE电力电缆热缩中间接头制作及试验

一、施工

(一) 工器具、材料、设备

(1) 工器具：标示牌、安全围栏、电缆支架、钢锯、锯条、铁皮剪刀、裁纸刀、电缆刀、平锉、电工个人组合工具、燃气喷枪、灭火器。

(2) 材料：砂纸120号/240号、电缆清洁纸、电缆附件一套、自黏胶带、导体连接管（与电缆截面积相符）焊锡丝、焊锡膏。

(3) 设备：液压钳及模具、电烙铁、直流高压发生器、微安表、绝缘电阻表、放电棒、试验用线包。

(二) 施工的安全要求

(1) 防使用燃气喷枪时烫伤。使用燃气喷枪时，喷嘴不准对着人体及设备。燃气喷枪使用完毕，放置在安全地点，冷却后装运。

(2) 防刀具伤人。用刀时刀口向外，不准对着人体。工作过程中，注意轻接轻放。

(3) 电缆试验工作由两人进行，一人操作，一人监护。需持工作票得到许可后方可开工。

(4) 电缆耐压试验前，加压端应做好安全措施，防止人员误入试验场所。另一端应设置安全围栏并挂上标示牌，必要时派人看守。

(5) 电缆耐压试验前后，应对被试品充分放电。

(6) 试验更换引线时，应对被试品充分放电。作业人员应戴好绝缘手套，并站在绝缘垫上。

(三) 施工步骤与要求

1. 操作步骤

(1) 准备工作。

1) 着装规范。

2) 选择工具。

206

3）选择材料。

4）办理工作许可手续。

（2）工作过程。

1）校直电缆。将电缆校直，两端重叠 200～300mm 确定接头中心后，在中心处锯断。注意清洁电缆两端外护套各 2m。

2）剥切外护套及钢铠。按电缆附件所示尺寸剥除外护套，自外护套切口处保留 25mm（去漆），用铜绑线绑扎固定后其余剥除。注意切割深度不得超过铠装厚度的 2/3，切口应平齐，不应有尖角、锐边，切割时勿伤内层结构。

3）剥切内衬套。自铠装切口处保留 10mm 内护套，其余剥除。注意不得伤及铜屏蔽层。

4）剥切铜屏蔽层。注意切口应平齐，不得留有尖角。

5）剥切外半导电层。注意切口应平齐，不得留有残迹，切勿伤及主绝缘层。

6）固定应力控制管。注意位置正确。

7）在应力管前端绕包防水密封胶。注意绕包表面应连续、光滑。

8）剥切主绝缘层。注意不得伤及线芯。

9）切削反应力锥。自主绝缘断口处量 40mm，削成 35mm 锥体，留 5mm 内半导电层。注意锥体要圆整。

10）两段电缆进行绝缘电阻试验，方法见 20）。

11）套入管材。

12）压接连接管。对称压接，压接后应除尖角、毛刺，并清洗干净。

13）连接管表面绕包半导电带，注意绕包表面应连续、光滑。

14）连接管表面绕包普通填充胶，注意绕包表面应连续、光滑。

15）固定复合管。复合管在两端应力控制管之间对称安装，并由中间开始加热收缩固定。注意火焰朝收缩方向，加热收缩时火焰应不断旋转、移动。

16）在复合管两端的台阶处绕包防水密封胶；注意绕包表面应连续、光滑。

17）在防水密封胶上绕包半导电胶带，注意绕包表面应连续、光滑。

18）安装屏蔽铜网。用铜扎丝将屏蔽铜网一端扎紧在电缆铜屏蔽层上，沿接头方向拉伸收紧铜网，使其紧贴在绝缘管上至电缆接头另一端的铜屏蔽层，用铜扎丝扎紧后翻转铜网并拉回原端扎牢。最后在两端扎丝处将铜网和铜屏蔽层焊牢。注意扎丝不少于 2 道，焊面不小于圆周的 1/3，焊点及扎丝头应处理平整，不应留有尖角、毛刺。

19）固定密封护套管。将密封护套管套至接头中间，从中间向两端加热收缩。注意密封处应预先打磨。

20）电缆绝缘电阻试验。

a. 将电缆被测芯接于绝缘电阻表 L 柱上，非被测芯线均应与电缆地线一同接地并接于绝缘电阻表 E 柱上。如果电缆接线端头表面可能产生表面泄漏电流时，应加以屏蔽，用软铜线绕 1～2 圈即可，并接到绝缘电阻表 G 柱上。

b. 用手转动绝缘电阻表，当达到额定转速 120r/min 时，将绝缘电阻表 L 柱上绝缘线触向电缆被测芯，同时开始计时，读取 15s 与 60s 的绝缘电阻值并记录。将绝缘电阻表 L 柱上绝缘线与电缆被测芯断开，然后停止转动绝缘电阻表。

c. 当被测电缆较长、充电电流很大时，绝缘电阻表开始指示值可能很小。此时并不表示绝缘不良，必须经过较长时间充电才能得到正确测试结果。

d. 用放电棒放电，时间不少于 2 min。

21）电缆耐压试验。

a. 试验前，工作负责人要根据《国家电网公司电力安全工作规程（线路部分）》的工作票许可制度得到工作许可人的许可。到工作现场后要核对电缆线路名称和工作票所载各项安全措施均正确无误后才能开工。在试验地点周围要做好防止外人接近的措施，另一端应设置安全围栏并挂上警告标示牌。如另一端是上杆的或是锯断电缆处，应派人看守。

b. 根据电缆线路的电压等级和试验规程的试验标准，确定直流试验电压并选择相应的试验设备。

c. 按图 DL508 所示接线连接好试验设备，试验负责人在正式合闸加压前要检查试验接线是否正确、接地是否可靠、仪表指针是否在零位，在确认无误后才可以加压试验。

d. 合闸后要检查电压表和微安表指示是否正常，如有异常应查出并消除原因后才可继续升压试验。升压速度要均匀，大约为 1～2kV/s，并根据充电电流的大小调整升压速度。

e. 加到标准试验电压 35kV 后，根据标准规定的时间先后读取泄漏电流值，做好试验记录作为判断电缆绝缘状态的依据。

f. 电缆试验应逐相进行，一相电缆加压时，另外两相电缆导体、金属屏蔽和铠装层应接地。每相试验完毕，先将调压器退回到零位，然后切断电源。被试相导体要经放电棒充分放电并直接接地，然后才可以调换试验引线。在调换试验引线时，人不可直接接触未接接地线的电缆导体，避免导体上的剩余电荷对工作人员造成危害。

g. 试验结束，设备恢复原状，清理接线，清理现场。

（3）工作终结。清理现场杂物，清点工器具，工器具归位，退场。

2. 施工要求

10kV 三芯电缆中间头剥切构造如图 DL315 所示。

（1）剥切铠装的切割深度不得超过铠装厚度的 2/3，切口应平齐不应有尖角、锐边，切割时勿伤内层结构。

（2）剥切铜屏蔽层，切口应平齐，不得留有尖角。

（3）剥切外半导电层，切口应平齐，不得留有残迹。

（4）剥切内衬层不得伤及铜屏蔽层。

（5）剥切外半导电层不得伤及主绝缘层。

（6）剥切主绝缘层不得伤及线芯。

（7）用电缆清洁纸清洁绝缘层表面。

（8）压接连接管，两端各压 2 道。

（9）连接管压接后除去尖角、毛刺。

（10）绕包半导电胶带连续、光滑。

（11）绕包密封胶连续、光滑。

（12）应力控制管应小火均匀烘烤。

（13）热缩管外表无灼伤痕迹。

（14）安装地线扎丝不少于 2 道，并焊接牢固。

（15）电缆试验工作由两人进行，一人操作，一人监护；经许可后开始工作。

（16）试验设备应可靠接地。

（17）试验接线正确，放电及换试验接线动作安全规范。

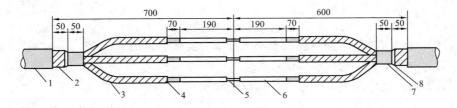

图 DL315　10kV 三芯电缆中间头剥切构造

1—外护套；2—铠装；3—铜屏蔽；4—外半导电层；

5—导电线芯；6—绝缘层；7—内护套；8—铜绑线

二、考核

（一）考核所需用的工器具、材料、设备与场地

（1）工器具：标示牌、安全围栏、电缆支架、钢锯、锯条、铁皮剪刀、裁纸刀、电缆刀、平锉、电工个人组合工具、燃气喷枪、灭火器。

（2）设备：液压钳及模具、电烙铁、直流高压发生器、微安表、绝缘电阻表、放电棒、试验用线包。

（3）材料：砂纸 120 号/240 号、电缆清洁纸、电缆附件一套、J20 自黏胶带、

导体连接管（与电缆截面积相符）焊锡丝、焊锡膏。

（4）场地：

1）场地应能容纳 4 人以上，地面应铺有绝缘垫。保证工位间的距离合适，不应影响制作或试验时各方的人身安全。

2）室内场地应有照明、通风或降温设施。

3）室内场地有 220V 电源插座，有专用接地点。

4）工器具按同时开设工位数确定，并有备用。

5）设置 2 套评判桌椅和计时秒表。

（二）考核要点

（1）电缆制作由一人操作，可有一人辅助实施，但不得有提示行为。电缆试验工作由两人进行，一人操作，一人监护。

（2）考生就位，经许可后开始工作。

（3）工作服、工作鞋、安全帽等穿戴规范。

（4）易燃用具单独放置；会正确使用，摆放整齐。

（5）剥切尺寸结合电缆附件实际尺寸要求应正确。

（6）剥切上一层不得伤及下一层。

（7）绝缘处理应干净。

（8）应力管安装位置应正确。

（9）导体连接管压接后除尖角、毛刺。

（10）绕包密封胶、填充胶、半导电胶带应连续、光滑。

（11）中间头对接前后都应试验。

（12）钢铠接地与铜屏蔽接地之间有绝缘要求。

（13）试验数据符合规程规定；试验操作行为安全规范；试验前应得到许可。

（14）安全文明生产，规定时间内完成，时间到后停止操作，按所完成的内容计分，未完成部分均不得分。工器具、材料不随意乱放。

（15）发生安全事故，本项考核不及格。

（三）考核时间

（1）考核时间为 210min。

（2）选用工器具、设备、材料时间 5min，时间到停止选用，选用工器具及材料用时不纳入考核时间。

（3）许可开工后记录考核开始时间。

（4）现场清理完毕后，汇报工作终结，记录考核结束时间。

（四）对应技能鉴定级别考核内容

（1）二级工应完成：全套规定操作，试验数据分析。

（2）三级工应完成：全套规定操作。

三、评分参考标准

行业：电力工程　　　　　　工种：电力电缆工　　　　　　等级：三

编号	DL315（DL204）	行为领域	e	鉴定范围	
考核时间	210min	题型	A	含权题分	50
试题名称	10kV-XLPE电力电缆热缩中间接头制作及试验				
考核要点及要求	（1）要求一人操作，可有一人辅助实施，但不得有提示行为。 （2）考生就位，经许可后开始工作。 （3）工作服、工作鞋、安全帽等穿戴规范。 （4）易燃用具单独放置；会正确使用，摆放整齐。 （5）剥切尺寸应正确。 （6）剥切上一层不得伤及下一层。 （7）绝缘处理应干净。 （8）应力管安装位置应正确。 （9）导体连接管压接后除尖角、毛刺。 （10）绕包密封胶、填充胶、半导电胶带应连续、光滑。 （11）中间头对接前后都应试验。 （12）钢铠接地与铜屏蔽接地之间有绝缘要求。 （13）试验数据符合规程规定；试验操作行为安全规范；试验前应得到许可。 （14）安全文明生产，规定时间内完成。时间到后停止操作，节约时间不加分。超时停止操作，按所完成的内容计分，未完成部分均不得分。工器具、材料不随意乱放				
现场工器具、材料、设备	（1）工器具：标示牌、安全围栏、电缆支架、钢锯、锯条、铁皮剪刀、裁纸刀、电缆刀、平锉、电工个人组合工具、燃气喷枪、灭火器。 （2）材料：砂纸120号/240号、电缆清洁纸、电缆附件、自黏胶带、导体连接管（与电缆截面积相符）、焊锡丝、焊锡膏。 （3）设备：液压钳及模具、电烙铁、直流高压发生器、微安表、绝缘电阻表、放电棒、试验用线包				
备注					
评分标准					

序号	作业名称	质量要求	分值	扣分标准	扣分原因	得分
1	着装、穿戴	工作服、工作鞋、安全帽等穿戴正确	5	（1）没穿戴工作服（鞋）、安全帽扣5分。 （2）帽带松弛及衣、袖没扣，鞋带不系扣3分		
2	支撑、校直、外护套擦拭	为了便于操作，选好位置，将要进行施工的部分支架好，同时校直，擦去外护套上的污迹。将热缩套管套在电缆上	2	一项工作未做扣1分		

序号	作业名称	质量要求	分值	扣分标准	扣分原因	得分
			评分标准			
3	确定中间对接点,将电缆断切面锯平	导体切口面凹凸不平应锯平,确定对接中心点和长、短头	3	(1)未按要求做扣3分。 (2)尺寸不对或未做接头裕度扣2分		
4	校对施工尺寸	根据附件供应商提供的图纸,确定施工尺寸	5	尺寸与图纸不符扣2~5分		
5	操作程序控制	操作程序应按图纸进行	5	(1)程序错误扣3分。 (2)遗漏工序扣2分		
6	剥出外护套、铠装、内护层、内衬、铜屏蔽及外半导电层等	剥切时切口不平,金属切口有毛刺或伤及其下一层结构,应视为缺陷;绝缘表面干净、光滑、无残质,均匀涂上硅脂	25	(1)尺寸不对扣2~5分。 (2)剥时伤及绝缘扣2~5分。 (3)剥口没处理成小斜坡、有毛刺扣2~5分。 (4)绝缘表面没处理干净扣2~5分。 (5)未均匀涂上硅脂扣2~5分		
7	绑扎和焊接及屏蔽连接	绑扎铠装及接地线;固定铜屏蔽要平整,不能松带;焊点应平滑、牢固,铜网拉平,连接牢固	5	(1)焊点不牢固扣2分。 (2)焊点厚度大于4mm扣1分。 (3)铜屏蔽不平整、松带扣1分。 (4)接地线绑扎不紧扣1分		
8	按先内后外次序热缩套管,依次套入各种不同用途的热缩管	收缩紧密,管外表无灼伤痕迹,所有套管热缩应到位。热缩前,绝缘表面应用清洁纸向外半导电层方向清洁	10	(1)应力管位置不对扣5分。 (2)内外次序错误扣5分。 (3)管外表有灼伤痕迹扣2~5分		
9	剥削绝缘和压接连接管	绝缘断口处应削成铅笔状。压接从连接管两端口开始,压接坑数不得少于4个。压接后连接管表面应打磨光滑	5	(1)未削成铅笔状扣1分。 (2)压接点少于4点扣2分。 (3)连接管表面未打磨扣2分		
10	热缩应力管、绝缘管、外护套	外护套应热缩均匀,两端都应绕密封胶,加强防潮能力	5	(1)未绕密封胶扣5分。 (2)工艺不对扣3分		
11	绝缘摇测	选用绝缘电阻表正确;操作正确;对接前后都需摇测	10	(1)未检查绝缘电阻表扣2分。 (2)转速不符合要求扣2分。 (3)未放电扣3分。 (4)对接前后不摇测扣3分		

			评分标准				
序号	作业名称	质量要求	分值	扣分标准		扣分原因	得分
12	耐压试验	接线正确，操作正确	10	（1）接线不正确扣2～5分。 （2）未放电扣2～5分。 （3）未得到许可擅自加压本项不得分			
13	安全文明生产	清查现场遗留物，文明操作，禁止违章操作，不损坏工器具，不发生安全生产事故	10	（1）有不安全行为扣2～5分。 （2）损坏元件、工器具扣2～5分			
考试开始时间				考试结束时间		合计	
考生栏		编号： 姓名： 所在岗位： 单位： 日期：					
考评员栏		成绩： 考评员： 考评组长：					

行业：电力工程　　　　　工种：电力电缆工　　　　　等级：二

编号	DL204（DL315）	行为领域	e	鉴定范围	
考核时间	210min	题型	A	含权题分	50
试题名称	10kV-XLPE电力电缆热缩中间接头制作及试验				
考核要点及要求	（1）要求一人操作，可有一人辅助实施，但不得有提示行为。 （2）考生就位，经许可后开始工作。 （3）工作服、工作鞋、安全帽等穿戴规范。 （4）易燃用具单独放置；会正确使用，摆放整齐。 （5）剥切尺寸结合电缆附件实际尺寸要求应正确。 （6）剥切上一层不得伤及下一层。 （7）绝缘处理应干净。 （8）应力管安装位置应正确。 （9）导体连接管压接后除尖角、毛刺。 （10）绕包密封胶、填充胶、半导电胶带应连续、光滑。 （11）中间头对接前后都应试验。 （12）钢铠接地与铜屏蔽接地之间有绝缘要求。 （13）试验数据符合规程规定；试验操作行为安全规范，试验前应得到许可。 （14）试验数据分析正确。 （15）安全文明生产，规定时间内完成。时间到后停止操作，节约时间不加分。超时停止操作，按所完成的内容计分，未完成部分均不得分。工器具、材料不随意乱放				
现场工器具、材料、设备	（1）工器具：标示牌、安全围栏、电缆支架、钢锯、锯条、铁皮剪刀、裁纸刀、电缆刀、平锉、电工个人组合工具、燃气喷枪、灭火器。 （2）材料：砂纸120号/240号、电缆清洁纸、电缆附件、自黏胶带、导体连接管（与电缆截面积相符）焊锡丝、焊锡膏。 （3）设备：液压钳及模具、电烙铁、直流高压发生器、微安表、绝缘电阻表、放电棒、试验用线包				
备注					

				评分标准			
序号	作业名称	质量要求	分值	扣分标准	扣分原因	得分	
1	着装、穿戴	工作服、工作鞋、安全帽等穿戴正确	5	（1）没穿戴工作服（鞋）、安全帽扣5分。 （2）帽带松弛及衣、袖没扣，鞋带不系扣3分			
2	支撑、校直、外护套擦拭	为了便于操作，选好位置，将要进行施工的部分支架好，同时校直，擦去外护套上的污迹。将热缩套管套在电缆上	2	一项工作未做扣1分			
3	确定中间对接点，将电缆断切面锯平	导体切口面凹凸不平应锯平，确定对接中心点和长、短头	3	（1）未按要求做扣3分。 （2）尺寸不对或未做接头裕度扣2分			
4	校队施工尺寸	根据附件供应商提供的图纸，确定施工尺寸	5	尺寸与图纸不符扣2～5分			
5	操作程序控制	操作程序应按图纸进行	5	（1）程序错误扣5分。 （2）遗漏工序扣3分			
6	剥出外护套、铠装、内护层、内衬、铜屏蔽及外半导电层等	剥切时切口不平，金属切口有毛刺或伤及其下一层结构，应视为缺陷；绝缘表面干净、光滑、无残质，均匀涂上硅脂	15	（1）尺寸不对扣3分。 （2）剥时伤及绝缘扣2～5分。 （3）剥口没处理成小斜坡、有毛刺扣2～5分。 （4）绝缘表面没处理干净扣3分。 （5）未均匀涂上硅脂扣2分			
7	绑扎和焊接及屏蔽连接	绑扎铠装及接地线；固定铜屏蔽要平整，不能松带；焊点应平滑、牢固，铜网拉平，连接牢固	5	（1）焊点不牢固扣2分。 （2）焊点厚度大于4mm扣1分。 （3）铜屏蔽不平整、松带扣1分。 （4）接地线绑扎不紧扣1分			
8	按先内后外次序热缩套管，依次套入各种不同用途的热缩管	收缩紧密，管外表无灼伤痕迹，所有套管热缩应到位。热缩前，绝缘表面应用清洁纸向外半导电层方向清洁	10	（1）应力管位置不对扣3分。 （2）内外次序错误扣4分。 （3）管外表有灼伤痕迹扣3分			

		评分标准				
序号	作业名称	质量要求	分值	扣分标准	扣分原因	得分
9	剥削绝缘和压接连接管	绝缘断口处应削成铅笔状。压接从连接管两端口开始,压接坑数不得少于4个。压接后连接管表面应打磨光滑	5	(1) 未削成铅笔状扣1分。 (2) 压接点少于4点扣2分。 (3) 连接管表面未打磨扣2分		
10	热缩应力管、绝缘管、外护套	外护套应热缩均匀,两端都应绕密封胶,加强防潮能力	5	(1) 未绕密封胶扣5分。 (2) 工艺不对扣3分		
11	绝缘摇测	选用绝缘电阻表正确;操作正确;对接前后都需摇测	10	(1) 未检查绝缘电阻表扣2分。 (2) 转速不符要求扣2分。 (3) 未放电扣3分。 (4) 对接前后不摇测扣3分		
12	耐压试验	接线正确,操作正确	10	(1) 接线不正确扣2～5分。 (2) 未放电扣3分。 (3) 判断不正确扣2分		
13	试验数据分析	正确分析	10	(1) 不会分析扣10分。 (2) 分析不完整扣2～5分		
14	安全文明生产	清查现场遗留物,文明操作,禁止违章操作,不损坏工器具,不发生安全生产事故	10	(1) 有不安全行为扣2～5分。 (2) 损坏元件、工器具扣2～5分		
考试开始时间			考试结束时间		合计	
考生栏	编号:	姓名:	所在岗位:	单位:	日期:	
考评员栏	成绩:	考评员:		考评组长:		

DL316 (DL205) 10kV-XLPE电缆硅橡胶预制式中间接头制作及试验

一、施工

(一) 工器具、材料、设备

(1) 工器具：标示牌、安全围栏、电缆支架、钢锯、锯条、铁皮剪刀、裁纸刀、电缆刀、平锉、电工个人组合工具、燃气喷枪、灭火器。

(2) 材料：砂纸120号/240号、电缆清洁纸、电缆附件、自黏胶带、导体连接管（与电缆截面积相符）、PVC胶带、硅脂。

(3) 设备：液压钳及模具、直流高压发生器、微安表、绝缘电阻表、放电棒、试验用线包。

(二) 施工的安全要求

(1) 防使用燃气喷枪时烫伤。使用燃气喷枪时，喷嘴不准对着人体及设备。燃气喷枪使用完毕，放置在安全地点，冷却后装运。

(2) 防刀具伤人。用刀时刀口向外，不准对着人体。工作过程中，注意轻接轻放。

(3) 电缆试验工作由两人进行，一人操作，一人监护。需持工作票并得到许可后方可开工。

(4) 电缆耐压试验前，加压端应做好安全措施，防止人员误入试验场所。另一端应设置安全围栏并挂上标示牌，必要时派人看守。

(5) 电缆耐压试验前后，应对被试品充分放电。

(6) 试验更换引线时，应对被试品充分放电，作业人员应戴好绝缘手套，并站在绝缘垫上。

(三) 施工步骤与要求

1. 操作步骤

(1) 准备工作。

1) 着装规范。

2) 选择工具。

3) 选择材料。

4）办理工作许可手续。

（2）工作过程。

1）校直电缆。将电缆校直，两端重叠 200～300mm 确定接头中心后，在中心处锯断。注意清洁电缆两端外护套各 2m。

2）剥切外护套及钢铠。按电缆附件所示尺寸剥除外护套，自外护套切口处保留 25mm（去漆），用铜绑线绑扎固定后其余剥除。注意切割深度不得超过铠装厚度的 2/3，切口应平齐，不应有尖角、锐边，切割时勿伤内层结构。

3）剥切内护套。自铠装切口处保留 10mm 内护套，其余剥除。注意不得伤及铜屏蔽层。

4）剥切铜屏蔽层。注意切口应平齐，不得留有尖角。

5）剥切外半导电层。注意切口应平齐，不得留有残迹，切勿伤及主绝缘层。

6）剥切主绝缘层。注意不得伤及线芯。

7）确定定位点，用 PVC 胶带做好标记。

8）套入各种管材。

9）两端电缆绝缘试验，方法见 16）。

10）压接连接管。对称压接，压接后应除尖角、毛刺，并清洗干净。

11）清洁绝缘表面，并涂抹硅脂膏。

12）将中间接头拉到做记号处。

13）在接头处绕包半导电带。

14）安装屏蔽铜网。用铜扎丝将屏蔽铜网一端扎紧在电缆铜屏蔽层上，沿接头方向拉伸收紧铜网，使其紧贴在绝缘管上至电缆接头另一端的铜屏蔽层，用铜扎丝扎紧后翻转铜网并拉回原端扎牢。最后在两端扎丝处将铜网和铜屏蔽层焊牢。注意扎丝不少于 2 道，焊面不小于圆周的 1/3，焊点及扎丝头应处理平整，不应留有尖角、毛刺。

15）绕包密封胶并固定密封护套管。

16）电缆绝缘电阻试验。

a. 将电缆被测芯待接于绝缘电阻表 L 柱上，非被测芯线均应与电缆地线一同接地并接于绝缘电阻表 E 柱上。如果电缆接线端头表面可能产生表面泄漏电流时，应加以屏蔽，用软铜线绕 1～2 圈即可，并接到绝缘电阻表 G 柱上。

b. 用手转动绝缘电阻表，当达到额定转速 120r/min 时，将绝缘电阻表 L 柱上绝缘线触向电缆被测芯，同时开始计时，读取 15s 与 60s 的绝缘电阻值并记录。将绝缘电阻表 L 柱上绝缘线与电缆被测芯断开，然后停止转动绝缘电阻表。

c. 当被测电缆较长、充电电流很大时，绝缘电阻表开始指示值可能很小。此时并不表示绝缘不良，必须经过较长时间充电才能得到正确测试结果。

d. 用放电棒放电，时间不少于 2min。

17）电缆耐压试验。

a. 试验前，工作负责人要根据《国家电网公司安全工作规程（线路部分）》的工作票许可制度得到工作许可人的许可。到工作现场后要核对电缆线路名称和工作票所载各项安全措施均正确无误后才能开工。在试验地点周围要做好防止外人接近的措施，另一端应设置安全围栏并挂上警告示示牌，如另一端是上杆的或是锯断电缆处，应派人看守。

b. 根据电缆线路的电压等级和试验规程的试验标准，确定直流试验电压并选择相应的试验设备。

c. 按图 DL508 所示接线连接好试验设备，试验负责人在正式合闸加压前要检查试验接线是否正确、接地是否可靠、仪表指针是否在零位，在确认无误后才可以加压试验。

d. 合闸后要检查电压表和微安表指示是否正常，如有异常应查出并消除原因后才可继续升压试验。升压速度要均匀，大约为 $1 \sim 2kV/s$，并根据充电电流的大小，调整升压速度。

e. 加到标准试验电压 35kV 后，根据标准规定的时间先后读取泄漏电流值，做好试验记录作为判断电缆绝缘状态的依据。

f. 电缆试验应逐相进行，一相电缆加压时，另外两相电缆导体、金属屏蔽和铠装层应接地。每相试验完毕，先将调压器退回到零位，然后切断电源。被试相导体要经放电棒充分放电并直接接地，然后才可以调换试验引线。在调换试验引线时，人不可直接接触未接接地线的电缆导体，避免导体上的剩余电荷对工作人员造成危害。

g. 试验结束，设备恢复原状，清理接线，清理现场。

（3）工作终结。清理现场杂物，清点工器具，工器具归位，退场。

2. 施工要求

（1）剥切铠装的切割深度不得超过铠装厚度的 2/3，切口应平齐不应有尖角、锐边，切割时勿伤内层结构。

（2）剥切铜屏蔽层，切口应平齐，不得留有尖角。

（3）剥切外半导电层，切口应平齐，不得留有残迹。

（4）剥切内衬层不得伤及铜屏蔽层。

（5）剥切外半导电层不得伤及主绝缘层。

（6）剥切主绝缘层不得伤及线芯。

（7）用电缆清洁纸清洁绝缘层表面。

（8）压接连接管，两端各压 2 道。

（9）连接管压接后除尖角、毛刺。

（10）绕包密封胶、填充胶、半导电胶带应连续、光滑。

（11）中间头位置安装正确。

（12）安装地线扎丝不少于2道，并焊接牢固。

（13）钢铠接地与铜屏蔽接地之间有绝缘要求。

（14）电缆试验工作由两人进行，一人操作，一人监护；经许可后开始工作。

（15）试验设备应可靠接地。

（16）试验接线正确，放电及换试验接线动作安全规范。

二、考核

（一）考核所需用的工器具、材料、设备与场地

（1）工器具：标示牌、安全围栏、电缆支架、钢锯、锯条、铁皮剪刀、裁纸刀、电缆刀、平锉、电工个人组合工具、燃气喷枪、灭火器。

（2）设备：液压钳及模具、电烙铁、直流高压发生器、微安表、绝缘电阻表、放电棒、试验用线包。

（3）材料：砂纸120号/240号、电缆清洁纸、电缆附件（备3套中间头，不同规格各一套）、自黏胶带、导体连接管（与电缆截面积相符）；PVC胶带、硅脂。

（4）场地：

1）场地应能容纳4人以上，地面应铺有绝缘垫。保证工位间的距离合适，不应影响制作或试验时各方的人身安全。

2）室内场地应有照明、通风或降温设施。

3）室内场地有220V电源插座，有专用接地点。

4）工器具按同时开设工位数确定，并有备用。

5）设置2套评判桌椅和计时秒表。

（二）考核要点

（1）电缆制作由一人操作，可有一人辅助实施，但不得有提示行为。电缆试验工作由两人进行，一人操作，一人监护。

（2）考生就位，经许可后开始工作。

（3）工作服、工作鞋、安全帽等穿戴规范。

（4）易燃用具单独放置；会正确使用，摆放整齐。

（5）剥切尺寸应正确。

（6）剥切上一层不得伤及下一层。

（7）绝缘处理应干净。

（8）导体连接管压接后除尖角、毛刺。

（9）绕包密封胶、填充胶、半导电胶带应连续、光滑。

（10）中间头位置安装正确。

（11）钢铠接地与铜屏蔽接地之间有绝缘要求。

（12）中间头对接前后都应试验。

（13）试验数据符合规程规定；试验操作行为安全规范；试验前应得到许可。

（14）安全文明生产，规定时间内完成。时间到后停止操作，按所完成的内容计分。工器具、材料不随意乱放。

（15）发生安全事故，本项考核不及格。

（三）考核时间

（1）考核时间为 210min。

（2）选用工器具、设备、材料时间 5min，时间到停止选用。选用工器具及材料用时不纳入考核时间。

（3）许可开工后记录考核开始时间。

（4）现场清理完毕后，汇报工作终结，记录考核结束时间。

（四）对应技能鉴定级别考核内容

（1）二级工应完成：全套规定操作，试验数据分析。

（2）三级工应完成：全套规定操作。

三、评分参考标准

行业：电力工程　　　　　　　工种：电力电缆工　　　　　　　等级：三

编号	DL316（DL205）		e	鉴定范围	
考核时间	210min	题型	A	含权题分	50
试题名称	10kV-XLPE 电缆硅橡胶预制式中间接头制作及试验				
考核要点 及要求	（1）一人操作，可有一人辅助实施，但不得有提示行为，电缆试验工作由两人进行，一人操作，一人监护。 （2）考生就位，经许可后开始工作。 （3）工作服、工作鞋、安全帽等穿戴规范。 （4）易燃用具单独放置；会正确使用，摆放整齐。 （5）剥切尺寸应正确。 （6）剥切上一层不得伤及下一层。 （7）绝缘处理应干净。 （8）导体连接管压接后除尖角、毛刺。 （9）绕包密封胶、填充胶、半导电胶带应连续、光滑。 （10）中间头位置安装正确。 （11）中间头对接前后都应试验。 （12）钢铠接地与铜屏蔽接地之间有绝缘要求。 （13）试验数据符合规程规定；试验操作行为安全规范；试验前应得到许可。 （14）安全文明生产，规定时间完成。时间到后停止操作，节约时间不加分。超时停止操作，按所完成的内容计分，未完成部分均不得分。工器具、材料不随意乱放				

现场工器具、材料、设备	（1）工器具：标示牌若干、安全围栏、电缆支架、钢锯、锯条、铁皮剪刀、裁纸刀、电缆刀、钢丝钳、尖嘴钳、钢尺、锉刀、平口起子、燃气喷枪、灭火器。 （2）材料：砂纸120号/240号、电缆清洁纸、电缆附件一套、自黏胶带、导体连接管（与电缆截面积相符）、PVC胶带、硅脂。 （3）设备：液压钳及模具、电烙铁、直流高压发生器、微安表、绝缘电阻表一块、放电棒、试验用线包	
备注		

		评分标准				
序号	作业名称	质量要求	分值	扣分标准	扣分原因	得分
1	着装、穿戴	工作服、工作鞋、安全帽等穿戴正确	5	（1）没穿戴工作服（鞋）、安全帽扣5分。 （2）帽带松弛及衣、袖没扣，鞋带不系扣3分		
2	支撑、校直、外护套擦拭	为了便于操作，选好位置，将要进行施工的部分支架好，同时校直，擦去外护套上的污迹。将外护套管套在电缆上	2	一项工作未做扣1分		
3	确定中间对接点，将电缆断切面锯平	导体切面凹凸不平应锯平，确定对接中心点和长、短头	3	未按要求做扣3分		
4	校对施工尺寸	根据附件供应商提供的图纸，确定施工尺寸	5	尺寸与图纸不符扣2~5分		
5	操作程序控制	操作程序应按图纸进行	5	（1）程序错误扣3分。 （2）遗漏工序扣2分		
6	剥出外护套、铠装、内护层、内衬、铜屏蔽及外半导电层等	剥切时切口不平，金属切口有毛刺或伤及其下一层结构，应视为缺陷；绝缘表面干净、光滑、无残质；在接头内部，绝缘表面半导电层上均匀涂上硅脂	25	（1）尺寸不对扣2~5分。 （2）剥时伤及绝缘扣2~5分。 （3）剥口没处理成小斜坡、有毛刺扣2~5分。 （4）绝缘表面没处理干净扣2~5分。 （5）未均匀涂上硅脂扣2~5分		
7	绑扎和焊接及屏蔽连接	绑扎铠装及接地线；固定铜屏蔽要平整，不能松带；焊点应平滑、牢固，铜网及铜编织带应扎紧焊牢	5	（1）焊点不牢固扣2分。 （2）焊点厚度大于4mm扣1分。 （3）铜屏蔽不平整、松带扣1分。 （4）接地线绑扎不紧扣1分		

		评分标准				
序号	作业名称	质量要求	分值	扣分标准	扣分原因	得分
8	推入预制式接头和套上不同用途套管,待压接后将其分别复位	将中间接头推入剥切较长的电缆上,待压接好并清洗后用包带做好记号,然后将中间接头拉到做记号处,擦去多余硅脂,用手拧动接头,在接头处绕包半导电胶带应均匀	10	(1) 未做中间接头位置记号扣4分。 (2) 推入中间接头位置不对扣4分。 (3) 接头处绕包半导电胶带不均匀扣2分		
9	剥削绝缘和导体压接连接管	剥去绝缘处应削成铅笔状,压接从连接管两端口开始,压接数不得少于4点。压接后连接管表面应打磨光滑	5	(1) 未削成铅笔状扣1分。 (2) 压接点少于4点扣2分。 (3) 连接管表面未打磨扣2分		
10	套外护套	外护套应热缩均匀,两端都应绕密封胶,加强防潮能力	5	未绕密封胶扣5分		
11	绝缘摇测	选用绝缘电阻表正确;操作正确;对接前后都需摇测	10	(1) 未检查绝缘电阻表扣2分。 (2) 转速不符要求扣3分。 (3) 未放电扣2分。 (4) 对接前后不摇测扣3分		
12	耐压试验	接线正确,操作正确	10	(1) 接线不正确扣2~5分。 (2) 未放电扣2~5分。 (3) 未得到许可,擅自加压本项不得分		
13	安全文明生产	清查现场遗留物,文明操作,禁止违章操作,不损坏工器具,不发生安全生产事故	10	(1) 有不安全行为扣2~5分。 (2) 损坏元件、工器具扣2~5分		
考试开始时间			考试结束时间		合计	
考生栏	编号:	姓名:	所在岗位:	单位:	日期:	
考评员栏	成绩:	考评员:		考评组长:		

行业：电力工程　　　　　　工种：电力电缆工　　　　　　等级：二

编号	DL205（DL316）	行为领域	e	鉴定范围	
考核时间	210min	题型	A	含权题分	50
试题名称	10kV－XLPE电缆硅橡胶预制式中间接头制作及试验				

考核要点及要求	（1）一人操作，可有一人辅助实施，但不得有提示行为。电缆试验工作由两人进行，一人操作，一人监护。 （2）考生就位，经许可后开始工作。 （3）工作服、工作鞋、安全帽等穿戴规范。 （4）易燃用具单独放置；会正确使用，摆放整齐。 （5）剥切尺寸应正确。 （6）剥切上一层不得伤及下一层。 （7）绝缘处理应干净。 （8）导体连接管压接后除尖角、毛刺。 （9）绕包密封胶、填充胶、半导电胶带应连续、光滑。 （10）中间头位置安装正确。 （11）中间头对接前后都应试验。 （12）钢铠接地与铜屏蔽接地之间有绝缘要求。 （13）试验数据符合规程规定；试验操作行为安全规范，试验前应得到许可。 （14）安全文明生产，规定时间完成，时间到后停止操作，按所完成的内容计分，工器具、材料不随意乱放
现场工器具、材料、设备	（1）工器具：标示牌、安全围栏、电缆支架、钢锯、锯条、铁皮剪刀、裁纸刀、电缆刀、钢丝钳、尖嘴钳、钢尺、平锉、平口起子、燃气喷枪、灭火器。 （2）材料：砂纸120号/240号、电缆清洁纸、电缆附件（备3套中间头，不同规格各一套）、自黏胶带、导体连接管（与电缆截面积相符）、PVC胶带、硅脂。 （3）设备：液压钳及模具、电烙铁、直流高压发生器、微安表、绝缘电阻表、放电棒、试验用线包
备注	

评分标准

序号	作业名称	质量要求	分值	扣分标准	扣分原因	得分
1	着装、穿戴	工作服、工作鞋、安全帽等穿戴正确	5	（1）没有穿戴工作服（鞋）、安全帽扣5分。 （2）帽带松弛及衣、袖没扣，鞋带不系扣3分		
2	支撑、校直、外护套擦拭	为了便于操作，选好位置，将要进行施工的部分支架好，同时校直，擦去外护套上的污迹。将外护套管套在电缆上	2	一项工作未做扣1分		
3	确定中间对接点，将电缆断切面锯平	导体切面凹凸不平应锯平，确定对接中心点和长、短头	3	未按要求做扣3分		

		评分标准				
序号	作业名称	质量要求	分值	扣分标准	扣分原因	得分
4	校对施工尺寸	根据附件供应商提供的图纸，确定施工尺寸	5	尺寸与图纸不符扣2～5分		
5	操作程序控制	操作程序应按图纸进行	5	(1) 程序错误扣2分。 (2) 遗漏工序扣3分		
6	剥出外护套、铠装、内护层、内衬、铜屏蔽及外半导电层等	剥切时切口不平，金属切口有毛刺或伤及其下一层结构，应视为缺陷；绝缘表面干净、光滑，无残质；在接头内部、绝缘表面半导电层上均匀涂上硅脂	15	(1) 尺寸不对扣3分。 (2) 剥时伤及绝缘扣2～5分。 (3) 剥口没处理成小斜坡、有毛刺扣2～5分。 (4) 绝缘表面没处理干净扣2～5分。 (5) 未均匀涂上硅脂扣2分		
7	绑扎和焊接及屏蔽连接	绑扎铠装及接地线；固定铜屏蔽要平整，不能松带；焊点应平滑、牢固，铜网及铜编织带应扎紧焊牢	5	(1) 焊点不牢固扣2分。 (2) 焊点厚度大于4mm扣1分。 (3) 铜屏蔽不平整、松带扣1分。 (4) 接地线绑扎不紧扣1分		
8	推入预制式接头和套上不同用途套管，待压接后将其分别复位	将中间接头推入剥切较长的电缆上，待压好并清洗后用包带做好记号。然后将中间接头拉到做记号处，擦去多余硅脂，用手拧动接头，在接头处绕包半导电胶带应均匀	10	(1) 未做中间接头位置记号扣4分。 (2) 推入中间接头位置不对扣4分。 (3) 接头处绕包半导电胶带不均匀扣2分		
9	剥削绝缘和导体压接连接管	剥去绝缘处应削成铅笔状；压接从连接管两端口开始，压接数不得少于4点。压接后连接管表面应打磨光滑	5	(1) 未削成铅笔状扣1分。 (2) 压接点少于4点扣2分。 (3) 连接管表面未打磨扣2分		
10	套外护套	外护套应热缩均匀，两端都应绕密封胶，加强防潮能力	5	未绕密封胶扣5分		
11	绝缘摇测	选用绝缘电阻表正确；操作正确；对接前后都需摇测	10	(1) 未检查绝缘电阻表扣2分。 (2) 转速不符合要求扣2分。 (3) 未放电扣3分。 (4) 对接前后不摇测扣3分		

				评分标准			
序号	作业名称	质量要求	分值	扣分标准	扣分原因	得分
12	耐压试验	接线正确，操作正确	10	(1) 接线不正确扣2～5分。 (2) 未放电扣3分。 (3) 判断不正确扣2分		
13	试验数据分析	正确分析	10	(1) 不会分析扣10分。 (2) 分析不完整扣2～5分		
14	安全文明生产	清查现场遗留物，文明操作，禁止违章操作，不损坏工器具，不发生安全生产事故	10	(1) 有不安全行为扣2～5分。 (2) 损坏元件、工器具扣2～5分		
考试开始时间				考试结束时间		合计	
考生栏	编号：	姓名：		所在岗位：	单位：	日期：	
考评员栏	成绩：	考评员：			考评组长：		

一、施工

(一) 工器具、材料、设备

(1) 工器具：标示牌、安全围栏、电缆支架、钢锯、锯条、铁皮剪刀、裁纸刀、电缆刀、平锉、电工个人组合工具。

(2) 材料：砂纸120号/240号、电缆清洁纸、电缆附件（备3套中间头，不同规格各一套）、自黏胶带。导体连接管（与电缆截面积相符）、PVC胶带、防水带、装甲带、10kV电缆一段。

(3) 设备：液压钳及模具、直流高压发生器、微安表、绝缘电阻表、放电棒、试验用线包。

(二) 施工的安全要求

(1) 防刀具伤人。用刀时刀口向外，不准对着人体。工作过程中，注意轻接轻放。

(2) 电缆试验工作由两人进行，一人操作，一人监护。需持工作票、施工作业票并得到许可后方可开工。

(3) 电缆耐压试验前，加压端应做好安全措施，防止人员误入试验场所。另一端应设置安全围栏并挂上标示牌，必要时派人看守。

(4) 电缆耐压试验前后，应对被试品充分放电。

(5) 试验更换引线时，应对被试品充分放电，作业人员应戴好绝缘手套，并站在绝缘垫上。

(三) 施工步骤与要求

1. 操作步骤

(1) 准备工作。

1) 着装规范。

2) 选择工具。

3) 选择材料。

4) 办理工作许可手续。

（2）工作过程。

1）校直电缆。将电缆校直，两端重叠200～300mm确定接头中心后，在中心处锯断。注意清洁电缆两端外护套各2m。

2）剥切外护套及钢铠。按电缆附件所示尺寸剥除外护套，自外护套切口处保留25mm（去漆），用铜绑线绑扎固定后其余剥除。注意切割深度不得超过铠装厚度的2/3，切口应平齐，不应有尖角、锐边，切割时勿伤内层结构。

3）剥切内衬套。自铠装切口处保留10mm内护套，其余剥除。注意不得伤及铜屏蔽层。

4）剥切铜屏蔽层。注意切口应平齐，不得留有尖角。

5）剥切外半导电层。注意切口应平齐，不得留有残迹，切勿伤及主绝缘层。

6）剥切主绝缘层。注意不得伤及线芯。

7）套入管材。

8）两段电缆绝缘电阻试验，方法见19）。

9）压接连接管。对称压接，压接后应除尖角、毛刺，并清洗干净。

10）清洁绝缘层表面。用清洁剂清洁电缆绝缘层表面，如主绝缘表面有划伤、凹坑或残留半导电颗粒，可用砂纸打磨。

11）确定定位点。用PVC胶带做好定位标记。

12）安装中间接头管。将冷缩接头对准定位标记，逆时针抽出塑料衬管条，使接头收缩固定。

13）安装屏蔽铜网。沿接头方向拉伸收紧铜网，使其紧贴在接头两端的铜屏蔽层上，中间用PVC胶带固定3处，两端用恒力弹簧固定。

14）绑扎电缆。用PVC胶带将三芯电缆紧密绑扎。

15）绕包防水带。在电缆两端内护套之间统包防水带，注意防水带涂胶黏剂的一面朝外。

16）安装铠装接地编织线。

17）绕包防水带。在整个接头处绕包防水带，与两端外护套搭接60mm，注意防水带涂胶黏剂的一面朝里。

18）绕包装甲带。在整个接头处半叠绕装甲带做机械保护，并覆盖全部防水带。注意绕包应连续、光滑。为得到最佳效果，30min内不要移动电缆。

19）电缆绝缘电阻试验。

a. 将电缆被测芯待接于绝缘电阻表L柱上，非被测芯线均应与电缆地线一同接地并接于绝缘电阻表E柱上。如果电缆接线端头表面可能产生表面泄漏电流时，应加以屏蔽，用软铜线绕1～2圈即可，并接到绝缘电阻表G柱上。

b. 用手转动绝缘电阻表，当达到额定转速120r/min时，将绝缘电阻表L柱上绝缘线触向电缆被测芯，同时开始计时，读取 15s 与 60s 的绝缘电阻值并记录。将绝缘电阻表 L 柱上绝缘线与电缆被测芯断开，然后停止转动绝缘电阻表。

c. 当被测电缆较长、充电电流很大时，绝缘电阻表开始指示值可能很小。此时并不表示绝缘不良，必须经过较长时间充电才能得到正确测试结果。

d. 用放电棒放电，时间不少于 2min。

20）电缆耐压试验。

a. 试验前，工作负责人要根据《国家电网公司电力安全规程（线路部分）》的工作票许可制度得到工作许可人的许可。到工作现场后要核对电缆线路名称和工作票所载各项安全措施均正确无误后才能开工。在试验地点周围要做好防止外人接近的措施，另一端应设置安全围栏并挂上标示牌，如另一端是上杆的或是锯断电缆处，应派人看守。

b. 根据电缆线路的电压等级和试验规程的试验标准，确定直流试验电压并选择相应的试验设备。

c. 如图 DL508 所示接线连接好试验设备，试验负责人在正式合闸加压前要检查试验接线是否正确、接地是否可靠、仪表指针是否在零位，在确认无误后才可以加压试验。

d. 合闸后要检查电压表和微安表指示是否正常，如有异常应查出并消除原因后才可继续升压试验。升压速度要均匀，大约为 1～2kV/s，并根据充电电流的大小，调整升压速度。

e. 加到标准试验电压 35kV 后，根据标准规定的时间先后读取泄漏电流值，做好试验记录作为判断电缆绝缘状态的依据。

f. 电缆试验应逐相进行，一相电缆加压时，另外两相电缆导体、金属屏蔽和铠装层应接地。每相试验完毕，先将调压器退回到零位，然后切断电源。被试相导体要经放电棒充分放电并直接接地，然后才可以调换试验引线。在调换试验引线时，人不可直接接触未接接地线的电缆导体，避免导体上的剩余电荷对工作人员造成危害。

g. 试验结束，设备恢复原状，清理接线，清理现场。

（3）工作终结。清理现场杂物，清点工器具，工器具归位，退场。

2. 施工要求

（1）剥切铠装的切割深度不得超过铠装厚度的 2/3，切口应平齐不应有尖角、锐边，切割时勿伤内层结构。

（2）剥切铜屏蔽层，切口应平齐，不得留有尖角。

（3）剥切外半导电层，切口应平齐，不得留有残迹。

（4）剥切内衬层不得伤及铜屏蔽层。

（5）剥切外半导电层不得伤及主绝缘层。

（6）剥切主绝缘层不得伤及线芯。

（7）用电缆清洁纸清洁绝缘层表面。

（8）压接连接管，两端各压2道。

（9）连接管压接后除尖角、毛刺。

（10）绕包防水带、PVC胶带、半导电胶带、装甲带应连续、光滑。

（11）安装冷缩管位置应正确。

（12）钢铠接地与铜屏蔽接地之间有绝缘要求。

（13）电缆试验工作由两人进行，一人操作，一人监护；经许可后开始工作。

（14）试验设备应可靠接地。

（15）试验接线正确，放电及换试验接线动作安全规范。

二、考核

（一）考核所需用的工器具、材料、设备与场地

（1）工器具：标示牌、安全围栏、电缆支架、钢锯、锯条、铁皮剪刀、裁纸刀、电缆刀、锉刀、电工个人组合工具。

（2）材料：砂纸120号/240号、电缆清洁纸、电缆附件、自黏胶带、导体连接管（与电缆截面积相符）、PVC胶带、防水带、装甲带、10kV电缆一段。

（3）设备：液压钳及模具、直流高压发生器、微安表、绝缘电阻表、放电棒、试验用线包。

（4）场地：

1）场地应能容纳4人以上，地面应铺有绝缘垫。保证工位间的距离合适，不应影响制作或试验时各方的人身安全。

2）室内场地应有照明、通风或降温设施。

3）室内场地有220V电源插座，有专用接地点。

4）工器具按同时开设工位数确定，并有备用。

5）设置2套评判桌椅和计时秒表。

（二）考核要点

（1）电缆制作由一人操作，可有一人辅助实施，但不得有提示行为。电缆试验工作由两人进行，一人操作，一人监护。

（2）考生就位，经许可后开始工作。

（3）工作服、工作鞋、安全帽等穿戴规范。

（4）剥切尺寸应正确。

（5）剥切上一层不得伤及下一层。

（6）绝缘处理应干净。

（7）导体连接管压接后除尖角、毛刺。

（8）绕包防水带、PVC胶带、半导电胶带、装甲带应连续、光滑。

（9）中间头绝缘管安装位置正确。

（10）钢铠接地与铜屏蔽接地之间有绝缘要求；两接地编织线相背180°。

（11）中间头对接前后都应做绝缘试验。

（12）试验数据符合规程规定；试验操作行为安全规范；试验前应得到许可。

（13）安全文明生产，规定时间内完成。时间到后停止操作，按所完成的内容计分。工器具、材料不随意乱放。

（14）发生安全事故，本项考核不及格。

（三）考核时间

（1）考核时间为210min。

（2）选用工器具、设备、材料时间5min，时间到停止选用。选用工器具及材料用时不纳入考核时间。

（3）许可开工后记录考核开始时间。

（4）现场清理完毕后，汇报工作终结，记录考核结束时间。

（四）对应技能鉴定级别考核内容

（1）二级工应完成：全套规定操作，试验数据分析。

（2）三级工应完成：全套规定操作。

三、评分参考标准

行业：电力工程　　　　　　工种：电力电缆工　　　　　　等级：三

编号	DL317（DL206）	行为领域	e	鉴定范围	
考核时间	210min	题型	A	含权题分	50
试题名称	10kV-XLPE电缆冷缩中间接头安装及试验				
考核要点 及要求	（1）一人操作，可有一人辅助实施，但不得有提示行为。电缆试验工作由两人进行，一人操作，一人监护。 （2）考生就位，经许可后开始工作。 （3）工作服、工作鞋、安全帽等穿戴规范。 （4）剥切尺寸应正确。 （5）剥切上一层不得伤及下一层。 （6）绝缘处理应干净。 （7）导体连接管压接后除尖角、毛刺。 （8）绕包防水带、PVC胶带、半导电胶带、装甲带应连续、光滑。 （9）中间头位置制作正确。 （10）钢铠接地与铜屏蔽接地之间应有绝缘要求。 （11）中间头对接前后都应试验。 （12）试验数据符合规程规定；试验操作行为安全规范；试验前应得到许可。 （13）安全文明生产，规定时间内完成，时间到后停止操作，节约时间不加分，超时停止操作，按所完成的内容计分，未完成部分均不得分，工具材料不随意乱放				

现场设备、工器具、材料	(1) 工器具：标示牌、安全围栏、电缆支架、钢锯、锯条、铁皮剪刀、裁纸刀、电缆刀、钢尺、平锉、电工个人工具。 (2) 材料：砂纸120号/240号、电缆清洁纸、电缆附件、自黏胶带、导体连接管（与电缆截面积相符）、PVC胶带、防水带、10kV电缆一段。 (3) 设备：液压钳及模具、直流高压发生器、微安表、绝缘电阻表、放电棒、试验用线包
备注	

评分标准

序号	作业名称	质量要求	分值	扣分标准	扣分原因	得分
1	着装、穿戴	工作服、工作鞋、安全帽等穿戴正确	5	(1) 没穿戴工作服（鞋）、安全帽扣5分。 (2) 帽带松弛及衣、袖没扣，鞋带不系扣3分		
2	支撑、校直、外护套擦拭	为了便于操作，选好位置，将要进行施工的部分支架好，同时校直，擦去外护套上的污迹。将外护套管套在电缆上	2	一项工作未做扣1分		
3	确定中间对接点，将电缆断切面锯平	导体切面凹凸不平应锯平，确定对接中心点和长、短头	3	(1) 未按要求做扣3分。 (2) 尺寸错误扣2分		
4	校队施工尺寸	根据附件供应商提供的图纸，确定施工尺寸	5	尺寸与图纸不符扣2~5分		
5	操作程序控制	操作程序应按图纸进行	5	(1) 程序错误扣2分。 (2) 遗漏工序扣3分		
6	剥出外护套、铠装、内护层、内衬、铜屏蔽及外半导电层等	剥切时切口不平，金属切口有毛刺或伤及其下一层结构，应视为缺陷；绝缘表面干净、光滑、无残质	15	(1) 尺寸不对扣2~5分。 (2) 剥时伤及绝缘扣2~5分。 (3) 剥口没处理成小斜坡、有毛刺扣2~5分。 (4) 绝缘表面没处理干净扣2~5分。 (5) 未均匀涂上硅脂扣2~5分		
7	剥削绝缘和压接连接管	剥去绝缘处应削成铅笔状；压接从连接管两端口开始，压接数不得少于4点。压接后连接管表面应打磨光滑	5	(1) 未削成铅笔状扣1分。 (2) 压接点少于4点扣2分。 (3) 连接管表面未打磨扣2分		
8	定位和收缩中间头	定位需正确，抽芯时应逆时针	5	(1) 定位不正确扣3分。 (2) 抽芯时不顺利扣2分		

		评分标准				
序号	作业名称	质量要求	分值	扣分标准	扣分原因	得分
9	安装铜屏蔽网	沿接头方向拉伸收紧铜网，使其紧贴在接头两端的铜屏蔽层上；中间用PVC胶带固定3处，两端用恒力弹簧固定	5	(1) 中间未用PVC胶带固定3处扣2~5分。 (2) 铜网固定不牢固扣2分		
10	绕包防水带	在电缆两端内护套之间统包防水带，注意防水带涂胶黏剂的一面朝外；在整个接头处绕包防水带，与两端外护套搭接60mm，注意防水带涂胶黏剂的一面朝里	5	(1) 未按要求做扣5分。 (2) 搭接尺寸不对扣2~5分		
11	绕包装甲带	在整个接头处半叠绕装甲带做机械保护，并覆盖全部防水带	5	(1) 未按要求做扣2~5分。 (2) 工艺不符合要求扣2~5分		
12	绝缘摇测	选用绝缘电阻表正确；操作正确；对接前后都需摇测	15	(1) 未检查绝缘电阻表扣2分。 (2) 转速不符合要求扣3分。 (3) 未放电扣5分。 (4) 对接前后不摇测扣5分		
13	耐压试验	接线正确，操作正确	15	(1) 接线不正确扣2~5分。 (2) 未放电扣2~5分。 (3) 未得到许可擅自加压本项不得分。 (4) 升压速度不对扣2~5分		
14	安全文明生产	清查现场遗留物，文明操作，禁止违章操作，不损坏工器具，不发生安全生产事故	10	(1) 有不安全行为扣2~5分。 (2) 损坏元件、工器具扣2~5分		
考试开始时间			考试结束时间		合计	
考生栏	编号：	姓名：	所在岗位：	单位：	日期：	
考评员栏	成绩：	考评员：		考评组长：		

编号	DL206（DL317）	行为领域	e	鉴定范围	
考核时间	210min	题型	A	含权题分	50
试题名称	10kV－XLPE 电缆冷缩中间接头制作及试验				

考核要点及要求	（1）一人操作，可有一人辅助实施，但不得有提示行为。电缆试验工作由两人进行，一人操作，一人监护。 （2）考生就位，经许可后开始工作。 （3）工作服、工作鞋、安全帽等穿戴规范。 （4）剥切尺寸应正确。 （5）剥切上一层不得伤及下一层。 （6）绝缘处理应干净。 （7）导体连接管压接后除尖角、毛刺。 （8）绕包防水带、PVC 胶带、半导电胶带、装甲带应连续、光滑。 （9）中间头位置安装正确。 （10）钢铠接地与铜屏蔽接地之间有绝缘要求。 （11）中间头对接前后都应试验。 （12）试验数据符合规程规定；试验操作行为安全规范；试验前应得到许可。 （13）安全文明生产，规定时间内完成。时间到后停止操作，按所完成的内容计分。工器具、材料不随意乱放
现场工器具、材料、设备	（1）工器具：标示牌、安全围栏、电缆支架、钢锯、锯条、铁皮剪刀、裁纸刀、电缆刀、钢尺、平锉、电工个人工具。 （2）材料：砂纸 120 号/240 号、电缆清洁纸、电缆附件、自黏胶带、导体连接管（与电缆截面积相符）、PVC 胶带、防水带、装甲带、10kV 电缆一段。 （3）设备：液压钳及模具、直流高压发生器、微安表、绝缘电阻表、放电棒、试验用线包
备注	

评分标准

序号	作业名称	质量要求	分值	扣分标准	扣分原因	得分
1	着装、穿戴	工作服、工作鞋、安全帽等穿戴正确	5	（1）没穿戴工作服（鞋）、安全帽扣 5 分。 （2）帽带松弛及衣、袖没扣，鞋带不系扣 3 分		
2	支撑、校直、外护套擦拭	为了便于操作，选好位置，将要进行施工的部分支架好，同时校直，擦去外护套上的污迹。将外护套管套在电缆上	2	一项工作未做扣 1 分		
3	确定中间对接点，将电缆断切面锯平	导体切面凹凸不平应锯平，确定对接中心点和长、短头	3	（1）未按要求做扣 3 分。 （2）尺寸不对或未做接头裕度扣 2 分		

続表

序号	作业名称	质量要求	分值	扣分标准	扣分原因	得分
				评分标准		
4	校队施工尺寸	根据附件供应商提供的图纸，确定施工尺寸	5	尺寸与图纸不符扣2～5分		
5	操作程序控制	操作程序应按图纸进行	5	(1) 程序错误扣2分。 (2) 遗漏工序扣3分		
6	剥出外护套、铠装、内护层、内衬、铜屏蔽及外半导电层等	剥切时切口不平，金属切口有毛刺或伤及其下一层结构，应视为缺陷；绝缘表面干净、光滑、无残质	15	(1) 尺寸不对扣2～5分。 (2) 剥时伤及绝缘扣2～5分。 (3) 剥口没处理成小斜坡、有毛刺扣2～5分。 (4) 绝缘表面没处理干净扣2～5分。 (5) 未均匀涂上硅脂扣2～5分		
7	剥削绝缘和导体压接连接管	绝缘处切断应削成铅笔状，压接从连接管两端口开始，压接数不得少于4点。压接后连接管表面应打磨光滑	5	(1) 绝缘剥切不平整扣2～5分。 (2) 压接点少于4点扣2～5分。 (3) 连接管表面未打磨扣2～5分		
8	定位和收缩中间头	定位需正确，在在半导体层与主绝缘交界处涂抹混合剂时应戴塑料手套，抽芯时应逆时针	5	(1) 定位不正确扣3分。 (2) 抽芯时不顺利扣2分		
9	安装铜屏蔽网	沿接头方向拉伸收紧铜网，使其紧贴在接头两端的铜屏蔽层上，中间用PVC胶带固定3处，两端用恒力弹簧固定	5	(1) 中间未用PVC胶带固定3处扣3分。 (2) 铜网固定不牢固扣2分		
10	绕包防水带	在电缆两端内护套之间统包防水带，注意防水带涂胶黏剂的一面朝外；在整个接头处绕包防水带与两端外护套搭接60mm，注意防水带涂胶黏剂的一面朝里	5	(1) 未按要求做扣2～5分。 (2) 搭接尺寸不对扣2分		
11	绕包装甲带	在整个接头处半叠绕装甲带做机械保护，并覆盖全部防水带	5	(1) 未按要求做扣2～5分。 (2) 工艺不符合要求扣2～5分		

234

评分标准						
序号	作业名称	质量要求	分值	扣分标准	扣分原因	得分
12	绝缘摇测	选用绝缘电阻表正确；操作正确；对接前后都需摇测	10	（1）未检查绝缘电阻表扣2分。 （2）转速不符合要求扣2分。 （3）未放电扣3分。 （4）对接前后不摇测扣3分		
13	耐压试验	接线正确，操作正确	10	（1）接线不正确扣2～5分。 （2）未放电扣3分。 （3）判断不正确扣2分		
14	试验数据分析	正确分析	10	（1）不会分析扣10分。 （2）分析不完整扣2～5分		
15	安全文明生产	清查现场遗留物，文明操作，禁止违章操作，不损坏工器具，不发生安全生产事故	10	（1）有不安全行为扣2～5分。 （2）损坏材料、工器具扣2～5分		
考试开始时间				考试结束时间		合计
考生栏	编号：　　姓名：　　　　所在岗位：　　　　单位：　　　　日期：					
考评员栏	成绩：　　考评员：　　　　　　　　考评组长：					

一、施工

（一）工器具、材料

（1）工器具：安全围栏、脉冲电流法电缆鉴别仪信号发生器、感应夹钳、识别信号接收器、110kV 接地线一套。

（2）材料：$YJLW_{02}$-64/110kV－1×400 铜芯交联聚乙烯绝缘电缆模拟线路一条、PVC 胶带。

（二）施工的安全要求

（1）施工区域设置安全围栏。

（2）工器具和材料有序摆放。

（3）正确操作使用电缆鉴别仪。

（三）施工步骤与要求

1. 施工要求

（1）考核主要内容：了解电缆鉴别仪的工作原理，能熟练操作，并能准确在多条电缆中识别到目标电缆。

（2）电缆型号：$YJLW_{02}$-64/110kV－1×400 铜芯交联聚乙烯绝缘电缆模拟线路一条。

（3）该项目由 1 名考生独立完成。

2. 操作步骤

（1）电缆对端接地。在准备识别的一回电缆对端，用接地线可靠接地。

（2）发射脉冲信号。在测试端对准备识别的目标相电缆加入脉冲电流信号。将信号线接在目标相电缆线芯上，同时接好脉冲电流法电缆鉴别仪的工作接地。打开信号发生器，调节脉冲电流不超过 100A，脉冲信号发生正常。

（3）接受识别。感应夹钳和识别信号接收器配合使用。将感应夹钳分别夹在三相电缆上，其中夹在加入脉冲信号的目标相电缆上时，接收器的电流指针会按周期摆动，频率和信号发生器的频率相同，其他两相没有显示，则该电缆即为目标相位电缆。

（4）电缆标记。在识别出来的目标相电缆上用 PVC 胶带做好标记。

（5）清理现场，清点工器具。

二、考核

（一）考核所需用的工器具、材料与场地

（1）工器具：安全围栏、脉冲电流法电缆鉴别仪信号发生器、感应夹钳、识别信号接收器、110kV 接地线一套。

（2）材料：$YJLW_{02}-64/110kV-1\times400$ 铜芯交联聚乙烯绝缘电缆模拟线路一条、PVC 胶带。

（3）场地：

1）场地有 $YJLW_{02}-64/110kV-1\times400$ 铜芯交联聚乙烯绝缘电缆模拟线路一条，两端为户外终端。

2）室内场地应有可靠的电气接地极。

3）设置 2 套评判桌椅和计时秒表。

（二）考核要点

（1）考核主要内容：了解电缆鉴别仪的工作原理，能熟练操作，并能准确在多条电缆中识别到目标电缆。

（2）电缆型号：$YJLW_{02}-64/110kV-1\times400$ 铜芯交联聚乙烯绝缘电缆模拟线路一条。

（3）该项目由 1 名考生独立完成。

（三）考核时间

（1）二级工的考核时间为 30min，三级工的考核时间为 40min。

（2）选用工器具、设备、材料时间 5min，时间到停止选用，节约用时不纳入考核时间。

（3）许可开工后记录考核开始时间。

（4）现场清理完毕后，汇报工作终结，记录考核结束时间。

三、评分参考标准

行业：电力工程　　　　　工种：电力电缆工　　　　　等级：三/二

编号	DL318（DL207）	行为领域	e	鉴定范围	
考核时间	40min/30min	题型	A	含权题分	25
试题名称	脉冲信号法进行电缆鉴别				
考核要点及要求	（1）考核主要内容：了解电缆鉴别仪的工作原理，能熟练操作，并能准确在多条电缆中识别到目标电缆。 （2）电缆型号：$YJLW_{02}-64/110kV-1\times400$ 铜芯交联聚乙烯绝缘电缆模拟线路一条。 （3）该项目由 1 名考生独立完成				

现场工器具、材料	(1) 工器具：安全围栏、脉冲电流法电缆鉴别仪信号发生器、感应夹钳、识别信号接收器、110kV 接地线一套。 (2) 材料：YJLW$_{02}$-64/110kV-1×400 铜芯交联聚乙烯绝缘电缆模拟线路一条、PVC 胶带
备注	二级工的考核时间为 30min，三级工的考核时间为 40min

评分标准

序号	作业名称	质量要求	分值	扣分标准	扣分原因	得分
1	着装	正确佩戴安全帽，穿工作服，穿绝缘鞋	5	(1) 没穿戴工作服（鞋）、安全帽扣 5 分。 (2) 帽带松弛及衣、袖没扣，鞋带不系扣 3 分		
2	工器具、材料准备	工器具、材料选用准确、齐全，导体连接管的选择正确	5	(1) 工器具、材料漏选或有缺陷扣 3 分。 (2) 未正确进行导体连接管的选择扣 5 分		
3	电缆对端接地	在准备识别的一回电缆对端，用接地线可靠接地	10	没接地扣 10 分		
4	发射脉冲信号	在测试端对准备识别的目标相电缆加入脉冲电流信号。将信号线接在目标相电缆线芯上，同时接好脉冲电流法电缆鉴别仪的工作接地。打开信号发生器，调节脉冲电流不超过 100A，脉冲信号发生正常	35	(1) 接线不正确扣 15 分。 (2) 脉冲信号调节不正确扣 15 分。 (3) 操作不熟练扣 5 分		
5	接收识别	感应夹钳和识别信号接收器配合使用。将感应夹钳分别夹在三相电缆上，其中夹在加入脉冲信号的目标相电缆上时，接收器的电流指针会按周期摆动，频率和信号发生器的频率相同，其他两相没有显示，则该电缆即为目标相位电缆	35	(1) 接线不正确扣 15 分。 (2) 脉冲信号接受不正确扣 15 分。 (3) 操作不熟练扣 5 分		
6	电缆标记	在识别出来的目标相电缆上用 PVC 胶带做好标记	5	未做标记扣 5 分		
7	清理现场	清理现场，清点工器具	5	(1) 清理不完全扣 3 分。 (2) 未汇报完工扣 2 分		
考试开始时间				考试结束时间		合计
考生栏	编号：　　姓名：		所在岗位：　　单位：　　日期：			
考评员栏	成绩：　　考评员：		考评组长：			

10kV电力电缆交流串联谐振试验

一、施工

（一）工器具、材料、设备

（1）工器具：电工组合工具、验电器、标示牌若干、安全围栏、高压接地线一套、绝缘手套。

（2）材料：10kV被试电力电缆；试验原始记录表。

（3）设备：万用表、2500V和5000V绝缘电阻表各1只、串联谐振装置（励磁变压器、调频电源控制箱、电抗器、分压器、柔性连接电缆）、放电棒、试验用线包、便携式电源线架（带剩余电流动作保护器、380/220V）、0～100℃温度计。

（二）施工的安全要求

（1）试验工作由两人进行，一人操作，一人监护。需持工作票得到许可后方可开工。

（2）电缆耐压试验前，加压端应做好安全措施，防止人员误入试验场所。另一端应设置安全围栏并挂上标示牌，如另一端是上杆的或是锯断电缆处，应派人看守。

（3）室外施工应在良好天气下进行。

（三）工作要求与步骤

1．施工要求

（1）电缆耐压前后，应对被试品充分放电，悬挂接地线。

（2）更换引线时，应对被试品充分放电。作业人员应戴好绝缘手套，并站在绝缘垫上。

（3）完整、真实地记录试验数据。

2．操作步骤

（1）试验前，工作负责人要根据《国家电网公司安全工作规程（线路部分）》的规定得到工作许可人的许可。到工作现场后要核对电缆线路名称和工作票所列各项安全措施均正确无误后才能开工。在试验地点周围要做好防止外人接近的措施，另一端应设置安全围栏并挂上警告标示牌，并派人看守。

（2）根据电缆线路的电压等级和试验规程的试验标准，确定试验电压和时间（1.6$U_0$1h；2$U_0$15min），并选择相应的试验设备。对于运行年久（如5年以上）的电缆线路，可采用较低的电压或较短的时间进行主绝缘交流串联谐振耐压试验。如怀疑有故障时，也可进行该项试验。在考虑电缆线路的运行时间、环境条件、击穿历史和试验目的后，协商确定试验电压和时间。

（3）两端电缆头进行清洁处理，并使电缆头相间、对地间的距离大于相关规范要求。

（4）记录现场环境温度，接取试验电源。使用符合安全要求的便携式、带剩余电流动作保护器的电源线架，将电源线从试验地点引至电源处；将试验用接地线可靠接地。

（5）绝缘电阻测量。每千米线路绝缘阻值不小于200MΩ。

（6）按图DL208所示接线连接好试验设备；接地线必须有可靠接地。

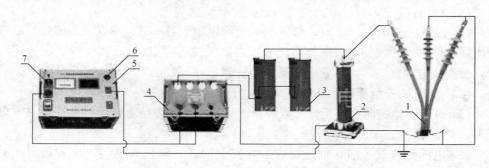

图DL208　10kV电缆交流串联谐振试验接线

1—10kV电缆；2—分压器；3—电抗器并联；4—励磁变压器；5—调频电源；6—220V电源；7—380V电源

（7）试验负责人在正式合闸加压前要检查试验接线是否正确、接地是否可靠、仪表指针是否在零位，在确认无误后才可以加压试验。

（8）合上电源，先将试验电压、试验时间设定到所需值，再将起始功率设定到5%～10%范围内，起始频率设定为30Hz，保护电流设定至仪器最大电流值，电抗值按实际电感量设定。

设定完毕后，按"确认"键，屏幕进入"手动、自动"界面，选择操作方式按"确认"键，屏幕进入"正在试验"界面。如选择"手动"试验，需手动找频率，在某个频率点的最高电压即是谐振点，再按"确认"键确定，再手加试验频率直到所需试验电压后，仪器自动计时，计时结束后并自动返回。如选择"自动"试验，仪器将自动找频、升压、计时并自动返回。

（9）电缆试验应逐相进行，一相电缆加压时，另外两相电缆导体、金属屏蔽和铠装层应接地。每相试验完毕，检查仪器电源已断开，然后切断电源。被试相导体要经放电棒充分放电并直接接地，然后才可以调换试验引线。在调换试验引线时，人不可直接接触未接接地线的电缆导体，避免导体上的剩余电荷对工作人员造成危害。

（10）试验过程中未出现闪络及放电现象，则该相耐压试验合格。如果试品各相试验均未发生放电击穿现象，则认为试验通过、试品合格。在试验过程中如出现电压表指针摆动大、电流指示急剧增加、发出绝缘烧焦气味以及冒烟或响声等异常现象，应立即停止试验、断开电源、对试品接地放电，待查明原因后方可继续试验。

（11）试验结束后，仪器将显示试验结果。如需打印按下"确认"键即可。

（12）设备恢复原状，清理接线，清理现场，试验结束。

（13）填写试验记录。

10kV 电力电缆试验记录

天气： 气温： ℃ 湿度： %

单　　位＿＿＿＿＿＿ 试验日期＿＿＿＿＿＿ 试验性质＿＿＿＿＿

运行编号＿＿＿＿＿＿ 型　号＿＿＿＿＿＿ 额定电压＿＿＿＿＿kV

长　　度＿＿＿＿＿m 厂　家＿＿＿＿＿＿＿＿＿＿＿

电缆头个数：户外：＿＿＿个　　户内：＿＿＿个　　中间头：＿＿＿个

试验位置		A—B、C—地	B—A、C—地	C—A、B—地
主绝缘电阻	耐压前（MΩ）			
	耐压后（MΩ）			
外护套绝缘电阻（MΩ）				
交流耐压	试验电压（kV）			
	试验频率（Hz）			
	泄漏电流（A）			
	试验时间（min）			
	结果			
备注				
结论				

工作负责人： 记录人： 试验人员：

二、考核

（一）考核所需用的工器具、材料、设备与场地

（1）工器具：电工组合工具、验电器、标示牌若干、安全围栏、高压接地线一套、绝缘手套。

（2）材料：两端电缆头制作完好的 YJLV$_{22}$-8.7/15kV-3×300 电缆若干米、试验原始记录表。

（3）仪器设备：万用表、绝缘电阻表（2500V 或 5000V）、串联谐振装置（励磁变压器、调频电源控制箱、电抗器、分压器、柔性连接电缆）、放电棒、试验用线包、便携式电源线架（带剩余电流动作保护器、380/220V）、0～100℃温度计。

（4）场地：

1）场地面积能同时满足 4 个工位的需求，地面应铺有绝缘垫，并有备用。保证工位间的距离合适，不应影响试验时各方的人身安全。

2）室内场地应有照明、通风或降温设施。

3）室内场地有 220V 电源插座，通电试验用的电源 2 处以上，有可靠的接地。

4）工器具按同时开设工位数确定，并有备用。

5）设置 2 套评判桌椅和计时秒表。

（二）考核时间

（1）考核时间为 30min。

（2）选用工器具时间 5min，时间到停止选用。

（3）许可开工后记录考核开始时间。

（4）现场清理完毕后，汇报工作终结，记录考核结束时间。

（三）考核要点

（1）要求一人操作，一人监护。考生就位，经许可后开始工作，工作服、工作鞋、安全帽等穿戴规范。

（2）试验正确接线。

（3）电缆接地与试验设备接地应牢靠。

（4）根据电缆试验电压及电容量选择电抗器的接线。

（5）加压呼唱。

（6）放电及换试验接线动作规范。

（7）电缆试验需办理的相关手续（停电申请、电力电缆第一种工作票、危险点分析控制卡）和其他应采取的安全措施（检修前办理许可手续、验电、挂接地线、悬挂标示牌和装设围栏、班前会，工作结束后撤除地线、班后会、办理终结手续），适当时可以通过口述作为附加内容。

（8）安全文明生产，规定时间内完成。时间到后停止操作，按所完成的内容计分，未完成部分均不得分。工器具、材料不随意乱放。

（9）发生安全事故，本项考核不及格。

三、评分参考标准

行业：电力工程　　　　　　工种：电力电缆工　　　　　　等级：二

编号	DL208	行为领域	e	鉴定范围	
考核时间	30min	题型	A	含权题分	25
试题名称	10kV电力电缆交流串联谐振试验				
考核要点及要求	（1）试验正确接线。 （2）根据电缆电容量选用电抗的接线。 （3）加压呼唱。 （4）放电及换试验接线动作规范。 （5）给定电缆线路上安全措施已完成，配有一定区域的安全围栏及标示。 （6）电缆对端需派人看守。 （7）安全文明生产				
现场工器具、设备、材料	（1）工器具：电工个人组合工具、验电器、标示牌若干、安全围栏、绝缘手套、高压接地线一套。 （2）设备：串联谐振装置（励磁变压器、调频电源控制箱、电抗器、分压器、柔性连接电缆若干）、绝缘电阻表、万用表、放电棒、试验用线包、便携式电源线架（带剩余电流动作保护器，380/220V）、0～100℃温度计。 （3）材料：两端电缆头制作好的YJLV$_{22}$-8.7/15kV—3×300电缆若干米，试验原始记录表。 （4）考生自备工作服、绝缘鞋				
备注	试验只完成一相即可				

评分标准

序号	作业名称	质量要求	分值	扣分标准	扣分原因	得分
1	着装、穿戴	工作服、工作鞋、安全帽等穿戴正确	5	（1）没穿戴工作服（鞋）、安全帽扣5分。 （2）帽带松弛及衣、袖没扣，鞋带不系扣3分		
2	现场准备	试验场地围好安全围栏	2	未做扣2分		
3	挂标示牌	电缆另一端挂好标示牌或派人看守	3	未做扣3分		
4	试验电压确定	正确确定试验电压（预试1.6U_0或交接2U_0）	5	不正确扣5分		
5	耐压前后摇测绝缘电阻	不考评，但必须完成这一过程	5	未做扣5分		

评分标准						
序号	作业名称	质量要求	分值	扣分标准	扣分原因	得分
6	检查电源	检查电源电压（交流 220V）	2	未做扣 2 分		
7	根据电缆试验电压及电容量选着电抗的接线	多只电抗器并联	10	操作不正确扣 2～10 分		
8	试验接线	试验接线应正确	10	不正确扣 2～10 分		
9	高压引线对地的绝缘距离	高压引线对地的绝缘距离足够	3	不正确扣 1～3 分		
10	接地线	连接牢靠	5	接地不牢扣 2～5 分		
11	试验接地	试验一相时，其他两相接地正确	5	不正确扣 2～5 分		
12	合闸升压	接到监护人指令并大声复诵后方可合闸	10	（1）未接到监护人指令合闸扣 10 分。 （2）未大声复诵扣 5 分		
13	试验电压的呼唱	加压过程应呼唱	5	未呼唱扣 5 分		
14	试验完毕时放电	试验完毕对电缆充分放电，直至电缆无残留电荷	10	操作不正确扣 2～10 分		
15	试验结果的判断	试验过程中不闪络，不放电则耐压试验合格	10	不正确扣 2～10 分		
16	安全文明生产	文明操作，禁止违章操作，不损坏工器具，不发生安全生产事故	10	（1）有不安全行为扣 2～5 分。 （2）损坏元件、工器具扣 2～5 分		
考试开始时间			考试结束时间		合计	
考生栏	编号：	姓名：	所在岗位：	单位：	日期：	
考评员栏	成绩：	考评员：		考评组长：		

35kV电力电缆冷缩中间接头制作

一、施工

（一）工器具及材料

（1）工器具：电工个人工具一套，2500V绝缘电阻表，万用表，绝缘手套，液压钳，手锯，电烙铁，平、圆锉刀各一把，电源线盘，25mm² 铜编织带，燃气喷枪一套，灭火器。

（2）材料：35kV冷缩电缆中间接头附件一套、酒精（95％）、PVC胶带（黄、绿、红各3卷）、清洁无纺布、织线手套、铜绑线（φ2mm）、焊锡丝、砂布120号/240号、焊锡膏、YTV$_{22}$-26/35kV-3×300铜芯交联聚乙烯绝缘电力电缆、保鲜膜。

（二）施工的安全要求

（1）电缆剥切过程中，使用手锯、刀具时注意不得伤及自己或他人。

（2）电缆的金属护套、铜屏蔽层非常锋利尖锐，施工时注意伤及自己或他人。

（3）工器具和材料有序摆放。

（4）电缆剥切下来的多余废料及时收集并集中存放。

（5）施工场地周围设置安全围栏。

（6）严格按照电缆附件提供的尺寸图安装。

（三）施工要求与步骤

1. 施工要求

（1）考核主要内容：35kV冷缩式中间接头制作的工艺流程、质量标准及电缆接头制作工艺质量控制要点。

（2）电缆型号为YTV$_{22}$-26/35kV-3×300铜芯交联聚乙烯绝缘电力电缆；中间接头为对应型号的冷缩型接头。

（3）要求考生按提供的工艺说明和图纸正确剥切各标注尺寸和电缆绝缘表面处理，正确安装电缆附件。

（4）为避免环境因素影响，本项目可在室内进行。

（5）该项目由 1 名考生独立操作。

2. 操作步骤

（1）工作前准备。检查电缆，断口是否平整，是否受潮；工器具准备，安装的工器具是否齐全，是否完好；材料准备，附件材料是否齐全；阅读安装说明书，认真阅读，看清尺寸要求。

（2）剥切外护套、铠装、内护套及填料。剥除电缆外护套应分两次进行，避免电缆铠装层松散。先将电缆末端外护套保留 350mm，然后按照规定尺寸剥除外护套，要求断口平整，铠装层上没有明显划痕。外护套断口以下 350mm 部分用砂纸打毛并清洗干净；锯除铠装层，按照规定尺寸在铠装层上绑扎铜线，铜线的缠绕方向与铠装方向一致，绑扎 3～4 扎。锯铠装时，圆周锯痕深度应均匀，不得锯透，不得损伤电缆内护套。剥铠装时，首先沿锯痕将铠装用钢丝钳夹紧卷断，然后去除。铠装层断口应平整无尖端。剥切内护套，在应剥除的内护套上横向切一环痕，深度不超过内护套厚度的 1/2。纵向剥除内护套时，刀切口应在两芯之间，防止损伤金属屏蔽层。剥除内护套后应将金属屏蔽层末端用绝缘带扎好，防止松散。切除填充料时刀口向外，防止损伤金属屏蔽层。核对电缆相位。

（3）电缆分相，锯除多余电缆线芯。在电缆线芯分叉处将线芯扳弯，弯曲不宜过大，以便于操作为宜，但必须保证弯曲半径符合要求，避免铜屏蔽层变形、起皱和损坏。将接头中心尺寸核对准确后，按相色要求将各对应线芯绑扎好，锯除多余线芯，并保证线芯断口平直。

（4）电缆剥切、套入中间接头管。35kV 电缆外半导电属于可剥离型。先在指定尺寸处环切一刀痕，深度不超过半导电层厚度的 1/2，然后顺线芯方向从环切刀痕处向线芯方向分 3 刀将外半导电层划开，深度不超过半导电层厚度的 1/2，最后从线芯端开始慢慢剥除。不得损伤主绝缘，外半断口需平整、无翘口，同时断口需进行倒角处理。剥切线芯绝缘、内半导电层时使用专用绝缘切刀，剥除末端绝缘时注意不能伤及线芯。绝缘层断口用刀或者倒角器将端部倒 45°角。导体线芯端部的锐角应打磨去掉，清洁干净后用 PVC 胶带包好。中间接头管套在电缆铜屏蔽层保留较长的一端，套入前将绝缘层、外半导电层、铜屏蔽层用清洁纸依次清洁干净，套入时注意塑料衬管条伸出的一段先套入电缆线芯。将中间接头管和电缆绝缘用保鲜膜临时保护好，以免进入杂物和灰尘。

（5）压接连接管。事先检查连接管和线芯的标称截面积是否相符、压接模具和连接管尺寸是否配套。连接管压接前，必须检查两边线芯是否顶牢，不得松动。压接后连接管表面必须用锉刀和砂纸打磨平整光洁，用清洁纸将绝缘表面和连接管表面清洁干净，特别注意不能留有金属粉末或者其他导电物体。

（6）安装中间接头管。在接头管安装区域表面均匀涂抹一层硅脂（半导电层不可涂抹），并经认真检查后，将中间接头管移到中心部位，其一端必须与记号平齐。抽出塑料衬管条时，逆时针方向缓慢进行，使中间接头自然收缩。定位后双手从接头中间部位向两端周围捏一捏，使界面接触紧密。

（7）恢复两端铜屏蔽层。铜网以半搭接方式绕包平整紧密，铜网两端与电缆铜屏蔽层搭接，用恒力弹簧固定。注意铜编织带反折过来压入恒力弹簧中，并用力收紧。

（8）恢复内护套。电缆三相接头之间用填充料填充饱满，再用PVC胶带将三相并拢扎紧。恢复内护套绝缘后，绕包防水带，将防水带拉伸至原来宽度的3/4，绕包完成后双手按压贴紧。防水带应覆盖接头两侧原内护套的足够长度。

（9）连接两侧铠装层。编织带与两侧铠装层连接时，先用锉刀将铠装表面打毛，用恒力弹簧固定编织带。注意铜编织带反折过来压入恒力弹簧中，并用力收紧。

（10）恢复外护套。用绝缘带恢复外护套绝缘后，绕包防水带，将防水带拉伸至原来宽度的3/4，绕包完成后双手按压贴紧。防水带应覆盖接头两侧原外护套各50mm。在外护套防水带上绕包两层铠装带，绕包铠装带以半搭接方式，必须紧固，并覆盖接头两侧外护套各70mm。30min后才能移动接头，以免损坏外护层结构。

（11）填写安装记录。

二、考核

（一）考核所需用的工器具、材料与场地

（1）工器具：电工个人工具一套，2500V绝缘电阻表，万用表，绝缘手套，液压钳，手锯，燃气喷枪，电烙铁，平、圆锉刀各一把，电源线盘，25mm² 铜编织带，灭火器。

（2）材料：35kV冷缩电缆中间接头附件一套、酒精（95%）、PVC胶带（黄、绿、红各3卷）、清洁无纺布、织线手套、铜绑线（φ2mm）、焊锡丝、砂布120号/240号、焊锡膏、YTV$_{22}$-26/35kV-3×300铜芯交联聚乙烯绝缘电力电缆、保鲜膜。

（3）场地：

1）场地面积能同时满足多个工位的需求，并保证工位间的距离合适，不应影响操作或对各方的人身安全。

2）室内场地应有照明、通风、电源、降温设施。

3）室内场地有灭火设施。

4）工器具按同时开设工位数确定，并有备用。

5）设置 2 套评判桌椅和计时秒表。

（二）考核要点

（1）考核主要内容：35kV 冷缩式中间接头制作的工艺流程；质量标准及电缆接头制作工艺质量控制要点。

（2）电缆型号为 YJV_{22}-26/35kV－3×300 铜芯交联聚乙烯绝缘电力电缆。终端头为对用型号的冷缩型接头。

（3）要求考生按提供的工艺说明和图纸正确剥切各标注尺寸和电缆绝缘表面处理，正确安装电缆附件。

（4）为避免环境因素影响，本项目可在室内进行。

（5）该项目由 1 名考生独立操作，允许两人配合。

（三）考核时间

（1）考核时间：一级工考核的时间为 140min；二级工考核的时间为 160min。

（2）选用工器具、材料时间 10min，时间到停止选用，节约用时不纳入考核时间。

（3）许可开工后记录考核开始时间。

（4）现场清理完毕后，汇报工作终结，记录考核结束时间。

三、评分参考标准

行业：电力工程　　　　　　　工种：电力电缆工　　　　　　　等级：一/二

编号	DL209（DL101）	行为领域	e	鉴定范围	
考核时间	140min/160min	题型	A	含权题分	50
试题名称	35kV 电力电缆中间接头制作				
考核要点及要求	（1）考核内容：35kV 冷缩式接头制作的工艺流程、质量标准及电缆接头制作工艺质量控制要点。 （2）电缆型号为 YTV_{22}-26/35kV－3×300 铜芯交联聚乙烯绝缘电力电缆；接头为对应型号的冷缩型接头。 （3）按提供的工艺说明和图纸正确剥切各标注尺寸和电缆绝缘表面处理，正确安装电缆附件。 （4）为避免环境因素影响，本项目可在室内进行				
现场工器具、材料	（1）工器具：电工个人工具一套，绝缘电阻表（2500V），万用表，绝缘手套，液压钳，手锯，燃气喷枪，电烙铁，平、圆锉刀各一把，电源线盘，25mm² 铜编织带，灭火器。 （2）材料：35kV 冷缩电缆中间接头附件一套，酒精（95%）、PVC 胶带（黄、绿、红各 3 卷）、清洁无纺布、织线手套、铜绑线（ϕ2mm）、焊锡丝、砂布 120 号/240 号、焊锡膏、YTV_{22}—26/35kV－3×300 铜芯交联聚乙烯绝缘电力电缆、保鲜膜				
备注					

		评分标准				
序号	作业名称	质量要求	分值	扣分标准	扣分原因	得分
1	着装	正确佩戴安全帽,穿工作服,穿绝缘鞋	5	(1)没穿戴工作服(鞋)、安全帽扣5分。 (2)帽带松弛及衣、袖没扣,鞋带不系扣3分		
2	工作前准备					
2.1	检查电缆	断口平整,未受潮	2	(1)未检查扣2分。 (2)漏查一个项目扣1分		
2.2	工器具、材料检	工器具齐全、完好;材料齐全	2	(1)未检查扣2分。 (2)漏查一个项目扣1分		
2.3	阅读安装说明书	认真阅读,看清尺寸和工艺要求	2	未阅读扣2分		
3	剥切外护套、铠装、内护套及填料					
3.1	剥切外护套	剥除电缆外护套应分两次进行,先将电缆末端外护套保留350mm,然后按照规定尺寸剥除外护套。要求断口平整,铠装层上没有明显划痕	3	(1)造成钢铠松散扣2分。 (2)有划痕扣1分		
3.2	锯除铠装层	按照规定尺寸在铠装层上绑扎铜线,铜线的缠绕方向与铠装方向一致,绑扎3~4扎。锯铠装时,圆周锯痕深度应均匀,不得锯透,不得损伤电缆内护套。铠装层断口应平整无尖端	3	(1)损伤内护套扣2分。 (2)断口不平整扣1分		
3.3	剥切内护套	在应剥除的内护套上横向切一环痕,深度不超过内护套厚度的1/2。纵向剥除内护套时,刀切口应在两芯之间,防止损伤金属屏蔽层。剥除内护套后应将金属屏蔽层末端用绝缘带扎好,防止松散	3	(1)铜屏蔽上有划痕扣2分。 (2)尺寸不对扣1分		
3.4	切除填充料	刀口向外,防止损伤金属屏蔽层	2	刀口方向不对扣2分		
4	电缆分相,锯除多余电缆线芯					

序号	作业名称	质量要求	分值	扣分标准	扣分原因	得分
		评分标准				
4.1	电缆分相	在电缆线芯分叉处将线芯扳弯，弯曲不宜过大，必须保证弯曲半径符合要求，避免铜屏蔽层变形、起皱和损坏	2	(1) 铜屏蔽层变形扣1分。 (2) 弯曲度不恰当扣1分		
4.2	核对相位	将接头中心尺寸核对准确后，按相色要求将各对应线芯绑扎好	2	相位核对错误扣2分		
4.3	锯除多余线芯	保证线芯断口平直	2	断口不平直扣2分		
5	电缆剥切、套入中间接头管					
5.1	半导电去除	不得损伤主绝缘，外半断口需平整，无翘口，同时断口需进行倒角处理	5	(1) 损伤主绝缘扣3分。 (2) 断口不平整扣1分。 (3) 未倒角扣1分		
5.2	剥切线芯绝缘	不能伤及线芯；绝缘层断口倒45°角。导体线芯端部的锐角应打磨去掉，清洁干净后用PVC胶带包好	5	(1) 伤及线芯扣2分。 (2) 断口不平整扣1分。 (3) 未倒角扣1分。 (4) 线芯未打磨扣1分		
5.3	套入中间接头管	中间接头管套在电缆铜屏蔽层保留较长的一端，套入前将绝缘层、外半导电层、铜屏蔽层用清洁纸依次清洁干净。套入时注意塑料衬管条伸出的一段先套入电缆线芯。将中间接头管和电缆绝缘用保鲜膜临时保护好	5	(1) 套入前未清洁扣2分。 (2) 套入方向错误扣2分。 (3) 未临时保护扣1分		
6	压接连接管					
6.1	压接前检查	检查连接管和线芯的标称截面积是否相符，压接模具和连接管尺寸是否配套，两边线芯是否顶牢，不得松动	2	(1) 未检查扣2分。 (2) 漏检一项扣1分		
6.2	压接后处理	连接管表面必须打磨平整光洁，清洁干净，特别注意不能留有金属粉末或者其他导电物体	3	(1) 表面未打磨扣3分。 (2) 打磨不到位扣2分		
7	安装中间接头管					

		评分标准				
序号	作业名称	质量要求	分值	扣分标准	扣分原因	得分
7.1	涂抹硅脂	在接头管安装区域表面均匀涂抹一层硅脂，半导电层不可涂抹	5	（1）涂抹不均匀扣2分。 （2）未涂抹扣5分		
7.2	安装中间接头管	经认真检查后，将中间接头管移到中心部位，其一端必须与记号平齐。抽出塑料衬管条，定位后接触紧密	5	尺寸发生位移扣5分		
8	恢复两端铜屏蔽层	铜网以半搭接方式绕包平整紧密，铜网两端与电缆铜屏蔽层搭接，用恒力弹簧固定。注意铜编织带反折过来压入恒力弹簧中，并用力收紧	5	（1）铜网搭接方式不正确扣3分。 （2）两侧固定不好扣2分		
9	恢复内护套					
9.1	填充、扎紧	电缆三相接头之间用填充料填充饱满，再用PVC胶带将三相并拢扎紧	3	（1）填充不饱满扣2分。 （2）三相未扎紧扣1分		
9.2	绕包防水带	恢复内护套绝缘后，绕包防水带，将防水带拉伸至原来宽度的3/4，防水带应覆盖接头两侧原内护套的足够长度	5	（1）防水带绕包不规范扣2分。 （2）绕包尺寸不到位扣3分		
10	连接两侧铠装层。	先用锉刀将铠装表面打毛，用恒力弹簧固定编织带，注意铜编织带反折过来压入恒力弹簧中，并用力收紧	5	（1）表面未打毛扣2分。 （2）两侧固定不规范扣3分		
11	恢复外护套					
11.1	绕包防水带	用绝缘带恢复外护套绝缘后，绕包防水带，将防水带拉伸至原来宽度的3/4，绕包完成后双手按压贴紧。防水带应覆盖接头两侧原外护套各50mm	5	（1）防水带绕包不规范扣2分。 （2）绕包尺寸不到位扣3分		
11.2	绕包铠装带	在外护套防水带上绕包两层铠装带，绕包铠装带以半搭接方式，必须紧固，并覆盖接头两侧外护套各70mm	4	（1）铠装带绕包不规范扣2分。 （2）绕包尺寸不到位扣2分		

\multicolumn{7}{c}{评分标准}						
序号	作业名称	质量要求	分值	扣分标准	扣分原因	得分
12	填写安装记录	项目齐全、填写规范	10	项目不齐扣5～10分		
13	清理现场	清理现场，清点工器具、仪表，汇报完工	5	(1) 清理不完全扣3分。(2) 未汇报完工扣2分		

考试开始时间			考试结束时间		合计	
考生栏	编号:	姓名:	所在岗位:	单位:	日期:	
考评员栏	成绩:	考评员:		考评组长:		

一、施工

（一）工器具、材料

（1）工器具：液化气喷枪、钢丝刷、钢尺。

（2）材料：电缆一段或长 400mm、φ80mm 空心波纹管一截，电缆尾管一个，铅锡合金焊条（电缆搪铅专用）6 根，硬脂酸一块，铅焊底料（低温铝）一根，牛油布（揩布）一块。

（二）施工的安全要求

（1）搪铅过程中需注意不得长时间加热尾管或者电缆铝护套的某一个局部，防止过热损伤电缆结构和绝缘层。

（2）注意喷枪火焰不得对人，防止伤人。

（3）防止融落的高温焊料溅落伤人。

（三）施工要求与步骤

1．施工要求

（1）为了使电缆绝缘层不因遇过热损伤，要求封铅的时间不得超过 15min。

（2）铝护套封铅时，应先涂擦低温铝底料。

（3）在铅封未完全冷却前，不得撬动电缆，以防止封铅开裂密封失效。

2．操作步骤

（1）封铅部位处理。铜尾管和电缆铝护套的封铅部位应先用钢丝刷清除表面污垢和氧化层，然后用喷枪加热，涂擦低温铝底料。

（2）搪铅操作方法有触铅法和浇铅法两种。触铅法：将封铅焊条靠近封铅部位，用喷枪同时来回加热封铅部位和封铅焊条，堆触在封铅部位，用揩布来回揉，使其定型和密实，堆触至需要的尺寸和外观。浇铅法：先将封铅焊条融化在揩布上，呈半凝固状态时及时固定在封铅部位，用揩布来回揉，使其定型和密实，堆触至需要的尺寸和外观。

二、考核

（一）考核所需用的工器具、材料与场地

（1）工器具：燃气喷枪、钢丝刷、钢尺。

（2）材料：电缆一段或长 400mm、ϕ80mm 空心波纹管一截，电缆尾管一个，铅锡合金焊条（电缆搪铅专用）6 根，硬脂酸一块，铅焊底料（低温铝）一根，牛油布（揩布）一块。

（3）场地：

1）场地面积能同时满足 4 个工位的需求，每个工位面积不小于 9m^2。保证工位间的距离合适，不应影响操作或对各方的人身安全。

2）室内场地应有照明、通风或降温设施。

3）室内场地有灭火设施，220V 电源插座除照明、通风或降温设施外，不少于 2 个工位数。

4）工器具按同时开设工位数确定，并有备用。

5）设置 2 套评判桌椅和计时秒表。

（二）考核要点

（1）人员操作时对温度、焊料固化程度的掌控。

（2）为防止过热，要求封铅时间不大于 15min。

（3）铝护套搪铅时，应先涂擦低温铝底料。

（4）搪铅前应先去除表面污垢及氧化物。

（5）铅封必须严实无气孔，表面光滑，尺寸合格，外形美观。

（6）铅封成型后用硬脂酸冷却。

（7）发生安全事故，本项考核不及格。

（三）考核时间

（1）考核时间为 15min。

（2）选用工器具、设备、材料时间 5min，时间到停止选用，工器具和材料选用时间不纳入考核时间。

（3）许可开工后记录考核开始时间。

（4）施工完毕现场清理后，汇报工作终结，记录考核结束时间。

（四）对应技能鉴定级别考核内容

本项目适合一级工、二级工两个级别的考核。其中一级工对搪铅的密封性和电气连接性能要求较高，二级工仅对搪铅后的外观和尺寸做要求。

三、评分参考标准

行业：电力工程　　　　　　工种：电力电缆工　　　　　　　等级：二

编号	DL210（DL102）	行为领域	e	鉴定范围	
考核时间	15min	题型	A	含权题分	25
试题名称	搪铅操作				

考核要点及要求	取长 400mm、φ80mm 左右的波纹铝管一段，水平固定在离地 400mm 高的支撑物上，在该铝管上环搪铅（摩擦法），可将要求告之被考人员，搪铅宽度 50mm，搪铅厚度 15mm
现场工器具、材料	燃气喷枪，电缆一段或空心波纹管一截，电缆尾管一个，铅锡合金焊条（电缆搪铅专用）6 根，硬脂酸一块，铅焊底料（低温铝）一根，牛油布（揩布）一块，钢丝刷，钢尺
备注	

评分标准

序号	作业名称	质量要求	分值	扣分标准	扣分原因	得分
1	着装	正确佩戴安全帽，穿工作服，穿绝缘鞋	5	（1）没穿戴工作服（鞋）、安全帽扣 5 分。 （2）帽带松弛及衣、袖没扣，鞋带不系扣 3 分		
2	工器具、材料准备	工器具、材料选用准确、齐全	5	（1）未进行工器具检查扣 5 分。 （2）工器具、材料漏选或有缺陷扣 3 分		
3	清除表面氧化膜					
3.1	打磨	用砂纸（钢丝刷）打磨铝管表面	5	打磨不干净扣 2 分		
3.2	加热	用燃气喷枪加热铝管	5	加热不均匀扣 2 分		
3.3	上底料	在铝管上涂锌锡合金底料	10	（1）未上底料扣 2 分。 （2）涂抹不均匀扣 2 分		
4	搪铅					
4.1	动作协调	姿势、动作应便于操作	10	姿势、动作不协调扣 2 分		
4.2	对尺寸和形状要求	尺寸和形状应符合要求	20	（1）尺寸不对扣 5 分。 （2）形状不好扣 5 分		
4.3	对美观要求	封焊应均匀，光滑无毛刺	10	不光滑、不均匀扣 3 分		
4.4	冷却	用硬脂酸以予冷却	5	未用硬脂酸冷却扣 5 分		
5	封铅落地	落地封铅超过已使用封铅 1/4	10	（1）超过 1/4 者扣 10 分。 （2）超过 1/6 者扣 5 分		
6	安全文明生产	文明操作，禁止违章操作，不损坏工器具，不发生安全生产事故	10	（1）发生安全生产事故扣 5 分。 （2）有不安全行为扣 3 分。 （3）损坏工器具扣 2 分		

评分标准

序号	作业名称	质量要求	分值	扣分标准	扣分原因	得分
7	现场清理	工作完毕后清理现场	5	（1）现场未清理扣5分。 （2）现场清理不规范扣3分		

考试开始时间				考试结束时间		合计	
考生栏	编号：	姓名：		所在岗位：	单位：	日期：	
考评员栏	成绩：	考评员：			考评组长：		

行业：电力工程　　　　　工种：电力电缆工　　　　　等级：一

编号	DL102（DL210）	行为领域	e	鉴定范围	
考核时间	15min	题型	A	含权题分	25
试题名称	搪铅操作				
考核要点及要求	取长400mm、φ80mm左右的波纹铝管一段，水平固定在离地400mm高的支撑物上，在该铝管上环搪铅（摩擦法），可将要求告之被考人员，搪铅宽度50mm，搪铅厚度15mm				
现场工器具、材料	燃气喷枪，电缆一段或空心波纹管一截，电缆尾管一个，铅锡合金焊条（电缆搪铅专用）6根，硬脂酸一块，铅焊底料（低温铝）一根，牛油布（揩布）一块，钢丝刷，钢尺				
备注					

评分标准

序号	作业名称	质量要求	分值	扣分标准	扣分原因	得分
1	着装	正确佩戴安全帽，穿工作服，穿绝缘鞋	5	（1）没穿戴工作服（鞋）、安全帽扣5分。 （2）帽带松弛及衣、袖没扣，鞋带不系扣3分		
2	工器具、材料准备	工器具、材料选用准确、齐全	5	（1）未进行工器具检查扣5分。 （2）工器具、材料漏选或有缺陷扣3分		
3	清除表面氧化膜					
3.1	打磨	用砂纸（钢丝刷）打磨铝管表面	5	打磨不干净扣2分		
3.2	加热	用燃气喷枪加热铝管	5	加热不均匀扣2分		
3.3	上底料	在铝管上涂锌锡合金底料	10	（1）未上底料扣2分。 （2）涂抹不均匀扣2分		

		评分标准				
序号	作业名称	质量要求	分值	扣分标准	扣分原因	得分
4	搪铅					
4.1	动作协调	姿势,动作应便于操作	5	姿势、动作不协调扣2分		
4.2	封铅与铝管接触	封铅与铝管接触应牢靠,表面无裂纹,确保电气连接良好	15	(1)接触不好扣10分。(2)有裂纹扣5分		
4.3	对尺寸和形状要求	尺寸和形状应符合要求	15	(1)尺寸不对扣5分。(2)形状不好扣5分		
4.4	对美观要求	封焊应均匀,光滑无毛刺	5	不光滑、不均匀扣3分		
4.5	冷却	用硬脂酸以予冷却	5	未用硬脂酸冷却扣5分		
5	封铅落地	落地封铅超过已使用封铅1/4	10	(1)超过1/4者扣10分。(2)超过1/6者扣5分		
6	安全文明生产	文明操作,禁止违章操作,不损坏工器具,不发生安全生产事故	10	(1)发生安全生产事故扣5分。(2)有不安全行为扣3分。(3)损坏工器具扣2分		
7	现场清理	工作完毕后清理现场	5	(1)现场未清理扣5分。(2)现场清理不规范扣3分		
考试开始时间			考试结束时间		合计	
考生栏	编号: 姓名:		所在岗位:	单位:	日期:	
考评员栏	成绩: 考评员:			考评组长:		

用冲闪或直闪法测试10kV电缆高阻接地故障并精确定点

一、施工

(一) 工器具、设备与材料

(1) 工器具：常用电工工具、安全帽、安全遮栏、标示牌、工具包、绝缘手套。

(2) 设备：T905 电缆故障测距仪、T303 高压发生器、T505 电缆故障定点仪、电容、绝缘电阻表、万用表、轮式测距仪、柔性连接电缆、接地线、试验线包。

(3) 材料：故障电缆。

(二) 施工的安全要求

(1) 需持工作票并得到许可后方可开工。

(2) 测试工作由两人进行，一人操作，一人监护。

(3) 电缆耐压试验前，加压端应做好安全措施，防止人员误入试验场所；另一端应设置安全围栏并挂上警告标示牌，如另一端是上杆的或是锯断电缆处，应派人看守。

(4) 试验后，对测试电缆和电容器充分放电。

(5) 测试过程应统一指挥，精心操作。

(三) 施工步骤与要求

1. 施工要求

(1) 测试仪器连接线安装正确，连接线与仪器之间的连接必须牢固。

(2) 必须正确、规范地使用仪器仪表。

(3) 使用结束后，必须立即对仪器仪表及被测设备放电。

(4) 操作人员必须与带电设备保持足够安全距离。

(5) 设置监护人及辅助人员各一名。

2. 操作步骤

(1) 准备工作。

1) 着装规范。

2) 设置围栏并挂上警告标示牌。

3) 检查仪器仪表。

（2）故障探测流程如图 DL211 所示。

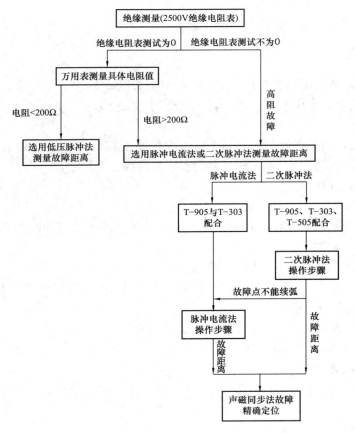

图 DL211　高阻故障探测流程图

1) 测量电缆连续性，有无断线开路。

2) 测量绝缘电阻确定高阻低阻。

3) 直流耐压确定击穿电压。

4) 判断故障性质（高阻闪络或高阻泄漏）。

5) 根据电缆绝缘介质类型确定波速度。

6) 测距仪测电缆全长。

7) 根据故障性质选择测试方法（高阻闪络用直闪法，高阻泄漏用冲闪法）。

8) 故障距离粗测。

9）测路径。

10）精确定点。

（3）工作终结。

1）放电，短接电容。

2）清理仪器仪表，工器具归位，退场。

二、考核

（一）考核所需用的工器具、设备、材料与场地

（1）工器具：常用个人电工工具、安全帽、安全遮栏、警告标示牌、工具包、绝缘手套。

（2）设备：T905 测距仪、T303 高压发生器、T505 定点仪、电容、绝缘电阻表、万用表、柔性连接电缆、轮式测距仪、接地线、试验线包。

（3）材料：故障电缆。

（4）场地：

1）场地面积能同时满足多个工位的需求，并保证工位间的距离合适，不应影响电缆试验时各方的人身安全。

2）室内场地应有照明、通风或降温设施。

3）室内场地有 220V 电源插座，除照明、通风或降温设施外，不少于 4 个工位数。地面应铺有绝缘垫。

4）工器具按同时开设工位数确定，并有备用。

5）设置 2 套评判桌椅和计时秒表。

（二）考核要点

（1）本操作设置监护人及辅助人员各一名，不得有提示行为。考生就位，经许可后开始工作，工作服、工作鞋、安全帽等穿戴规范。

（2）仪器仪表使用正确。

（3）故障性质判断正确。

（4）测试方法选用正确。

（5）试验接线正确。

（6）波形判断准确。

（7）精确定点误差不大于 1m。

（8）路径探测正确。

（9）电缆及电容需短接放电。

（10）安全文明生产，规定时间内完成，工器具、材料不随意乱放。

（11）发生安全事故，本项考核不及格。

(三) 考核时间

(1) 考核时间：一级工考核时间为 50min；二级工考核时间为 60min。

(2) 选用工器具、设备、材料时间 5min，时间到停止选用。

(3) 许可开工后记录考核开始时间。

(4) 现场清理完毕后，汇报工作终结，记录考核结束时间。

(四) 对应技能鉴定级别考核内容

(1) 二级工应完成：60min 完成全套操作。

(2) 一级工应完成：50 min 完成全套操作。

三、评分参考标准

行业：电力工程　　　　　　　　工种：电力电缆工　　　　　　　　等级：二/一

编号	DL211 (DL103)	行为领域	e	鉴定范围	
考核时间	50min/60min	题型	B	含权题分	25
试题名称	用冲闪或直闪法测试 10kV 电缆高阻接地故障并精确定点				
考核要点及要求	(1) 工作服、工作鞋、安全帽等穿戴规范。 (2) 仪器仪表使用正确。 (3) 故障性质判断正确。 (4) 测试方法选用正确。 (5) 试验接线正确。 (6) 波形判断准确。 (7) 精确定点误差不大于 1m。 (8) 路径探测正确。 (9) 电缆及电容需短接放电。 (10) 安全文明生产，规定时间内完成。工器具、材料不随意乱放。 (11) 设置监护人及辅助人员各一名，不得有提示行为。 (12) 电缆耐压试验前，加压端应做好安全措施，防止人员误入试验场所。另一端应设置围栏并挂上警告标示牌，如另一端是上杆的或是锯断电缆处，应派人看守				
现场工器具、设备、材料	(1) 工器具：常用电工工具、安全帽、安全遮栏、警告标示牌、工具包、绝缘手套、故障电缆。 (2) 设备：T905 测距仪、T303 高压发生器、T505 定点仪、电容、绝缘电阻表、轮式测距仪、万用表、柔性连接电缆、接地线、试验线包 (3) 故障电缆				
备注					

			评分标准			
序号	作业名称	质量要求	分值	扣分标准	扣分原因	得分
1	着装、穿戴	工作服、工作鞋、安全帽等穿戴正确	5	(1) 没穿戴工作服（鞋）、安全帽扣 5 分。 (2) 帽带松弛及衣、袖没扣，鞋带不系扣 3 分		

		评分标准				
序号	作业名称	质量要求	分值	扣分标准	扣分原因	得分
2	现场准备	试验场地围好安全围栏	2	未做扣2分		
3	注意另一端安全	派人到另一端看守或装好安全遮栏，防止有人接触被试电缆	3	另一端未做安全措施扣3分		
4	对电缆进行放电	将接地线牢固接地，然后将电缆各相分别放电并接地	2	未放电并接地扣2分		
5	连续性检查	测量电缆连续性	3	(1)未进行此项扣3分。(2)判断错误扣2分		
6	测量绝缘电阻	正确操作	3	(1)绝缘电阻表选用的不对扣3分。(2)绝缘电阻表不检查扣3分。(3)放电及换线操作不对扣3分		
7	直流试验	对电缆进行直流耐压试验，判断故障电缆的击穿电压	5	操作不正确扣5分		
8	故障判断	正确判断电缆故障性质，确定故障探测方法	5	(1)故障性质判断错误扣3分。(2)探测方法错误扣2分		
9	仪器接线	高压信号发生器与电缆连接正确；测距仪与高压发生器接线正确；高压信号发生器与电容接线正确；仪器接地牢靠	5	(1)接线不正确扣3分。(2)仪器接地不牢靠扣2分		
10	通信联络	工作前确定操作人员间的联络方式，确保通信畅通，提高工作效率	2	未能保持正常通信扣2分		
11	仪器使用	正确开关机，会使用仪器菜单选项	10	(1)仪器使用不熟练扣2~5分。(2)不会使用扣10分		
12	方式选择	高压信号发生器放电方式选择周期，启动后按6~7s的周期对电缆放电	5	操作错误扣2~5分		
13	击穿判断	根据高压信号发生器放电时表针摆动判断故障点是否击穿	5	判断不对扣2~5分		

		评分标准				
序号	作业名称	质量要求	分值	扣分标准	扣分原因	得分
14	故障点粗测	根据波形粗测故障点距离	10	判断不对扣 2~10 分		
15	精确定点	会调整磁场增益，会调整声音信号增益，故障定点	20	（1）操作错误扣 2~10 分。（2）故障点每偏差 1m 扣 4 分，最多扣 10 分。（3）不能精确定点扣 20 分		
16	清理现场	清点仪器，清理现场	5	未清点仪器，未清理现场行扣 2~5 分		
17	时间	规定时间完成	—			
18	安全文明生产	文明操作，禁止违章操作，不损坏工器具，不发生安全生产事故	10	（1）有不安全行为扣 2~5 分。（2）损坏元件、工具扣 2~5 分		
考试开始时间			考试结束时间		合计	
考生栏	编号：　　姓名：		所在岗位：	单位：　　日期：		
考评员栏	成绩：　　考评员：			考评组长：		

35kV冷缩式电力电缆终端头制作

一、施工

(一)工器具、材料

(1)工器具:电工个人工具一套,绝缘电阻表(2500V),万用表,绝缘手套,液压钳,手锯,25mm² 铜编织接地线,平、圆锉刀各一把,电源线盘,燃气喷枪一套,灭火器。

(2)材料:35kV 冷缩电缆终端附件一套、酒精(95%)、PVC 胶带(黄、绿、红各3卷)、清洁无纺布、织线手套、ϕ2mm 铜绑线、砂布 120 号/240 号、YJV$_{22}$-26/35kV-3×300 铜芯交联聚乙烯绝缘电力电缆、保鲜膜。

(二)施工的安全要求

(1)电缆剥切过程中,使用手锯、刀具时注意不得伤及自己或他人。

(2)电缆的金属护套、铜屏蔽层非常锋利尖锐,施工时注意伤及自己或他人。

(3)工器具和材料有序摆放。

(4)电缆剥切下来的多余废料及时收集并集中存放。

(5)施工场地周围设置安全围栏。

(6)严格按照电缆附件提供的尺寸图安装。

(三)施工步骤与要求

1. 施工要求

(1)考核主要内容:35kV 冷缩式终端头制作的工艺流程、质量标准及电缆头制作工艺质量控制要点。

(2)电缆型号为 YJV$_{22}$-26/35kV-3×300 铜芯交联聚乙烯绝缘电力电缆;终端头为对应型号的冷缩型终端。

(3)要求按提供的工艺说明和图纸正确剥切各标注尺寸和电缆绝缘表面处理,正确安装电缆附件。

2. 操作步骤

(1)工作前准备。检查电缆,断口是否平整,是否受潮;工器具准备,安装的工器具是否齐全，是否完好；材料准备，附件材料是否齐全；阅读安装说明书，认真阅读，看清尺寸要求。

（2）电缆预处理。剥切外护套，剥除电缆外护套应分两次进行，避免电缆铠装层松散。先将电缆末端外护套保留 100mm，然后按照规定尺寸剥除外护套，要求断口平整，铠装层上没有明显划痕。外护套断口以下 100mm 部分用砂纸打毛并清洗干净。锯除铠装层，按照规定尺寸在铠装层上绑扎铜线，铜线的缠绕方向与铠装方向一致，绑扎 3～4 扎。锯铠装时，圆周锯痕深度应均匀，不得锯透，不得损伤电缆内护套。剥铠装时，首先沿锯痕将铠装用钢丝钳夹紧卷断，然后去除。铠装层断口应平整无尖端；剥切内护套，在应剥除的内护套上横向切一环痕，深度不超过内护套厚度的 1/2。纵向剥除内护套时，刀切口应在两芯之间，防止损伤金属屏蔽层。剥除内护套后应将金属屏蔽层末端用绝缘带扎好，防止松散。切除填充料时刀口向外，防止损伤金属屏蔽层。核对电缆相位。

（3）接地处理。自外护套断口向下 40cm 范围的铜编织带必须做 20～30cm 的防潮段，同时在防潮段下端的电缆上绕包两层密封胶，将接地编织带埋入其中。固定铠装接地线。固定铜屏蔽接地线，两条接地编织带分别焊牢在铠装的两层钢带和三相铜屏蔽上，焊面要平整。两条接地编织带之间保持一定绝缘距离。

（4）终端头附件安装。安装三叉套管，电缆内外护套断口处要绕包填充胶，三叉部位要填实。抽衬管条时应谨慎小心缓慢进行，以免衬条弹出。三叉套管应套至三叉部位的填充胶上，压紧到位，根部不得有空隙。安装冷缩护套管，安装后护套管切割时，绕包两层 PVC 胶带固定，环切后纵向剥切，剥切时不得损伤铜屏蔽层。剥切屏蔽层、绝缘层，剥切外半导电层。使用绝缘带或者恒力弹簧在指定尺寸处固定，切割时只能环切一个刀痕，不能切透，以免损伤外半导电层。剥除时，应从刀痕处撕剥，断开后向线芯端部剥除。断口应平整无尖端毛刺。35kV 电缆外半导电层属于可剥离型。先在指定尺寸处环切一刀痕，深度不超过半导电层厚度的 1/2，然后顺线芯方向从环切刀痕处向线芯方向分 3 刀将外半导电层划开，深度不超过半导电层厚度的 1/2，最后从线芯端开始慢慢剥除。不得损伤主绝缘，外半断口需平整，无翘口，同时断口需进行倒角处理。剥切线芯绝缘、内半导电层时使用专用绝缘切刀，剥除末端绝缘时，注意不能伤及线芯。安装终端、罩帽。压接接线端子，接线端子与导体紧密接触，按先上后下的顺序压接。安装相位标识，按系统相色做标记。连接接地线。

（5）终端头安装到位。使用专用电缆夹具固定电缆，保证相间距离满足：户外不小于 400mm，户内不小于 300mm。

（6）填写安装记录。

二、考核

（一）考核所需用的工器具、材料与场地

（1）工器具：电工个人工具一套，2500V绝缘电阻表，万用表，绝缘手套，液压钳，手锯，电烙铁，25mm² 铜编织接地线，平、圆锉刀各一把，电源线盘，燃气喷枪一套，灭火器。

（2）材料：35kV冷缩电缆终端附件一套、酒精（95％）、PVC胶带（黄、绿、红各3卷）、清洁无纺布、织线手套、ϕ2mm铜绑线、焊锡丝、砂布120号/240号、YJV_{22}-26/35kV－3×300铜芯交联聚乙烯绝缘电力电缆、保鲜膜。

（3）场地：

1）场地面积能同时满足多个工位的需求，并保证工位间的距离合适，不应影响操作或对各方的人身安全。

2）室内场地应有照明、通风、电源、降温设施。

3）室内场地有灭火设施。

4）工器具按同时开设工位数确定，并有备用。

5）设置2套评判桌椅和计时秒表。

（二）考核要点

（1）考核主要内容：35kV冷缩式终端头制作的工艺流程、质量标准及电缆头制作工艺质量控制要点。

（2）电缆型号为 YJV_{22}—26/35kV—3×300铜芯交联聚乙烯绝缘电力电缆；终端头为对用型号的冷缩型终端。

（3）要求考生按提供的工艺说明和图纸正确剥切各标注尺寸和电缆绝缘表面处理，正确安装电缆附件。

（4）为避免环境因素影响，本项目可在室内进行。

（5）该项目由1名考生独立完成。

（6）该项目适合于一级工和二级工的考核。

（三）考核时间

（1）考核时间：一级工考核时间为100min；二级工考核时间为120min。

（2）选用工器具、材料时间10min，时间到停止选用，节约用时不纳入考核时间。

（3）许可开工后记录考核开始时间。

（4）现场清理完毕后，汇报工作终结，记录考核结束时间。

三、评分参考标准

行业：电力工程　　　　　　工种：电力电缆工　　　　　　等级：二/一

编号	DL212（DL104）	行为领域	e	鉴定范围	
考核时间	100min/120min	题型	A	含权题分	50
试题名称	35kV冷缩式电力电缆终端头制作				
考核要点及要求	（1）考核内容：35kV冷缩式终端头制作的工艺流程、质量标准及电缆头制作工艺质量控制要点。 （2）设备：电缆型号为YJV$_{22}$—26/35kV—3×300铜芯交联聚乙烯绝缘电力电缆；终端头为对用型号的冷缩型终端。 （3）按提供的工艺说明和图纸正确剥切各标注尺寸和电缆绝缘表面处理，正确安装电缆附件。 （4）为避免环境因素影响，本项目可在室内进行				
现场工器具、材料	（1）工器具：电工个人工具一套，2500V绝缘电阻表，万用表，绝缘手套，液压钳，手锯，25mm^{2}铜编织接地线，平、圆锉刀各一把，电源线盘，燃气喷枪一套，灭火器。 （2）材料：35kV冷缩电缆终端附件一套、酒精（95%）、PVC胶带（黄、绿、红各3卷）、清洁无纺布、织线手套、φ2mm铜绑线、砂布120号/240号、YJV$_{22}$—26/35kV—3×300铜芯交联聚乙烯绝缘电力电缆、保鲜膜				
备注					

评分标准

序号	作业名称	质量要求	分值	扣分标准	扣分原因	得分
1	着装	正确佩戴安全帽，穿工作服，穿绝缘鞋	5	（1）没穿戴工作服（鞋）、安全帽扣5分。 （2）帽带松弛及衣、袖没扣，鞋带不系扣3分		
2	工作前准备					
2.1	电缆断口	检查电缆断口是否平整，是否进潮	2	（1）检查不全面扣1分。 （2）未检查扣2分		
2.2	工器具	工器具准备齐全、完好	3	（1）检查不全面扣1分。 （2）未检查扣2分		
2.3	材料	材料准备齐全	2	（1）检查不全面扣1分。 （2）未检查扣1分		
2.4	说明书	阅读安装说明书，认真阅读，看清尺寸要求	3	未阅读扣3分		

		评分标准					
序号	作业名称	质量要求	分值	扣分标准		扣分原因	得分
3	电缆预处理						
3.1	剥切外护套。	剥除电缆外护套应分两次进行，避免电缆铠装层松散。先将电缆末端外护套保留100mm，然后按照规定尺寸剥除外护套，要求断口平整，铠装层上没有明显划痕	5	（1）没有分两次切除扣2分。 （2）造成铠装层松散扣3分			
3.2	剥切铠装	圆周锯痕深度应均匀，不得锯透，不得损伤电缆内护套。铠装层断口应平整无尖端	10	（1）铠装层松散扣3分。 （2）断口不规范扣5分。 （3）伤及内护套扣2分			
3.3	剥切内护套	在应剥除的内护套上横向切一环痕，深度不超过内护套厚度的1/2。纵向剥除内护套时，刀切口应在两芯之间，防止损伤金属屏蔽层。剥除内护套后应将金属屏蔽层末端用绝缘带扎好，防止松散。切除填充料时刀口向外，防止损伤金属屏蔽层	10	（1）断口不规范扣5分。 （2）伤及金属护套扣5分			
4	接地处理						
4.1	做防潮段	自外护套断口向下40cm范围的铜编织带必须做20～30cm的防潮段，同时在防潮段下端的电缆上绕包两层密封胶，将接地编织带埋入其中	7	（1）防潮段制作不规范扣4分。 （2）未绕包密封胶扣3分			
4.2	接地线焊接	固定铠装接地线；固定铜屏蔽接地线，两条接地编织带分别焊牢在铠装的两层钢带和三相铜屏蔽上，焊面要平整。两条接地编织带之间保持一定绝缘距离	8	（1）焊接松焊扣4分。 （2）焊面不平扣2分。 （3）距离不够扣2分			
5	终端头附件安装						
5.1	安装三叉套管	电缆内外护套断口处要绕包填充胶，三叉部位要填实。抽衬管条时应谨慎小心缓慢进行，以免衬条弹出。分支手套应套至三叉部位的填充胶上，压紧到位，根部不得有空隙	5	（1）三叉填充胶不规范扣2分。 （2）未压紧到位扣3分			

<table>
<tr><td colspan="8" align="center">评分标准</td></tr>
<tr><td>序号</td><td>作业名称</td><td>质量要求</td><td>分值</td><td colspan="2">扣分标准</td><td>扣分
原因</td><td>得分</td></tr>
<tr><td>5.2</td><td>安装冷缩护套管</td><td>安装后护套管切割时，绕包两层 PVC 胶带固定，环切后纵向剥切，剥切时不得损伤铜屏蔽层</td><td>4</td><td colspan="2">（1）尺寸不正确扣2分。
（2）剥切不规范或损伤铜屏蔽层扣2分</td><td></td><td></td></tr>
<tr><td>5.3</td><td>剥切屏蔽层、绝缘层，剥切外半导电层</td><td>金属屏蔽层断口应平整无尖端毛刺。外半断口需平整，无翘口，同时断口需进行倒角处理</td><td>5</td><td colspan="2">（1）铜屏蔽层断口不规范扣2分。
（2）外半断口不规范扣3分</td><td></td><td></td></tr>
<tr><td>5.4</td><td>剥切线芯绝缘、内半导电层</td><td>使用专用绝缘切刀，剥除末端绝缘时，注意不能伤及线芯</td><td>4</td><td colspan="2">（1）尺寸不对口2分。
（2）伤及线芯扣2分</td><td></td><td></td></tr>
<tr><td>5.5</td><td>安装终端、罩帽</td><td>尺寸正确，罩帽罩住终端</td><td>6</td><td colspan="2">（1）终端安装不规范扣4分。
（2）罩帽安装不规范扣2分</td><td></td><td></td></tr>
<tr><td>5.6</td><td>接线端子压接</td><td>与导体紧密接触，按先上后下的顺序压接</td><td>2</td><td colspan="2">（1）方向不对扣1分。
（2）压接不紧扣1分</td><td></td><td></td></tr>
<tr><td>5.7</td><td>安装相位标识</td><td>按系统相色做标记</td><td>2</td><td colspan="2">相色错误扣2分</td><td></td><td></td></tr>
<tr><td>5.8</td><td>连接接地线</td><td>接地线连接良好</td><td>2</td><td colspan="2">未连接扣2分</td><td></td><td></td></tr>
<tr><td>6</td><td>终端头安装到位</td><td>使用专用电缆夹具固定电缆，保证相间距离满足：户外不小于 400mm，户内不小于 300mm</td><td>5</td><td colspan="2">相间距离不满足要求扣5分</td><td></td><td></td></tr>
<tr><td>7</td><td>填写安装记录</td><td>项目齐全，填写规范</td><td>5</td><td colspan="2">项目不齐扣3～5分</td><td></td><td></td></tr>
<tr><td>8</td><td>清理现场</td><td>清理现场，清点工器具仪表，汇报完工</td><td>5</td><td colspan="2">（1）清理不完全扣3分。
（2）未汇报完工扣2分</td><td></td><td></td></tr>
<tr><td colspan="2">考试开始时间</td><td></td><td colspan="2">考试结束时间</td><td></td><td colspan="2">合计</td></tr>
<tr><td colspan="2">考生栏</td><td colspan="2">编号：　姓名：</td><td>所在岗位：</td><td colspan="2">单位：</td><td>日期：</td></tr>
<tr><td colspan="2">考评员栏</td><td colspan="2">成绩：　考评员：</td><td colspan="4">考评组长：</td></tr>
</table>

一、施工

(一) 工器具、材料

(1) 工器具：单芯电缆牵引头、三芯交联电缆牵引头、电缆牵引网套、防捻器、安装电缆头工具一套、手套。

(2) 材料：牵引绳若干、YJV_{22}—8.7/15kV—3×120 高压塑料电缆（长 10～20m）、$YJLW_{02}$—64/110kV—1×400 高压塑料电缆（长 10～20m）、封铅若干。

(二) 施工的安全要求

(1) 现场设置遮栏、警示牌。

(2) 操作过程中，确保人身与设备安全。

(三) 施工要求与步骤

1. 施工要求

(1) 考核主要内容：电缆牵引头型号正确选择；电缆牵引头正确安装和使用。

(2) 电缆型号：YJV_{22}—8.7/15kV—3×120 铜芯交联聚乙烯绝缘电力电缆；$YJLW_{02}$—64/110kV—1×400 高压塑料电缆（长 10～20m）。

(3) 为避免环境因素影响，本项目可在室内进行。

(4) 根据电缆规格型号选择电缆牵引头安装，在一名配合人员下进行。

2. 电缆的牵引方法

电缆的牵引方法主要有制作牵引头和网套牵引两种，为消除电缆的扭力和不退扭钢丝绳的扭转力传递作用，牵引前端必须加装防捻器。

(1) 牵引头。连接卷扬机的钢丝绳和电缆首端的金具。它不但是电缆首端的一个密封套头，而且又是牵引电缆时将卷扬机的牵引力传递到电缆导体的连接件。对有压力的电缆，它还带有可拆接的供油或供气的油嘴，以便需要时连接供气或供油的压力箱。

三芯交联电缆牵引头如图 DL213-1 所示，高压单芯交联电缆牵引头如图 DL213-2 所示。

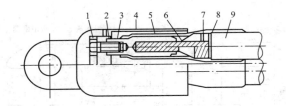

图 DL213-1 三芯交联电缆牵引头

1—紧固螺栓；2—分线金具；3—牵引头主体；4—牵引头盖；

5—防水层；6—防水填料；7—护套绝缘检测用导线；8—防水填料；9—电缆

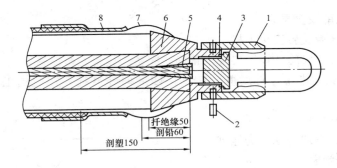

扦绝缘50
剖铅60
剖塑150

图 DL213-2 高压单芯交联电缆牵引头

1—拉环套；2—螺钉；3—帽盖；4—密封圈；5—锥形钢衬管；

6—锥形帽罩；7—封铅；8—热缩管

（2）牵引网套。牵引网套是用钢丝绳（也有用尼龙绳或白麻绳）由人工编织而成。由于牵引网套只是将牵引力过渡到电缆护层上，而护层允许牵引强度较小，因此不能代替牵引端。只有在线路不长，经过计算，牵引力小于护层的允许牵引力时才可单独使用。如图 DL213-3 所示为安装在电缆端头的牵引网套。

图 DL213-3 电缆牵引网套

（3）防捻器。用不退扭钢丝绳牵引电缆时，在达到一定张力后，钢丝绳会出现退扭。卷扬机将钢丝绳收到收线盘上时，更增大了旋转电缆的力矩，如不及时消除这种退扭力，电缆会受到扭转应力。不但能损坏电缆结构，而且在牵引完毕后，积聚在钢丝绳上的扭转应力能使钢丝绳弹跳，容易击伤施工人员。为此在电缆牵引前应串联如图 DL213-4 所示的防捻器。

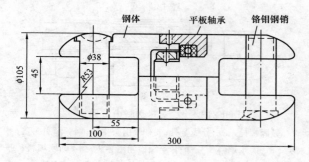

图 DL213-4　防捻器

（四）施工的安全要求

（1）试验区域设置安全围栏。

（2）现场安全设施的设置要要求正确、完备。设置安全遮栏，在施工人员出入口向外悬挂"从此进出"标示牌，在遮栏四周向外悬挂"在此施工，严禁入内"警示牌。

（3）工器具和材料有序摆放。

（4）操作后必须对施工场地进行清理。

（五）施工步骤

（1）由考评人员现场确定被牵引电缆规格型号，考生选择被牵引电缆。

（2）依据被牵引电缆规格型号选择电缆牵引头型号规格或电缆牵引网套。

（3）在其他人员配合下安装牵引电缆头。

（4）在其他人员配合下安装防捻器。

（5）清理现场，清点工器具，并将电缆及牵引头等拆卸还原。

二、考核

（一）考核所需用的工器具、材料与场地

（1）工器具：三芯交联电缆牵引头、单芯电缆牵引头、电缆牵引网套、防捻器、安装电缆头工具一套、手套。

（2）材料：牵引绳若干、YJV$_{22}$—8.7/15kV—3×120 高压塑料电缆（长 10～20m）、YJLW$_{02}$—64/110kV—1×400 高压塑料电缆（长 10～20m）。

（3）场地：

1）场地面积能同时满足多个工位的需求，并保证工位间的距离合适，不应影响操作或对各方的人身安全。

2）为避免环境因素影响，本项目可在室内进行；应有照明、通风、电源、降温设施。

3）设置 2 套评判桌椅和计时秒表。

（二）考核要点

（1）电缆牵引头型号选择。

（2）电缆牵引头安装。

（3）防捻器安装。

（三）考核时间

（1）考核时间为 45min。

（2）选用工器具、材料时间 5min，时间到停止选用。

（3）许可开工后记录考核开始时间。

（4）现场清理完毕后，汇报工作终结，记录考核结束时间。

三、评分参考标准

行业：电力工程　　　　　　工种：电力电缆工　　　　　　等级：二

编号	DL213	行为领域	e	鉴定范围	
考核时间	45min	题型	A	含权题分	25
试题名称	电缆敷设牵引头安装				
考核要点及要求	（1）电缆牵引头型号选择。 （2）电缆牵引头安装。 （3）防捻器安装				
现场工器具、材料	（1）工器具：单芯电缆牵引头、三芯交联电缆牵引头、电缆牵引网套、防捻器、安装电缆头工具一套、手套。 （2）材料：牵引绳若干、YJV22—8.7/15kV—3×120 高压塑料电缆（长 10～20m）、YJLW02—64/110kV—1×400 高压塑料电缆（长 10～20m）、封铅若干				
备注					

评分标准							
序号	作业名称	质量要求	分值	扣分标准		扣分原因	得分
1	着装	正确佩戴安全帽，穿工作服，穿绝缘鞋	5	（1）未着装扣 5 分。 （2）着装不规范扣 3 分			
2	工器具、材料准备	工器具、材料选用准确、齐全	20	（1）电力电缆型号选择错误扣 5 分。 （2）电缆牵引头选择错误扣 5 分。 （3）未进行工器具检查扣 5 分。 （4）工器具、材料漏选或有缺陷扣 5 分			

评分标准							
序号	作业名称	质量要求	分值	扣分标准	扣分原因	得分
3	牵引头安装	以下3.1和3.2方法按照考核开始的选择完成一项操作				
3.1	高压单芯牵引头安装	（1）电缆端外护套剖塑150mm。 （2）电缆端剖铅60mm。 （3）导体绝缘处理，向电缆末端插绝缘50mm。 （4）电缆牵引头夹紧封铅。 （5）电缆牵引头安装检查	30	（1）电缆端外护套剖塑误差超过±8mm扣6分。 （2）电缆端剖铅误差超过±5mm扣6分。 （3）向电缆末端未插绝缘扣6分，不合要求扣3分。 （4）电缆牵引头未夹紧封铅扣6分，封铅不合格扣3分。 （5）电缆牵引头安装未检查扣6分。 （6）电缆牵引头安装不合格本项不得分		
3.2	三芯交联电缆头安装	（1）电缆端外护套剖塑150mm。 （2）电缆端剖铅60mm。 （3）导体绝缘处理，向电缆末端加防水填料50mm。 （4）电缆牵引头夹紧。 （5）电缆牵引头安装检查	30	（1）电缆端外护套剖塑误差超过±8mm扣6分。 （2）电缆端剖铅误差超过±5mm扣6分。 （3）向电缆末端未加注防水填料扣6分，不合要求扣3分。 （4）电缆牵引头未夹紧封铅扣6分。 （5）电缆牵引头安装未检查扣6分。 （6）电缆牵引头安装不合格本项不得分		
4	网套安装	（1）电缆端头铜（铅）扎线捆绑扎线。 （2）电缆牵引网套安装	10	（1）电缆端头铜（铅）扎线未捆绑扎线扣5分。 （2）电缆牵引网套安装未检查扣5分。 （3）电缆牵引网套安装不合格扣10分		
5	防捻器安装	（1）回答防捻器的作用。 （2）安装防捻器	20	（1）回答错误扣10分，不完整扣5分。 （2）安装防捻器不合格扣10分		

评分标准						
序号	作业名称	质量要求	分值	扣分标准	扣分原因	得分
6	安全文明生产	文明操作，禁止违章操作，不损坏工器具，不发生安全生产事故	15	(1) 有不安全行为扣5分。 (2) 损坏工器具扣5分。 (3) 安装拆卸还原不完整扣5分。 (4) 发生安全生产事故本项考核不及格		
考试开始时间				考试结束时间		合计
考生栏	编号：	姓名：	所在岗位：	单位：		日期：
考评员栏	成绩：	考评员：			考评组长：	

参 考 文 献

[1] 劳动和社会保障部职业技能鉴定中心. 国家职业技能鉴定教程. 北京：北京广播学院出版社，2003.
[2] 电力行业职业技能鉴定指导中心. 电力电缆工. 北京：中国电力出版社，2007.
[3] 国家电网公司人力资源部. 国家电网公司生产技能职业能力培训专用教材（输电电缆）. 北京：中国电力出版社，2010.
[4] 国家电网公司人力资源部. 国家电网公司生产技能职业能力培训专用教材（配电电缆）. 北京：中国电力出版社，2010.